決定版

ソ連・ロシア 戦車王国の系譜

古是三春

はじめに

筆者がソ連・ロシア戦車に惹かれたのは、少年時代に見たソ連戦争映画などを通じてで、社会人になってまもなく縁があり、軍事誌に執筆するようになってもう35年ほどになる。政治システムとしての社会主義に限界を感じながらも、異形の大国=ソ連が不釣り合いなほど巨大な規模の機甲部隊を核兵器と共に擁し、米国を盟主とする西側諸国と対峙する姿、それを維持し続けるシステムなどに尽きない興味を覚えていた。

やがて1989年に始まる「ドミノ現象」で東側の社会主義諸国同盟は潰え去っていき、ソ連邦そのものも1991年に体制崩壊を来したのだが、それを契機に厚い機密のベールが取り去られ、旧ソ連の軍事情報が面白いくらい溢れてきたのが1990年代通しての状況だった。この時期、いくつかの軍事誌で並行してソ連、ロシア戦車や軍事史について執筆する機会を得て資料の読み込みや連載記事、特集記事に集中して取り組めたのは幸せだった。

この時期に得た知見は、その後のロシアをめぐる安全保障事情までを俯瞰した軍事事情を観察し続ける上での一つの指針を筆者にもたらした。また、この時期、並行して国会議員の政策スタッフとして外交、安全保障はもとより公共事業から社会福祉政策の実際に業務や研鑽を通じて通暁出来たことは、ロシアその他の軍事行政を分析する上で総合的な視点を得させてくれた。おかげで、筆者は「木を見て森を見ない」ような難点を持たずに済んだと考えている。

1930年代以来、ソ連、そしてロシアは重工業力の膨大な部分を軍事生産に割き、民生を犠牲にしながらも数量的には常に世界最大の戦車兵力を軸とした未曾有の軍事大国としての地位を維持してきた。今日、その経済力は大きく縮小したものの、やはり米国を向こうに回し得る軍事大国である状況は、変わらず続いている。

「ソ連社会主義と現代ロシアの歴史は、戦車開発と量産が主要な内容の一つ」と言ってもよいと、筆者は考える。読者のみなさんも、ぜひ本書で一端を示したソ連、ロシアの現代戦車開発のドラマを通じて、ロシアという異形の大国にして隣人の内実に理解を深めていただけたらと思う。

古是三春

※本書は、酣燈社から販売された『ソビエト・ロシア 戦車王国の系譜』を元に、新戦車情報などを大幅に加筆・アップデートし、再編集した内容となります。

目次

T-62 74

戦車王国の趨勢——ソ連最盛時から崩壊、ロシア時代まで

類を見ない規模で戦車王国を築いたスターリン

かつて、「戦車王国」の名をものした社会主義大国＝ソ連邦が崩壊してすでに27年が経過している。社会主義崩壊後の政治的・経済的混乱、ソ連時代には封殺されていた民族的・宗教的矛盾の噴出による紛争の頻発など、数多くの混乱を経ながら、21世紀に入った今日、ロシアは膨大なエネルギー資源保有を背景に大国としての復興を成し遂げつつある。

大国としての復興は、それに相応しい軍の整備という面も含まれており、核攻撃能力を持つ大国の権威を支えるロシア軍が再興されてきた。しかし、現在のロシア軍は、かつてのソ連軍のように「東側軍事力の中核」としてアメリカを盟主とする西側陣営全体に対してアグレッシブに対峙するような巨大な軍事力・兵力を保持してはいない。

これは、ソ連が「働く人民が主人公の成熟した社会主義社会」（社会主義ソ連の爛熟《らんじゅく》期であるブレジネフ書記長時代のドクトリン）という建前とは裏腹に、その経済力には不釣り合いなほど巨大かつカネのかかる正面装備を造り出し、結果として国家経済の疲弊を招いたという歴史的教訓が、ロシアをして同じ轍をふませないでいるのだ。少なくとも、現在のロシアは戦略ドクトリンとしてアメリカとの正面対決という方向はとっていない。せいぜい、世界のなかで利害がかかわる特定の地域秩序に自国が主導権を握ることを考えているにすぎないのだ。

ここで述べたソ連の国家経済を疲弊させ、結果として「冷戦敗北」に導いたものに、膨大な機甲兵力の整備が挙げられる。NATO vs ワルシャワ条約機構の構図が成立していた時代、ソ連はヨーロッパ方面に東欧の同盟国と合算して常に4万輌以上の戦車兵力を配置し、ソ連本国では中央アジアや極東方面を含めると合計で7万輌以上の戦車を部隊配備していた。これにBMP歩兵戦闘車などの装軌装甲車輌が多数加わり、ソ連は

これら戦闘車輌の維持に多大なコストを費やすことになったのである（戦車をはじめとする装軌車輌の維持コストは、一般に装輪車輌の3倍はかかると見られている）。

「大海原のような平原」をかかえるソ連は、個人崇拝と専制的独裁、空前絶後の大量弾圧で歴史に悪名を残した独裁者スターリンの執権が確立した1930年代以来、他国に類を見ない規模で戦車の開発と量産を進めた。第二次世界大戦の始まる1939年頃には、2万数千輌以上とソ連以外の各国に存在する数を合計したよりも多い戦車兵力を赤軍（ソ連軍）に装備するに至ったのである。

1941年からの独ソ戦では、多大な損失を被りつつもT-34中戦車やKV重戦車、さらにはIS重戦車のような性能の優れた戦車を大量に戦線へ投入し、ドイツ地上軍への決定的勝利を収める原動力となった。以後、ソ連は「戦車王国」の名をほしいままにしたのである。

戦車によって国を建て、戦車によって国を滅ぼした

結局、「戦車王国」は戦後の冷戦も戦車の質と量の両面で相手陣営に対峙し続けた。ワルシャワ条約機構を結成（1948年）以降は、前述のように大量の戦車兵力を前面配備し、これに対抗するNATO、西側は、「動き出したらスチーム・ローラーのように止まらない」と見なした東側機甲部隊の大群に向

機動性能、火力、装甲防御力の三要素面で卓越した性能をもっていたT-34-85中戦車。

けた各種の戦術核兵器（中性子爆弾などを含む）を開発・配備した。こうした〝不毛の競争〟を半世紀近く続けたあげく、1989年のベルリンの壁崩壊とその後のドミノ倒しのような社会主義国家の倒壊といった事態を迎えることになったのである。

以上の経過を見るなら、20世紀の時代的特徴の一つをなす社会主義大国ソ連邦は、「戦車によって国を建て、戦車によって国を滅ぼした」ものであるといえよう。

繰り返すが、20世紀を通じて「陸戦の王者」たる地位を占めた戦車は、生産と維持に大変コストがかかる兵器である。ソ連邦は、本書で取り上げたT-54／55やT-62、その他に第二次世界大戦以来のT-34-85などを含めて戦後10万輌以上の規模で発展途上国を含めた世界中に戦車を輸出した（その多くが西側に対抗して自国の影響力を広めるための〝政策的輸出〟であるため、そのコストに見合う代価が支払われていない場合も多い）。1991年の国家崩壊時、なお7万輌もの戦車を保持していたソ連は、戦車の生産と維持コスト、さらには輸出で民生を犠牲にし、結果として経済発展を阻害して墓穴を掘ったものといえる。

考えてみていただきたい。「輸出10万輌」「保有7万輌」という数字が意味するのは、地球上に存在する戦車の約8割が旧ソ連製であるということなのだ。これらは、かなりの数が戦争で消耗されたり、スクラップ解体（ヨーロッパ通常戦力条約の発効による＝旧ソ連での戦車解体費用の多くが日本政府負担であったことは、ほとんど知られていないが）でなくなったりしているが、まだ相当数が世界各地に残され、地域武力紛争を惹起する要因となり続けている。「働く人民に幸せをもたらす」はずだった社会主義体制は、ずいぶんな重荷を人類に残して歴史の舞台から退場したものである！

長い前置きはこれくらいにして、旧ソ連が大量に生み出した戦車をどのように運用してきたのか、戦後のソ連・ロシアの機甲部隊の歩みを組織・編成の変化を辿ることで概観してみよう。

全面的機械化を目標とした戦後の再編成

強大な機甲部隊を創出し、これを軸に未曾有の規模（最大時1000万名）の地上兵力を投入して第二次世界大戦の勝利者となったソ連軍は、1945年末の時点で6個戦車軍に編成された戦車軍団25個、機械化軍団13個、その他に方面軍（軍管区）直轄にされた多数の独立重戦車連隊や独立戦車旅団、自走砲連隊などからなる機甲兵力を有していた。こうするといかにも多そうだが、ソ連の戦車兵力は全地上兵力の7％を占めるだけだった。

大戦期～戦争直後の戦車部隊の基本単位は、各21輌の中戦車（T-34）をもつ戦車大隊3個と機械化狙撃大隊1個からなる戦車旅団で、戦車軍団はこの戦車旅団2～3個を基幹に1個機械化狙撃（歩兵）旅団、重戦車連隊（ＩＳ重戦車21輌）および自走砲連隊（ＳＵ-１００かＩＳＵ重自走砲などで編成）、牽引式野砲・高射砲連隊、工兵等支援諸部隊で構成されていた。

１個戦車軍団あたりの戦車・自走砲数は１５０～２００輌程度で、大戦中のドイツ軍でいうなら1個装甲師団規模の部隊であった。また、機械化軍団も各3個機械化狙撃大隊と1個中戦車大隊からなる機械化狙撃旅団3個および戦車旅団1個から構成されており、これもドイツ軍の装甲擲弾兵《そうこうてきだんへい》師団1個の規模にすぎなかった。

当時のソ連機甲部隊の基本的な構成単位が以上のように小さかったのは、１９４1年の独ソ開戦から緒戦時に戦前期編成の大型機甲部隊（戦車師団の装備定数は、約３００輌）がほぼ一掃されてしまい、新たに生産した戦車と新規戦車要員で編成する部隊は数十輌規模の戦車旅団が手ごろで扱いやすく、機械化部隊の運用・作戦技量がドイツ側よりも劣っていたソ連側には適切なものだったからである。

しかし、ソ連側が東部戦線の全面にわたって大攻勢に出た１９４４年半ば以降、ソ連機甲部隊も短期間にドイツ軍の大部隊を蹴散らしながら快速進撃を行ない、高い水準の作戦技量を示すようになった。戦後はその到達をふまえて、終戦時に５５４個に達した狙撃（歩兵）師団を含め、全軍を再編成して全面的機械化を目標にすることにした。

大戦末期、戦車や車輌などで優れた機材をふんだんに装備した機械化部隊や戦車部隊が投入された一方、ソ連軍には馬車を兵站部隊の主力に用い、歩兵は徒歩行軍が主体の第一次世界大戦型師団が編成の大多数を占めていた。これらの部隊は、優れた戦車部隊と集中投入される砲兵部隊による支援下でのみ、ドイツ側と有利に戦うことができたのだ。

戦後は、多数の兵員の退役と狙撃師団解体が進められながら、戦時型の戦車・機械化軍団を師団へ再編成することが着手された。

独立作戦が展開できる機甲部隊の創設へ

機甲部隊再編の検討にあたっては、ソ連軍機甲総局（ＧＡＢＴＵ）および参謀本部（ＳＴＡＶＫＡ）が大戦の教訓をふまえた協議を繰り返し、改めて地上兵力の根幹としての戦車の威力を確認しながら方針を決定していった。

戦後の機甲兵力を軸とした地上軍再編の基本精神をまとめ、リード役を最初に果たしたのは、１９４４年以来ソ連機甲軍総司令官（機甲局総監）を務めていたパーヴェル・Ａ・ロトミストロフ元帥である。１９４３年7月、クルスク地区大会戦におけるクライマックスの一つ、プロホロフカ戦車戦でドイツ武装親衛隊ＬＡＨ師団と死闘を演じた第5親衛戦車軍の司令官として名を上げた人物だ。

ロトミストロフは、1945年中に地上兵力のなかで果たす戦車の役割について、次のようにまとめている。

・戦車のみが、攻勢作戦においても最もスピーディーに敵へ直接攻撃を加え、強力な火力をもってこれを破壊できる。
・戦車のみが、攻勢作戦における準備砲火が撃ちもらすかこれに耐えた敵拠点を、その火力と衝撃力をもって完全に粉砕することができる。
・戦車のみが、その強力な主砲と搭載機銃によって攻勢作戦中の歩兵部隊を助け、戦車や砲兵その他のいかなる反撃をも撃退できる。
・戦車のみが、その強固な防御装甲をもって機銃火や軽度の砲兵火力を侵して攻勢を継続でき、それゆえに接近戦闘における勝利者になることができる。
・戦車のみが、その強馬力エンジンと荒地をも踏破する無限軌道によって敵地を迅速に進撃でき、敵が有効な反撃を組織する以前にこれを粉砕することができる。

これらは、大戦中期以降に成功したソ連機甲部隊の個々の作戦を分析して得られたテーゼである。この他に大戦中の教訓として、敵側に比べて小規模な編成だったソ連の戦車・機械化部隊は、独立した作戦を遂行する上で力量が劣っていることも指摘された。そこで、戦車部隊、機械化部隊の構成単位に自走砲兵や工兵、兵站組織などを補足・充実させ、独自の行動能力を高めることが戦後の再編成における基本方針に採り入れられることになった。

1950年代までに急速に進められた「全軍機械化」

「全軍機械化」を大目標に取り組まれたソ連地上部隊の再編は、まず戦後3年間に大幅な進展を見た。1948年時点で、地上部隊の総兵力は大戦中のピーク時の29%にあたる175個師団、約280万名にまで縮小され、そのうち戦車師団と機械化師団は計60個が残された。戦車・機械化師団の全地上軍に占める割合は、終戦時の7%から34%にまで高まったのである。

1948年時の戦車師団の編成は、中戦車(T-34-85)205輌と重戦車(ISシリーズ)44輌を基幹に、重自走砲(ISU-122またはISU-152)1個大隊(21輌)、1個機械化狙撃連隊、牽引砲兵(122ミリ榴弾砲、カチューシャ多連装ロケット砲)などから成っていた。

一方、機械化師団の編成は、中戦車183輌、重戦車21輌、重自走砲44輌で計248輌もの戦車・自走砲戦力を含み、牽引砲兵は戦車師団よりも多く配属される強力なものであった。

しかし、このときはまだ、装備面で作戦能力に応え得るものが不足していた。兵員輸送用の装甲車輌は、この時点では配備が始まったばかりで、貨物トラックがベースの6輪装甲兵員輸送車ＢＴＲ-１５２が機械化師団で38輌、戦車師団には８輌しか装備されていなかった。機械化狙撃部隊の多くは、非装甲（ソフトスキン）の貨物トラックなどで輸送せざるを得ない状態だったのである。

そして、１９４０年代末までに急速に進められた地上軍の機械化は、１９５０〜51年にかけて一時停滞する。これは、東西冷戦がついに１９５０年6月25日、朝鮮戦争の勃発という形で〝熱い戦争〟に転化し、戦争拡大に備えてソ連地上軍の再動員と編成拡大が進められた結果、機械化がついていけない事態に陥ったからである。この再動員の結果、１９５５年時点でソ連地上軍の総兵力は５７０万名に達した。

朝鮮戦争がアメリカ主体の「国連軍」介入により、〝国際共産主義勢力〟側の思惑どおりにはならず、１９５３年に盟主スターリンが死去するとその年の7月には北緯38度線を挟んで両陣営が対峙状況のまま、休戦が発効した。その後、大型核兵器と戦術核兵器（当時は、長射程火砲が発射する核砲弾）の発達で、戦術レベルでの核使用が現実味を帯びると、ソ連地上軍の機械化はより切実な課題として再開されていくことになる。

戦車師団と自動車化狙撃師団の二本立て編成

朝鮮戦争休戦の翌年である１９５４年から、新たなタイプの機械化部隊がソ連地上軍に出現した。自動車化狙撃師団（モト・ストレルコーヴァ）である。自動車化狙撃師団は、それまでもまだソ連地上軍の半数以上を占めていた狙撃師団を全面的に機械化するモデルとして生まれたものである。

１９５０年代半ばに至るまで、狙撃師団ではトラックが十分にそろわないため、一部の兵站輸送に引き続き挽馬《ばんば》を使用するなど、およそ〝核時代〟の幕開けにそぐわない編成を残していた。ソ連軍指導部が恐れたのは、このような第二次世界大戦型（というより、米英陸軍と比較するなら第一次世界大戦型というべき）師団からなる地上軍でどんなに兵力優勢を誇ったとしても、戦術核兵器を数発見舞われれば完全に戦闘能力を失い、壊滅に陥るのではないかということだった。

これを避けるには、師団全体を迅速に機動させ、敵側から位置特定をしづらくするとともに、あわよくば快速を生かして後退する敵に近距離で追尾したり防衛線を突破して背後に進出し、核攻撃による殲滅を不可能にしていくしかないとみられた。そこで、いまだ戦争の痛手が完全に癒されず、自動車工業の復興も十分ではなかったが、数年計画で装甲兵員輸送車の必要数をそろえ、師団数も削減して全地上師団を戦車師団と自動車化狙撃師団の二本立てに統一することにしたのである。

自動車化狙撃師団と従来の機械化師団との違いは、装甲兵員輸送車や偵察用装甲車が圧倒的に多く、挽馬を完全追放したことだ。たとえば、１９５９年時点の自動車化狙撃師団は、ＢＴ

R-152装甲兵員輸送車を318輛も持っており、先に挙げた1949年時点の機械化師団のわずか38輛とは比べるべくもない規模となっている。

その他、中戦車（この時点では、主力はT-54／55）223輛、重戦車（T-10かT-10M）46輛、重自走砲（ISU-152）54輛と、戦車・自走砲兵力も強化されるというものだった。

だたし兵員の完全定数は、1949年型機械化師団の1万2844名に対し、8711名と3割以上も減らされている。これも人的資源面での戦争の痛手がなかなか回復せず（というより、旧ソ連では戦後一貫して人口減少に陥り、就労可能人口＝兵役適合者が不足がちとなる）、必要師団数を確保するためには定数を減らさざるを得なかったのである。

地上兵力・通常兵器削減が進められたフルシチョフ時代

1950年代半ばに発足し、非スターリン化を推し進めようとしたフルシチョフ政権時代になると、スターリン時代に大きく歪められてきた社会構造の改革と限定された規模での政治の民主化が始まる。またそれにあわせて、「軍の本格的近代化」の名目での通常兵器削減路線が推進されるようになった。

特に地上兵力の削減を中心とした動きは、スターリン時代を通して肥大化した軍事機構が、ソ連の農業や軽工業分野への資金と労働力の配分を阻害し、非生産的な投資（兵器生産）とマ

旧チェコスロバキアでライセンス生産されたT-55中戦車。T-54／55シリーズ全体の生産数は9万4000輛にものぼる。この数字は、世界で戦後普及した戦車総数の7割を占める。誕生から約70年が経過した今でも、いまだ数十ヵ国で使用され、紛争のたびに砲火を交え続けている。

ン・パワーの拘束（軍需分野への集中および兵役による若年労働力の拘置）を招いてきた1930年代以来の反省と、第二次世界大戦の被害未回復による貧弱な社会資本整備、人的資源不足に対応したものであった。

アメリカを先頭とする西側軍事ブロック（NATO他）に対して、「質の遅れを兵力数の圧倒的優勢で補う」としてきたスターリン政権以来の路線は、結局のところ工業や農業分野の再建のために活用できる貴重な若年労働力を減らし、戦時下並みの物資不足・耐乏生活をソ連国民に強いることになっており、これがかえって生産意欲の低下につながるという悪循環を招いていたのである。

こうした「ポスト・スターリン」時代のソ連が直面した社会の矛盾を解決するため、ニキータ・フルシチョフ首相が出した処方箋は、核兵器およびそれを運搬するためのロケット分野に大きな力を注いで西側に対して優越的地位を保持し、その「核の傘」の下で地上兵力を大幅に削減して国の経済発展のための労働力に転化しようというものだった。

この政策は、停滞していたソ連社会の雰囲気に活力を吹き込み、ロケット技術の推進によって人工衛星「スプートニク」をアメリカに先駆けて成功させソ連の国家的威信を高めることにつながった。社会の民主化（寛容度の拡大）で〝雪解け〟といわれる文化面での活性化がもたらされたこともあり、フルシチョフ時代は国民の間に反響と支持を広めたが、反面、通常兵力・装備の削減策がソ連軍首脳部の多くから反発を招きもした。

フルシチョフの路線に反対し、批判したかどで当時のワルシャワ条約機構軍司令官I・S・コーネフ元帥やソ連軍参謀総長ソコロフスキー元帥、さらにはG・K・ジューコフ元帥など、第二次世界大戦以来の将星たちの多くが更迭され、「年金生活入り」させられている。スターリン時代のような「逮捕・投獄・処刑」は、さすがになかったのであるが。

しかし、その一方で軍装備の近代化も兵力削減とのひきかえに推進され、自動車工業の再興にともなって地上部隊配備の貨物運搬・砲兵牽引用トラックや、装甲兵員輸送車の数も大幅に増した。また、戦車部隊、機械化部隊の新しいジャンルの装備として、滑腔砲装備の主力戦車T-62やT-64、誘導対戦車ミサイルの実用化やそれを主兵装としたロケット戦車、BMP-1のような成形炸薬弾を発射する低圧砲や誘導ミサイルを装備する歩兵戦闘車などが実用化され、部隊配備が始まった。

核戦場でも戦闘を継続できる機甲部隊をめざす

他の大きな変化として挙げられるのは、戦略レベルでの核兵器とともに、戦術レベルの核兵器が地上軍にも装備され始めたことである。ルナ（月）自走ミサイル・シリーズがそれだ。これにあわせて、核戦争状況下でも機甲部隊に自在の行動力を持たせることが要求された。

当時、核戦場で行動力を保持しながら戦闘を継続する主力として、改めて戦車師団が特別の位置づけを持つようになった。引き続き機甲軍の指導者（機甲アカデミー総裁）だったロトミストロフ元帥は、核戦争を前提とした地上戦での戦車の役割について、1962年に次のように述べている。

「核攻撃に対する高い抗堪性《こうたんせい》ゆえに、戦車部隊は引き続き現代地上戦における攻勢作戦で、敵を打ち破るための決定的な戦力といえる。しかしながら、攻勢作戦の目標および作戦規模そのものがますます大きなものになるにつれて、戦車部隊運用理論のさらなる改善が必要になってきている」

ロトミストロフがここで述べている「運用理論のさらなる改善」とは、戦車部隊と機械化歩兵部隊の有機的結合、ならびに歩兵部隊を核戦場下でも安全に運搬しながら戦闘に参加させ得る装甲兵員輸送車（APC）の配備・運用を指している。これが、フルシチョフ時代以降のソ連軍の機甲装備と運用改善の要となった。

以上の考え方を受けて、主力戦車や第1線装甲車輌にNBC防御装置「PAZ」などを標準装備させることとあわせて、新たに開発された8輪式装甲兵員輸送車BTR-60シリーズの大量配備によって、全狙撃師団を完全に自動車化狙撃師団に改編することが実行された（1962年に完了）。同時に機械化師団もすべて自動車化狙撃師団へと編成変えされ、地上部隊は基本的に戦車師団と自動車化狙撃師団への二本立てへと再編が終わった。

こうした装備の近代化の一方で兵力削減も急速に進み、師団数は1962年時点で140個までに減らされた。あわせて、定数充足において3段階（第1線、第2線、第3線）へと格差が付けられていたが、この装備比率格差が大きくなった（第1線は定数充足、第2線は準現用部隊、第3線は有事動員に備えて基本的に司令部機能と教育機能だけ持つ師団である）。

たとえば1959年時の戦車師団は、中戦車377輌を基幹に総計481輌もの戦車・自走砲を持ち、数字的には史上最強の編成となった。しかし装備・人員の充足率が75～110％の第1線師団は、東ドイツや西部ロシアなど、NATO軍との直接対峙を想定した配置のもののみで、広大な国境を有する中国方面などは装備90％、人員50～75％の充足率である第2線師団がほとんどであった。

また第3線師団とは、人員10～35％、装備35～50％の充足率で維持されていたもので、戦時に移行して60日間で第1線師団と同等の充足率となることが想定されていた(第2線師団の戦時移行では、10～30日程度での第1線師団レベルへの到達を想定)。

機甲部隊の威で周辺諸国支配を目論んだブレジネフ

フルシチョフ政権の失墜のきっかけは、推進していた核戦略軸の西側との対決路線で生じた。外交戦略面でも「核兵器万能」の考え方を推し進め、新たな同盟国でアメリカの〝喉元〟に位置するキューバへミサイルを持ち込もうとしてアメリカとの間に「すわ核戦争か」の危機を生み出してしまったのである。これが仇となり、フルシチョフ首相は1964年に失脚。後任で権力を握ったのは、保守的な「ネオ・スターリニズム」的色合いの強いL・I・ブレジネフ共産党書記長であった。

大戦中は佐官級の政治将校だったブレジネフは、政治・経済の改革にあまり関心をはらわなかったが、前任者が核戦略への妄信で失敗したことを教訓に、再び機甲部隊を軸とした地上兵力の強化を図った。またこれをワルシャワ条約機構に有機的に結びつけ、ソ連のみならず東側同盟諸国にも応分の財政負担と兵力提供をさせることで、西側を量的に上回る戦力を常に対峙させる軍事路線がとられるようになった。

この路線の意味するところは、2つあった。

第1には、「戦っても勝者はいない」核兵器の剣をお互いに突きつけあったまま、東西両陣営で通常兵力の近代化および量的均衡の絶えざる更新を行ないつつ、戦略的対峙を維持していくこと。

第2の点は、1950年代以来、東欧でソ連が直面した政治的危機の教訓をふまえてのものでもある。フルシチョフ時代初期、スターリン体制のタガが緩んで起きたハンガリー動乱（1956年）をはじめ、ポーランドや東ドイツで起きた反ソ動乱である。これらの鎮圧では、ソ連軍が民衆抵抗に振り回されて不手際を露呈し、国際的非難を集めてしまっていた。

ブレジネフ・ドクトリンでは、「社会主義共同体の防衛」のため、「各国の主権は制限される」とした「制限主権」論も唱えられることで、従来「西側帝国主義ブロックの侵略から社会主義諸国を共同防衛する」ことを目的としてきたワルシャワ条約機構を、「反社会主義的（実際は反ソ的）傾向」をソ連単独の力ではなく、社会主義国全体の協力で抑止する体制へ変質させることを図ったのである。つまり、ワルシャワ条約機構軍とソ連軍の機甲部隊は、西側陣営に向けた矛であると同時に、ソ連の衛星諸国のほころびを繕い、「ソ連ブロックからの分離」や「民主化」を求める諸国民の運動を圧迫するための武力機構としての役割を明確に担わされるようになったのだ。

こうしたドクトリンが実際に適用されることになったのは、1968年8月のチェコスロバキアに対してである。当時、ドプチェク共産党政権指導部の下、民主化が進められようとしていた同国に、ワルシャワ条約機構軍のうち合同演習を名目に終結したソ連軍、東ドイツ軍、ハンガリー軍、ポーランド軍（ルーマニアは不参加）が侵攻し、一夜のうちに主要都市を占拠したのである。首都プラハを制圧したのは、ソ連機甲部隊と空挺部隊であった。

チェコスロバキア侵攻作戦（ダニューブ作戦）は、戦後の機甲部隊による戦術行動としては、鮮やかな成功を遂げた。それは、東側機甲部隊の実力を示したものとして、西側諸国を震撼させた。

しかし、ブレジネフ・ドクトリンに基づくその後のソ連の対外路線は、ソ連周辺の発展途上国にまで及ぼされるようになり、これが新たな紛争を引き起こすことにつながった。この一つの帰結が、1979年末のソ連軍によるアフガニスタン侵攻であるが、この戦争は意に反して長期化し、ひいてはソ連崩壊につながるような国家的威信の低下をもたらしたのである。

質・量的に未曾有の発展を遂げた機甲部隊

通常兵力・地上軍重視のブレジネフ政権時代に、ソ連の軍事機構は未曾有の質的・量的な発展を遂げることになった。機甲部隊で特徴的なことは、フルシチョフ時代から着手されていた新型戦車（125ミリ滑腔砲装備のT-64やT-72、T-80各シリーズの戦力化）や歩兵戦闘車（BMP）の大量配備、これらを支援する対空システムの充実（低～高々度をカバーする各種自走対空ミサイルやレーダー探知照準式自走機関砲＝ZSU-23-4などの採用）である。

世界で最初に滑空砲を搭載した戦車であるT-62。

戦車については、西側がほぼ共通して装備化していた105ミリライフル砲（L7）を積んだ主力戦車を凌駕するため、125ミリ滑腔砲「ラピーラ（長剣）」装備の主力戦車の戦力化が1960年代後半～1970年代後半にかけて進められた。これらの新戦車は、単に主砲の口径と威力が増大しただけでなく、以前からソ連戦車の弱点といわれてきた射撃統制装置（FCS）の精度を大幅に向上させ、当初は基線長指揮測遠機、後にはレーザー測遠機や弾道計算機を組み合わせて、命中精度を西側戦車並みにすることが狙われた。

また、西側戦車に先駆けて主砲自動装填装置を採用している。これは、搭乗兵員数を4名から3名に減らして、訓練必要人員、ひいては不足がちな若年人口からの動員者数を減らすことにつながるものでもあった。

防御面では、非金属製装甲（アルミナ系セラミックやグラスファイバー積層強化板などを圧延鋼板、防弾鋳鋼、チタン装甲などと組み合わせた複合装甲）を採用し、後には爆発反応装甲ブロックもこれに追加した。

こうした新型戦車の量産が進むと、従来の重戦車は第一線部隊の編成から外され、旧型戦車の多くはオーバーホールした上で、中東諸国や発展途上国などへの輸出に振り向けられた。特に1960年代後半から1970年代いっぱいにかけては、ブレジネフ政権がアフリカ諸国への影響力増大に武器輸出を活用したため、こうしたオーバーホール戦車が大量に持ち出され、普及することになった。

この結果、T-34-85中戦車やSU-100自走砲のような第二次世界大戦以来のベテランから、戦後未曾有のマスプロ生産がされたT-54／55中戦車シリーズがあふれんばかりに世界中へバラまかれ、21世紀に入った今日も各地で武力紛争の潜在的要因となって地域の安定と諸国民の安全を脅かすこととなった。

機械化歩兵部隊の装備として装備化そのものが西側に先んじた歩兵戦闘車＝BMP（バエヴォイ・マシーナ・ピホートゥ＝ロシア語で戦闘・車輌・歩兵用の意）は、当初73ミリ低圧砲と9M14Mマリュートカ有線誘導対戦車ミサイルを装備したBMP-1が1966年に実用化され、歩兵の乗車戦闘が可能な本格的な歩兵用戦闘車輌（ICV）の先陣を切った。1970年代後期には、命中精度の悪い低圧砲の代わりに高初速の30ミリ機関砲を装備したBMP-2が登場する。

これらBMPシリーズは、製造コストが1950年代に採用されたT-55中戦車並みで、とても全狙撃連隊に装備できるものではなかった。しかし、履帯駆動ということで戦車師団配属の狙撃連隊に装備されたほか、通常の第1線自動車化狙撃師団を構成する3個狙撃連隊のうち、1個連隊に装備された。

なお、BMPが装備されない狙撃連隊は、すべてBTR-60シリーズか、その後継型であるBTR-70、BTR-80で装備された。その他に、偵察・警戒用車輌であるBRDM装甲車シリーズが戦車・自動車化狙撃師団双方に本格的に装備されたのもブレジネフ時代の特徴だ。

戦術クラスの対空装備では、方面軍レベルの高々度迎撃用自走ミサイルZRKクルーグ、軍レベルの低~中高度迎撃用自走ミサイルZRKクーブ、師団レベルの低空域迎撃用自走ミサイルZRKストレーラの各シリーズを1960年代末までに実用化した。

また、これらを補い、対空ミサイル部隊周辺や移動中の機甲部隊への直接対空支援を行なうものとして、レーダー探知・照準システム付き自走対空機関砲ZSU-23-4が採用された。

これらの対空システムは、1973年の第四次中東戦争でイスラエル機相手に猛威を振るい、輸出されたソ連製装備のなかで最も成功したものとなった。

ブレジネフ時代には砲兵火力の本格的自走化も推進された。1970年代半ばまでに122ミリ自走榴弾砲2S1グヴォーヂカ、152ミリ自走榴弾砲2S3アカーツィヤなどの装甲車体・装軌・完全密閉式の機甲部隊随伴型自走砲が実用化し、他にも多くの大型火砲が自走化された。これらは、戦車師団、自動車化狙撃師団の編成に組み入れられるようになった。

西側や衛星国にインパクトを与えた「戦車外交」

ブレジネフ時代を通じた機械化装備充実の推進を通じて、ソ連軍はかつての赤軍近代化の父ミハイル・トハチェフスキー元帥が夢見た、すべてが機械化された強大な快速部隊の建設を実現した。その威容は、ブレジネフ政権の最盛期を象徴した1977年11月7日挙行の「ロシア社会主義革命60周年記念軍事パレード」において示されるところとなった。各種新式装備すべてとともに、このパレードでは新型のT-72主力戦車が姿を現したのである(初公開はこの年の9月、フランス国防相の訪ソ時)。

1977年時点での戦車師団は、戦車数344輛(偵察戦車を含む)、装甲兵員輸送車・歩兵戦闘車243輛、偵察装甲車・戦車駆逐車78輛、122ミリ自走榴弾砲18輛、戦術自走ロケット4基などを編成に含むようになった。

自動車化狙撃師団は、戦車234輛、装甲兵員輸送車・歩兵戦闘車311輛、偵察装甲車・戦車駆逐車127輛、戦術自走ロケット4基と、装甲車輛の装備数は史上かつてないほどの多さとなっていた。

以上のような機甲部隊の威容は、ブレジネフ政権にとって対外的に国家的威信を示す最大の道具となった。各種の軍事パレードは、常に機甲部隊を中心に大々的に催され、その姿は世界に配信された。また、大規模な演習も西側筋に公開され、宣伝記録フィルムも編集されて世界中の通信社に配給され、国内外で公開されたのである。

これは、「常に備えはできている」との当時のソ連軍スローガンとあわせて、西側諸国に大きな脅威を与え、外交交渉で譲歩をかちとることを狙うとともに、とかく反ソ的な傾向のくすぶる東欧諸国への締め付けを目的にしたものであった。19世紀の「砲艦外交」ならぬ「戦車外交」である。

戦車のような攻撃的兵器を中心とした通常兵器システムをかつてなく充実させたブレジネフ政権時代末期ほど、「第三次世界大戦の危機」「限定核戦争の可能性」が西側マスコミで騒がれた時期はなかった。そして、1979年12月末、ソ連軍がアフガニスタンへ侵攻するとその緊張はピークに達し、1982年にブレジネフ書記長が没した後もゴルバチョフ書記長が登場する以前の1984年頃までそれは続くのである。

アフガニスタンでの挫折と国力の疲弊

アフガニスタンは、ソ連の最南端部に国境を接したイスラム教国で、王国時代からソ連とは友好関係を保ってきた。その後、反王政革命が起きて共和制が発足した後も、その関係は変わらなかった。

ところが、革命的共和派を嫌うイスラム原理主義グループが反政府ゲリラ闘争を開始すると、政情が不安定化し、ソ連指導部の心配の種となった。イギリスやアメリカなど、かつてこの地域に影響力を保持していた西側諸国の画策と影響力拡大を懸念したのである。

ブレジネフ政権は、当時親米国家だったイランやパキスタンの中間に位置する戦略的重要性も鑑み、1970年代よりアフガニスタンの内政に頻繁に干渉を繰り返すようになった。いまや「社会主義体制の盟主ソ連」の世界戦略のため、「制限主権」論は地政学的見地から、社会主義国以外の諸国にも適用されるドクトリンとなったのである。

アフガニスタン政権内で1978年前後から何度もクーデター騒ぎと政変が繰り返され、最終的にソ連とは一線を画す方針のアミン大統領が登場したことから、ブレジネフ政権は本格的な軍事介入でこれを打倒し、親ソ政権（カルマル政権）を打ち立てることに決定した。

そして、1979年12月26日、首都カブール近郊のダルラマン大統領宮殿をソ連空挺部隊（ＶＤＶ）が急襲して主な政府首脳を殺害し、ソ連に亡命していたカルマルを大統領に据えて新政権の樹立を宣言させる荒業を強行したのである。以後、ソ連機甲部隊も侵攻して同国主要都市を占領し、以前から反政府活動を継続していたイスラム原理主義の各派ムジャヒディン・ゲリラ部隊との泥沼の戦いを1989年まで繰り広げることになった。これが「ソ連にとってのベトナム戦争」といわれたアフガニスタン戦争の本質的内容である。

政権の電撃的奪取と機甲部隊を主力としたソ連正規軍の本格的介入によって、イスラム・ゲリラを短期間で平定し得るものとソ連政府はたかをくくっていたが、その目論見は見事に外れた。

「無神論の異教徒=共産主義ソ連の侵攻に対する聖戦（ジハード）」というスローガンは、アフガニスタンのみならず各国のイスラム教徒たちのゲリラ側に対する支援を広げることになり、西側諸国からの支援や侵略批判キャンペーンにより、ソ連は外交的孤立を深めることとなった。１９８０年のモスクワ・オリンピックに我が国を含む西側諸国の多くが不参加となったのが、象徴的な出来事だ。

アフガニスタンでの戦いは、長期化するにつれてソ連軍にとって見通しのつかぬものとなっていった。軍事的に大掛かりな機甲部隊の投入や航空支援は、岩山や散在する集落を拠点に戦うゲリラ相手には空振りとなるばかりで、多大な費用と犠牲の割には効果が上がらず、世界最大・最強だったはずのソ連機甲部隊の無為ぶりをさらけ出す結果となった。これは、ソ連軍内の士気低下と、ひいてはソ連国内の厭戦気分の蔓延や政府不信を拡大することにもつながった。

最大55万名もの兵力を投入したアフガニスタンでの戦いは、ソ連にとってはただ膨大な軍事費をつぎ込ませ、不足がちだった若年層を戦死させ、あるいは不具にさせて、国力を疲弊させる以外の効果はなかった。ソ連軍参謀本部は、しぶとい抵抗を続けるばかりか兵力を増しながら激しく戦うゲリラ部隊に対して、ただソ連国内から次々と新手の部隊をかき集めて投入するばかりであった。歩兵部隊の不足から、海軍歩兵部隊まで投入する始末であった。

そして、結局のところ戦争が続けば続くほど、国内外でのソ連政権の権威は失墜していくばかりだった。この泥沼の戦いは、ソ連の国力と軍事力の限界を暴露し、ブレジネフ政権にとって致命的な打撃となった。

皮肉なことに、先行きの見えない戦いのさなかの１９８２年秋、戦後のソ連ではスターリンに次いで大きな権勢を振るったブレジネフ共産党書記長が死去し、政権は曲がり角を迎えることになったのである。見かけが派手で宣伝好きだったブレジネフが去った後、長年の軍拡競争で疲弊したソ連経済の矛盾が噴出し、以後の後継者たちはソ連社会の建て直しの課題に直面した。

ゴルバチョフの「ペレストロイカ」とソ連機甲部隊

ブレジネフ書記長の死後、アンドロポフ、チェルネンコと旧来型の共産党指導者が次々と後を継いだが、いずれも高齢のために相次いで死去し、１９８５年には後に「改革者」として、ソ連指導者のなかでは今日まで国際的人気の高いミハイル・ゴルバチョフが共産党書記長に就任した（旧ソ連諸国民の間では、過激な政策で経済混乱を招いた面もあることから、それほど人気を集めてはいない）。彼が提起した「ペレストロイカ（建て直し）」路線は、ソ連国内外に大きな反響を呼び起こした。

軍事面では、「新思考」という「いまや地球は環境破壊や核戦争勃発による絶滅の可能性に直面し、帝国主義、社会主義の区別なく共同でこれらの課題の解決にあたらねばならない」との対外路線に基づき、西側諸国との対話による緊張緩和と、それによる軍縮追求という方向を模索した。これによって、ソ連社会にとってあまりに過大な負担だった巨大な軍事力を削減していき、社会資本整備に必要な資金と労働力を創出しようと考えたのである。

こうした西側に対するアプローチは、ソ連の歴史始まって以来のことであり、大きな共感を呼んだが、反面、これは従来のソ連の軍事路線からすれば「西側への降伏宣言」に等しいものであった。特に1980年代に入ってから、ポーランドやハンガリーなどで再びそれぞれの国での国民の権利拡大と、ソ連への従属の解消を求める運動が沸き上がり始めており、ゴルバチョフ路線はこれらの民族的・民主主義指向の動きを勢いづける要因ともなった。

ゴルバチョフ書記長下のソ連政府は、従来の路線のタガを緩める方向に踏み出すと同時に、ソ連国内にも潜在する各種の民族的・社会的矛盾の噴出（後にチェチェン紛争やコーカサス地方各共和国でのさまざまな確執となって現れる）を抑え、東欧諸国その他への影響力を確保するため、防衛力の質的強化には従来以上に力が注がれることになった。

ゴルバチョフ時代の最盛期に、主力戦車はすべてレーザー測遠機のみならず弾道計算機や各種センサーなどを総合的に組み合わせた本格的なFCSを標準装備するようになり、歩兵戦闘車も火力と実用性を大幅に改善したBMP-3が登場。装輪式装甲兵員輸送車もBTR-80シリーズの改良型が実用化された。

その他、近接航空支援兵器では対地攻撃ヘリMi-24や搭載力の大きな攻撃機Su-25などが大量就役し、砲兵火力も衛星管制を利用した高度な誘導弾システムが実用化された。

こうした新装備を備えた1985年時点の第一線戦車師団は、構成がよく整理されるとともに、必要な装備をふんだんに持ったソ連の機甲部隊史上、最も調和のとれたものとなった。装備戦車はすべて125ミリ滑腔砲装備のT-64、T-72、T-80の各シリーズで統一され、総数328輛。歩兵戦闘車の数は大幅に増えて240輛、装輪式装甲兵員輸送車が20輛加えられ、兵員輸送車輛は計260輛。偵察装甲車は若干減らされたものの、自走砲が大幅に強化され、122ミリ自走榴弾砲72輛、152ミリ自走榴弾砲18輛で計90輛の支援自走火力。自走弾道ミサイルも4基が維持されている。

自動車化狙撃師団は、戦車220輛と歩兵用装甲車輛379

輌（装輪式２４７輌、装軌式１３２輌）で完全な装甲化が進み、自走砲も新たに54輌（１２２ミリ自走榴弾砲36輌、１５２ミリ自走榴弾砲18輌）が装備されるようになった。

以上の編成が、ロシア陸軍にも引き継がれている。

地域治安維持軍と化したロシア機甲部隊

ソ連時代、極めて矛盾した経過のなかで装備面を充実させてきたソ連機甲部隊であるが、１９８６年にアフガニスタン撤退開始（89年に終了）、89〜90年にかけてのドイツ東部（旧東ドイツ）など東欧諸国からの撤退によって国外での拠点はすべて失われた。結果として、ソ連機甲部隊は「外征軍」から「国内軍」へと性格を変えていくことになった。

この傾向は、通常兵器削減条約の締結とその後の兵力削減で、地上兵力が１４０万名へと大幅に縮小されたことからも強められた。

東欧諸国の相次ぐ民主化・共産政権の崩壊とワルシャワ条約機構の解体。それに引き続いた１９９０年から91年にかけての、ソ連各地での民族紛争や連邦からの分離紛争勃発、最終的なソ連の崩壊。これが軍事大国としてのソ連という社会主義国家の終焉であった。

その後、経済的・政治的混乱のなかで旧ソ連軍部隊は翻弄されていった。１９９６年に始まったチェチェン紛争では、当初、対決する双方の陣営、チェチェン・ゲリラもロシア軍も旧ソ連軍出身者ばかりであった。グルジア、アゼルバイジャンなどでの紛争でも、参戦者は旧ソ連軍関係者で、それぞれの陣営に分かれて戦っている。

すでに、現状はかつてソ連指導者たちが夢想したような「西側帝国主義ブロックの前に敢然と立ちはだかり、その心胆を寒からしめる」巨大な機甲部隊の姿はない。しかし、21世紀に入ってからの埋蔵エネルギー資源をめぐる情勢の変化から、ロシアが再び大国として浮上してきたことは大きな変化だ。プーチン大統領が統治するロシア連邦共和国は、「強いロシアの再興」を国家スローガンに、軍事的プレゼンスの強化も戦略課題としている。

財政危機からないがしろにされてきたロシア軍は、いまや財政上の優先順位が上げられ、かつて「給与遅配」が問題になったような組織としての存在が危ぶまれる事態は解消された。

しかし、そのドクトリンは、かつてのソ連軍のように西側世界全体を敵に回してのアグレッシブなものではなく、ロシアの国益の関与する地域＝東アジアから中央アジア、東欧地区周辺やそれに隣接する国内辺境地区での治安と秩序を守る存在として、空・陸・海の戦力を運用することにある。まさに「治安維持軍」への変容だが、広大な国土と世界最大の国境域を有するだけに規模と機能の強化がかつてないほど求められているのも、ロシア軍なのだ。

駐屯地にパークするT-55A中戦車の群れ。各種装備が取り付けられた状態なので、一応稼動体制にある。現在、兵力が大幅に削減されたロシア軍では、多くの装備が稼動可能な状態のまま保管されているが、戦車も例外ではない。ここに写っている分だけで1個大隊分以上のT-55Aがある。 (c) ITAR-TASS Photo Agency

ロシア機甲部隊は、機動力と打撃力のある作戦単位として、引き続きロシアを取り巻く国際情勢のなかで重要な役回りを演じていくだろう。そして、その運用ドクトリンのなかで磨かれていく戦車は、各国に輸出され、時に西側製戦車の対抗軸として威力を発揮することがこれからもあると思われる。

T-54／55

――約10万輌と、世界に存在する戦車の大多数を占めるほど生産された空前のベストセラー傑作戦車。高い信頼性と実用性の高さで、今日も活躍を続けている。

ダニューブ作戦では主力としてプラハを席巻

1968年8月20日夜〜21日払暁にかけて、「人間の顔をした社会主義」を掲げたドプチェク書記長率いるチェコスロバキア共産党の民主主義的な改革政策を覆すため、ソ連軍を主としたワルシャワ条約諸国軍（ルーマニアは不参加）約60万が、戦車を先頭に侵攻した。空挺部隊が空港を占拠した後、T-54、T-55などの主力戦車を中心とした機甲部隊はプラハを数時間で席巻し、市民を驚愕させ、西側諸国を震撼させた。

「ダニューブ作戦」と呼ばれたこの侵攻は、NATO諸国に比べて圧倒的な数の戦車・機甲兵力をそろえた、ソ連軍・ワルシャワ条約諸国軍の能力に対する絶大な自信を背景に「ネオ・スターリニスト」といわれたレオニード・ブレジネフ書記長率いるソ連政権が引き起こしたものだ。

ブレジネフは、「プラハの春」が東欧各国に波及し、さらにはソ連国内にまで民主的改革を求める流れが生まれることを何よりも恐れた。「社会主義的共同体の防衛のため、一国の主権は制限し得る」とした「制限主権」論のテーゼの下、ソ連を盟主にした東欧圏の秩序安定を欲した彼は、敢然と軍事介入の道を選んだのである。

この試みは、冷戦の歴史のなかでも、軍事的には最も成功した東側機甲部隊の作戦であるといえた（「戦車の力での政変」の先駆けとなった1956年のハンガリー動乱では、侵攻したソ連軍は市民軍の抵抗で甚大な損失を被った）。

しかしながら軍事的な作戦の成功は、そのまま政治的な成功にはつながりはしなかった。わずかに起きた投石や火炎瓶などによる実力的な抵抗よりも、市民たちが改革派の政治家たちとともに繰り広げた「沈黙の抵抗」は、侵攻後はやくに始まった地下放送による「宥和」の呼びかけとともに、進駐したソ連将兵の間に大きな動揺を生み出していった。

そして、結局のところ「社会主義の枠内での民主的改革」を圧殺したことで、チェコスロバキアとともに社会主義陣営の人民を失望させ、約20年後の社会主義諸国崩壊の〝ドミノ現象〟

の遠因をもつくり出したのである。

ソ連の政府・軍指導者の先見性のなさは、侵入2日目のプラハ市内で起きた事態の中にも暗示されていた。輝かしい電撃的侵攻に成功したソ連戦車部隊の動きとは裏腹に、補給部隊のトラックは「快進撃」ができず、プラハ市内で飢えた戦車兵たちが同情した市民からパンを恵んでもらう事態まで生じたのである。この出来事は、侵攻反対の市民たちと進駐将兵との間の宥和的関係をつくり出してしまい、ソ連軍司令部は進駐部隊の早期交代を図らなければならなかったのである。

「戦術的にも戦略的にも理想的な戦車」

1950年代以降、今日に至るまで頻発し続けた国際的な紛争や内戦に常に「主役」として顔を出した戦車といえるのが、世界で最も大量に普及したT-54／55中戦車シリーズである。1947年から量産が開始され、その後ポーランドやチェコスロバキア、ルーマニア、中国でライセンス生産や派生型の開発・量産が行なわれてきた。

本国ソ連でも、1960年代半ば以降は戦略的な輸出用として1979年まで生産され、その生産数はT-54（およびライセンス生産型）がソ連で3万5000輌、チェコスロバキアが2500輌、ポーランドが3000輌、中国が1万6000輌（59式担克［タンク］および改良型の69式担克の1985年までの量産数）で計5万6500輌、T-55がソ連で2万7500輌、チェコスロバキアとポーランドで1万輌の計3万7500輌で、T-54／55シリーズ全体では9万4000輌にものぼるのである。この数字は、世界で戦後普及した戦車総数の7割を占めるものだ。

筆者も「これが戦車か」とはっきり映像的なイメージを持ったのは、おそらくプラハの街路を埋め尽くしたT-54／55をテレビのニュースで見たのが最初だったと思う。イスラエルとアラブ諸国の対立と紛争を報じる映像にも必ず登場したし、1975年4月末のベトナムにおけるサイゴン陥落でも、大統領官邸に突入したベトナム人民軍のT-54が記憶に強く刻まれている。そして1990年代以降の湾岸戦争やユーゴ内戦、コーカサス地方での紛争など、ごく最近の紛争でも報道映像に必ず登場する戦車は、このシリーズであり続けている。

T-54／55は、1930年代のスターリン体制確立以来、一貫してソ連が地上軍建設の基本としてきた「相手を数倍凌駕した戦車兵力を持つ機甲部隊」の主力戦車として具備すべき量産性と強力な火力・防御力・機動力の性能的要素を徹底して追求して開発された。第二次世界大戦の経験から帰結した「戦術的にも戦略的にも理想的な戦車」として、ソ連の技術者たちが出した回答ともいえた。

20世紀に産声を上げて巨大な国力・軍事力を建設し、国際政治の流れに大きな影響を与えながら、この世紀のなかで崩壊を迎えた社会主義大国ソ連が最盛期に生み出し、そしてその崩壊後も「遺産」として歴史を動かし続けるT-54／55を概観してみたい。

▼開発史

8・8センチ高射砲への対応から始まったT-43の開発

T-54／55中戦車シリーズのルーツは、第二次世界大戦中に独ソ、そして西側連合国をも巻き込んで現出した「火力と装甲のシーソーゲーム」に端を発する。それは、ソ連が自信を持って第二次世界大戦に投入したT-34の装甲と火力を強化する営みの流れのなかで、しだいに形づくられていったのである。

独裁者スターリンが実権を握った1920年代末以降、ソ連は第二次世界大戦開戦に至るまでに、世界中が造り出し装備したものの合計よりも多くの戦車を赤軍に備え、文字どおりの「戦車王国」の地位をかちとった。そして量的にだけでなく、質的にも他国に類のない強力な戦車を生み出し、1941年6月の独ソ戦開始後、当時のドイツ戦車をもってしては撃破不能であった重装甲のKV重戦車や、機動性能・火力・装甲防御力の三要素面で卓越した性能を誇る傑作T-34中戦車を戦線に送り出し、敵国はおろか同盟国をも驚かせた。

戦車の質的な面でのソ連側の優位は1942年前半期まで続いたが、その間に、ドイツ軍が重装甲のソ連戦車に対抗するほとんど唯一の手段として繰り出した優秀な8・8センチ高射砲の威力は、ソ連側に少なからぬ衝撃を与えた。

T-34やKVは、1930年代末の世界の砲兵装備の水準を考慮した防御性能を具備し、想定していたのは口径37～45ミリの対戦車砲の直射や、それほど初速の高くない75ミリ野砲の中射程以上からの射撃に抗堪することであった。高い初速と発射速度、それに命中精度を持ち、1000～1500メートルでT-34中戦車を撃破する8・8センチ高射砲は、ソ連戦車隊の大いなる脅威であった。

こうした事態を受け、T-34を完成させた後にその改良にあたってきた第183工場の第520設計局（「中戦車設計局」とも呼称された）は、ハリコフから疎開したニジニ・タギルの地で、1942年初めより装甲強化型T-34というべきT-43の開発に着手した。

設計局主任技師のA・A・モロゾフと次席主任技師V・M・ドロシェンコの手で設計されたT-43は、75%のパーツをT-34中戦車から流用して、量産性の維持を図った（エンジン、操向・変速機構、足回りなどはほぼ同一）。そして戦訓から、3名用砲塔を搭載するため、車体設計を改めることで砲塔リング直径を拡大できるようにし、砲塔も車長専用に全周視察が可能なキューポラを装備した。

1000メートル程度からの8・8センチ徹甲弾の直射に抗堪するため、鋳造砲塔の前部と周囲は90ミリの厚さを確保し、傾斜角55度の車体前面装甲の厚さも75ミリにされた。重量は34・1トンにおさえられたため、機動性能もT-34並みの良好さを維持した。

ティーガーやパンターの出現により量産化は白紙に

T-43の試作車は1943年2月頃に完成し、3月から運用試験が実施された。しかしこの頃にはボルホフ方面の戦線でVI号ティーガー重戦車が捕獲され、前面で100〜150ミリの装甲厚を持ち、8・8センチ戦車砲を搭載する当時としては最強の実力が確認されていた。これでは、ソ連側が主力戦車砲としていた76・2ミリ戦車砲F-34ではまったく歯が立たないことが明白になったので、戦車開発陣の努力目標は、装甲防御力の増強から火力の抜本的強化の方向へシフトしていった。

そして、情報活動によりドイツ側が1943年夏までにティーガー重戦車に加えて、70口径という驚異的な長砲身を持つ7・5センチ戦車砲を搭載し、重装甲でありながら機動性能も良好なV号パンター中戦車を大量に投入する情報を得た。そこで当面は既存のT-34の火力強化を図りながら、次期主力戦車は時間をかけて、防御力・火力ともに抜本的に強化したものを準備することとなった。

T-43は3000キロに及ぶ走行試験を経るなど、各種の運用試験のなかで高い信頼性と戦訓に基づく改善措置の有効性（砲塔リンク直径の拡大による戦闘室容積の拡張など）が確認され、1943年秋にはいったん制式採用と生産準備開始が内定した。しかし、火力不足の戦車を新規投入することの意義は薄いとされて差し戻され、試作車は次期主力戦車のベースとして活用されることとなった。

そのため、その間のつなぎを、T-43搭載の3名用砲塔に準拠した新砲塔に85ミリ戦車砲を搭載したT-34-85中戦車が担うことになった。そして、43年末頃にT-43にも85ミリ戦車砲D-5Tを搭載するなどの試みがされ、これがT-54／55シリーズのベースとなるT-44へと発展していくこととなる。

3種類の85センチ戦車砲で試作戦車が製作される

1944年2〜3月にかけて、T-43の85ミリ砲搭載型をベースに設計見直しを図った新試作戦車T-44（計画記号オブイェークト-136）の製作が第182工場で開始された。設計見直しのポイントは、車体の小型化および構造の単純化による車高の低減と、これによって生じた重量・バランス上の配分を装甲厚の強化に転化することであった。T-34、T-43のようにフェンダー上にさらに台形状の装甲板を組み合わせる構造をやめて単純な箱型の車体構造とするとともに、T-34のものよりややパワーアップされた520hpのV-44ディーゼル・エンジンを横置き配置にして搭載し、機関室全長を切り詰めて戦闘室容積を確保した。

T-44試作戦車には、85ミリD-5T、85ミリZIS-S-53、122ミリD-25Tの各戦車砲を搭載する3つのタイプが製作された。砲塔形状はT-34-85のものをベースに装甲厚を増し、基部のカラー部分をほとんどなくしたものとされた。

これら試作車は、車体前部左側に操縦席を納めるバルジ部分が車体前面部より突出しているのが特徴で、このバルジ前面にバイザー付きスリットを持つ、やや大きなクラッペ（蓋を閉じられる視察口）が設けられていた。これは防御上の弱点となるために、生産型では単純な一枚板の前面装甲板に改められ、操縦手の前方視察は、前面装甲板に開けられた内部バイザー付きスリットと、上面部の乗降ハッチ前に設けられたペリスコープによって確保された。

T-44中戦車は、早くも1944年7月18日に国家防衛委員会（GKO）によって制式採用が決定され、戦車生産人民委員部第75戦車工場（Tankovogo Zavoda No.75NKTP）で月産300輌のペースで生産するよう命令が出された。これは、継続中の大祖国戦争（独ソ戦）の前線で1輌でも多く供給が求められている85ミリ砲搭載のT-34-85中戦車の量産を、第183工場が主力として担っているためにとられた措置である。

しかし結局、搭載砲の選定をめぐる問題の決着がつかず、秋口には85ミリZIS-S-53装備の試作車第二バリエーションが製作され、試験が開始された。この試作車は車体もほぼ生産型同様の形状になったが、操縦席前の装甲板にバイザー付きのやや大ぶりな開閉クラッペを持っていた。

T-34とは完全に一線を画し、簡素で頑丈な構造と車体の小型化を両立させたT-44中戦車。

結局量産化はされず、次期主力戦車のつなぎ役に

そうこうしているうち、1943年8月にドイツ軍から奪回されたハリコフ市（第183工場＝国営ハリコフ機関車製作工場創設の地）において機関車工場が再興されたため、T-44の

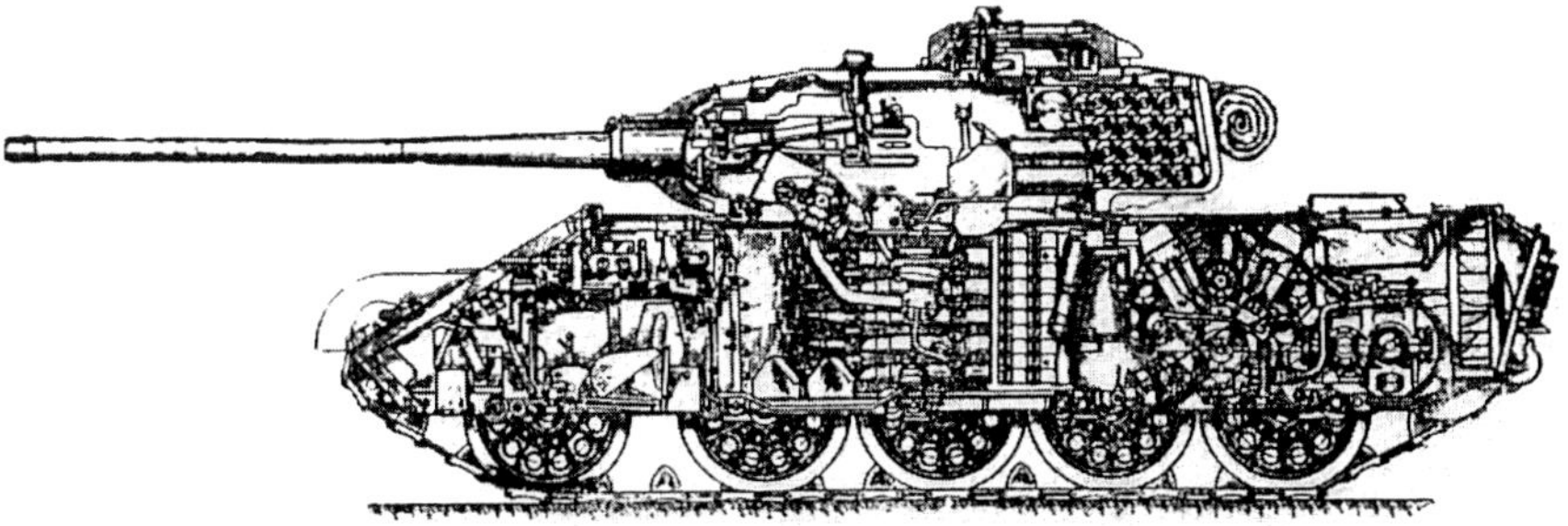

T-44は、箱型の単純な車体基本構造と横置きのエンジンなど、T-54／55の基礎となる仕組みを採用した開発史上、重要な位置にある戦車である。車内構造は、T-54／55シリーズとほぼ変わらないものとなっていることが、断面図から見てとれる。

生産はここで開始されることになった。

１９４４年11月に最初の５輌がラインを離れ、12月中に20輌が加わった。さらに翌45年３月までにもう60輌が完成し、T-44からなる戦車旅団が編成されて実働訓練に入った。４月のベルリン攻防戦開始時には、70輌が実戦投入可能な態勢に入っていたといわれ、ヨーロッパ戦線で戦争が終わった同年５月までに計１９０輌のT-44が完成していた。

生産型のT-44は、T-34シリーズの履帯や大直径転輪などの足回り機構を引き継ぎながらも、車体は見違えるようにリファインされた。容積の小型化の効果で、重量が31～31・5トンとT-34-85よりも軽量化されたにもかかわらず、装甲厚は車体前面で１２０ミリ、側面でも75ミリに達した。砲塔の装甲板は前・側面が90ミリ、後面が75ミリで、車高はT-34-85の２・７メートルよりも30センチも低い２・４メートルである。

乗員は４名で、武装は85ミリ戦車砲ZIS-S-53と２挺の7・62ミリDTM機銃。路上最大速度は時速51キロで、火力面以外ではドイツ軍のパンター中戦車を上回る高性能の中戦車であった。しかし実際の運用においては、変速ギアの故障が多く、後にT-54／55シリーズのものとパーツ共用化が図られるまで解決できなかったようだ。

T-44は１９４７年までに１８２３輌が生産され、１９４０年代後半から１９５０年代にかけて特に緊張を増していた極東方面を中心に配備。１９６０年代には近代化改修が図られて、履帯やエンジン、変速機構などがT-54／55と同じものに交換された。

１９７０年代まで中ソ国境地区で使われたり訓練用に用いられたほか、１９８０年代以降は車体を埋めた「戦車トーチカ」として地方の重要な空港の警備や国境線の防備に多数が活用された。

おもしろいところでは、『ヨーロッパの解放』であるとか、『モスクワ攻防戦』といったソ連の代表的な国策戦争映画にドイツ戦車に改造されて出演している。T-44は、T-34とは完全に一線を画した、簡素で頑丈な構造と車体の小型化を両立させている優れた戦車といえた。

しかし、搭載砲が同じT-34-85が万単位の数で完成し配備されている状況では、わざわざ新たに大量生産して配備する魅力が薄いのは当然のことだった。特にレンドリース供与の枠組みにより、アメリカから強力なM26重戦車（後に中戦車に格下げ）を入手した後になると、85ミリ戦車砲でこの戦後ライバルになるであろうアメリカ戦車の装甲を打ち破ることが困難であることは明白となった。

このため、ソ連戦車開発陣は「M26打倒」が可能な戦車砲を搭載する主力戦車の開発に努力を傾注することとなり、T-44は完成と同時に「過去の戦車」となってしまった。しかしながら、この努力は量産が容易な構造を持つT-44をベースに継続されることになったので、この面で、本車は傑作中戦車T-34シリーズとT-54／55シリーズをつなぐワンステップの役割を果たしたものといえる。

T-34とT-44双方に2種類の１００ミリ戦車砲が試される

T-44はその開発の過程で、85ミリ戦車砲よりも強力な１２２ミリ戦車砲の搭載も試みられた（T-44用の１２２ミリ戦車砲D-25-44Tを搭載したT-44-１２２）。これは弾頭重量だけで25キログラムもある巨大な戦車砲弾だったが、操砲や搭載可能な弾薬数（わずか24発）に難があり、採用は見送られていた。

１９４４年末の時点で、中戦車に搭載できる可能性のある最も有力な砲は、すでにT-34をベースにした自走砲SU-１００に搭載されて実績のあるD-10と、第92砲兵工場特別設計局が開発したLB-1という2種類の１００ミリ戦車砲だった。前者は第9砲兵工場付属の中央砲兵設計局で開発されたものだが、この2種は両方とも海軍艦艇用の１００ミリカノン砲B-34の砲身および閉鎖機構をベースに戦車砲に改造したもので、弾道性能にまったく変わりがないものだった(同様の戦車砲がなぜ2種類も開発されたかについては【《コラム①》戦車砲の制式採用を争った2つの砲兵設計局】（35頁）参照）。

１００ミリ戦車砲の搭載については１９４５年初めより各種試験が開始され、まず着手されたのは、LB-1のT-34、T-44中戦車への搭載であった。T-34については、T-34-85のオリジナル砲塔にほぼそのまま搭載したタイプと、より全体を押しつぶしたような形で、砲塔リング直径を１６８０ミリに拡大した大型砲塔に搭載したタイプの2種が製作され、T-34-１００と呼称された。

しかし試験の結果、T-34シリーズを手直しした程度では１００ミリ戦車砲の操砲に問題が生じた、また、その高姿勢の影響とあわせて、クリスティー式サスペンションで懸架された足回りは１００ミリ戦車砲の大きな反動をバランスよく受け止めることが不可能であると判明した。

新砲塔の方にはD-10T戦車砲の搭載も試みられたが、結局同じことであった。こうして、T-34シリーズの火力強化計画であったT-34-100の制式採用は見通しを失った。

T-44の100ミリ砲搭載計画（T-44-100）は、まず砲塔設計の見直しから始められた。第520設計局は主砲マウント部の拡張を図り、前部に向けて砲塔を大きくオーバーハングさせ、防盾《ぼうじゅん》も幅を広げた。あわせて、大戦末期の戦訓を採り入れて、対空・対地用として装填手ハッチに12・7ミリDShK重機関銃のマウントを設けるとともに、対成形炸薬弾用に厚さ6ミリの装甲スカートを履帯部外側にすっぽり側面部を覆う形で取り付けた。重量の増大もほとんどなく（34トン）、機動性能は良好だった。

T-44-100からT-54へと改名される

T-44-100ではLB-1搭載型とD-10T搭載型の2種の試作車が製作されたが、設計陣としては制式採用に自信があったようだ。しかし、T-44-100は運用試験のなかで操砲上、砲塔容積が狭すぎることが指摘されたため、設計局は車体幅を超えるリング径を持つ新砲塔を開発することとした。

この新砲塔を搭載するタイプは、当初T-44Vと呼称されたが、すぐにT-54（開発記号オブイェークト-137）と呼称されるようになった。1945年5月20日には基本設計が完了し、秋頃に試作車が完成してT-54は、リング径が1825ミリに拡張された鋳造新砲塔を持ち、機械的トラブルが克服しきれなかったT-34以来の変速ギアに代えて、プラネタリ式変速ギア・システムを採用した。

しかし、搭載砲についてはこの段階でD-10にするか、LB-1にするかの決着がついておらず、それぞれを搭載する砲塔が試作された。この両者の識別点は、D-10搭載型が防盾の中央部から砲塔上面にかけて盛り上がっているのに対して、LB-1搭載型は平坦であることだ。

また武装面では、左右フェンダーの車体前部脇にそれぞれ7・62ミリSGMT機銃を固定装備した装甲ボックスを配置した。こうした固定機銃を装備するようになったのは、アメリカからレンドリース供与されたM3軽戦車やM3中戦車の影響もあろうが、全体のコンパクト化のために前方機銃手を廃止してなお、対歩兵用の制圧火力を確保するための代替措置としての意味合いがあると思われる。同様の装備はIS重戦車にも見られるし、戦後開発されたBMD空挺戦闘車にも採用されている。

また足回りについても、T-34以来のセンターガイドを通じて駆動を伝達させる履帯をやめ、幅500ミリのシングルドライピン式履帯と外側のガイドに噛み合わせる遊星歯車式駆動輪を採用した。これでT-34系の足回りからはだいぶイメージ

が変わったが、固定しないで車体側から差し込まれた履帯連結ピンが抜け落ちないように車体後部の誘導ガイドで打ち込む

T-54／55シリーズやT-62で共通して見られる起動輪前上部の履帯ピン誘導ガイド。これにより、履帯連結ピンが走行中に打ち戻され、外れないような仕組みとなっている。

システムは、引き続き採用している。

D-10T戦車砲の方が採用される

T-54（オブイェークト-１３７）は、モスクワ市郊外にある赤軍装甲戦車科学技術研究所（NIIBT KA）で運用試験に付された。当時、試験主任だった研究所技術者E・A・クリチツキーは、T-54について次のような印象を書き残している。

「この戦車には、感銘を覚えた。その美しい流線型を採り入れた外観は、いかなる砲弾の直撃にも耐え得るように可能な限りの検討がなされているように思われた。現代的なフォルムの車体には、新型砲を装備した砲塔が組み合わされている。その美しいシルエットは、開発者たちの高度な技術力の結晶といえた。流れるようなラインの砲塔と車体は、何者でも撃破しがたい防御力をイメージさせ、主砲の長大な砲身は想像を絶する砲弾の威力を感じさせた。スマートにアレンジされたゴムタイヤ付きの大きな転輪と履帯は、高い機動性能を容易に想像させるものだった」

１９４５年いっぱいまでかけて行なわれた研究所での試験結果は上々であった。その結果、本車は暫定採用されることとなり、１９４６年に量産発令、47〜49年の間に限定的に生産されてベラルーシ軍管区の戦車師団に試験的に配備されることとなった（制式採用は１９５０年）。

ちなみに、戦車砲はD-10Tの方が採用され、LB-1はお蔵入りとなった。資料には原因が明らかにされていないが、戦後、スターリン以外の幹部たちから不興を買い始めたベリヤ長官の政治的求心力の低下が背景にあったものと筆者は想像する。

以上の経過は、ソ連当局が100ミリ戦車砲を搭載する主力戦車の戦力化を急いだことを如実にうかがわせる。戦後、ソ連が新たに対峙することとなった西側軍の主柱であるイギリス、アメリカがそれぞれ大戦末期に登場させた強力な新型戦車（センチュリオンやM26／M46）の配備数を懸命に増やして、量的に優越しているソ連機甲部隊に対抗してきたことが要因である。

この後、1951年頃までかけてT-54は形態的に完成されていくことになるが、早くも1948年に「強力な中戦車の開発に成功した功績」で第520設計局の主任技師A・A・モロゾフと技師A・コレスニコフ、V・マチューヒン、P・ヴァシリエフ、N・クチェレンコがスターリン国家賞を受賞した。

《コラム①》戦車砲の制式採用を争った2つの砲兵設計局

ソ連における同用途・同口径の戦車砲を複数の設計局で開発する一種の「競争発注」は、戦争中期から行なわれるようになった。1943年に登場した85ミリ戦車砲がいい例で、これは2種類が制式化されており、自走砲SU-85とT-34-85の初期型が85ミリD-5を搭載、T-34-85の中期以降の生産型とT-44が85ミリZIS-S-53を搭載していた。

この場合、D-5の方が第9砲兵工場付属中央砲兵設計局、ZIS-S-53が第92砲兵工場特別設計局の手になるもので、うまく「棲み分けた」ともいえなくもないが、実態としては後者が前者を押し退けて、後から採用をかちとったというのが本質である。D-5シリーズがSU-85の生産終了とともに姿を消していったのに対して、ZIS-S-53は戦後まで量産が継続されたT-34-85、T-44とともに生産され続けたからだ。

100ミリ戦車砲についても、中央砲兵設計局と特別設計局の双方が独自に開発したものを提案して採用を争ったが、前者の方がやや先んじていた。前者は、1944年前半期のIS重戦車の火力強化計画に対して、海軍用のB-34カノン砲を改修したS-34戦車砲を提案している。このときは制式採用にならなかったものの、さらに改修を進めたD-10が、ドイツ軍の強力なケーニヒスティーガー重戦車の登場が背景となり、対戦車自走砲SU-100の主砲として制式採用された。

これは、特別設計局の側を大いに焦らせることとなり、彼らも急遽100ミリ戦車砲の開発に手をつけ、1944

年末までにLB-1を提案してT-44やT-34の火力強化計画用に提案し、採用を争ったのである。これは、スターリン独裁期の恐怖政治の下で「怠慢」と見なされた技術者たちは、容赦なく投獄されるという過酷な仕打ちが横行していることが背景となっていた。こうした運命を避けるため、各種の兵器開発チームはその「政治力」を背景に、国益そっちのけで採用争いに走っていたというのが、こうした出来事の本質である。

LB-1は、悪名高い弾圧機構=内務人民委員部の長官で、当時スターリンのおぼえめでたく国家防衛委員会の議長に就任したラブレンチー・ベリヤの頭文字をとった命名である。100ミリ戦車砲について後発だった第92砲兵工場特別設計局は、こうしたおべっか使いで遮二無二採用をかちとろうとしたのである。

ちなみにLB-1は、多孔式マズルブレーキと復元力の速い駐退《ちゅうたい》機構を採用していたため、試作段階当初は発射速度がD-10の毎分5～6発に対し、毎分5～8発とやや速かった。

D-10とLB-1は、T-44-100とT-34-100、そしてT-54の試作においてそれぞれ搭載されて試験されたが、このために（車体側は）わざわざ砲塔機構を手直ししたりする必要があったのでモロゾフ設計局に余計な負担をかけ、開発全体を遅らせることになった。

▼基本性能

ソ連の戦車用兵者、開発陣のいずれもが、それぞれの戦車型式の識別や呼称にそれほどこだわらない。T-54の場合にも、当初は開発記号のオブイェークト-137との呼称があったくらいであるが、T-54は1951年までに2回のモデルチェンジがされ、その後に最初を含めそれぞれT-54-1、T-54-2、T-54-3と便宜的に命名された。

また、別に開発された年度に対応して、1946年型、1949年型、1951年型とも呼称されるようになった。開発記号については、オブイェークト-137のままで変更はされていないのだから、少しややこしい。

ここでは、シリーズの出発点になったT-54-1をベースに、その基本構造について概観してみたい。

車　体

圧延鋼板の船形のボックス様に溶接組み立てした車体は単純な線の構成であり、T-34シリーズよりもはるかに大量生産に適している。これは、戦時中に開発された戦車工場の自動溶接システムによる組み立て工程に適合しやすい、最も合理的なデザインといえる。

前面上部装甲は60度の傾斜がつけられており、厚さは１２０ミリ、側面と後面は車体容積を無駄にしないため直立させたデザインだが、それぞれ80ミリ、45ミリの厚さの圧延鋼板が用いられている。

前面下部装甲厚は１００ミリ、上下面20ミリ、操縦手ハッチ30ミリの厚さが確保されている。この装甲厚は、当時の重戦車にも劣らないものであるが、小型化を徹底したために全体重量を36トンにおさえることができた。

しかし、小型化のツケで内部は隙間がほとんどないくらい、操縦装置、燃料タンク、弾薬、パワープラントが詰め込まれている。前部左側は操縦席で、右側は燃料タンクと20発入りの１００ミリ弾薬ラックが配置されている。中央部は戦闘室で、左右の側壁の主砲即用弾12発がラックで固定される。全高がおさえられ、床面にサスペンションのトーションバー（捩《ね》じり鋼棒）が配されるため、T-34のように戦闘室床下に弾薬箱を配置するようなことは行なわれていない。

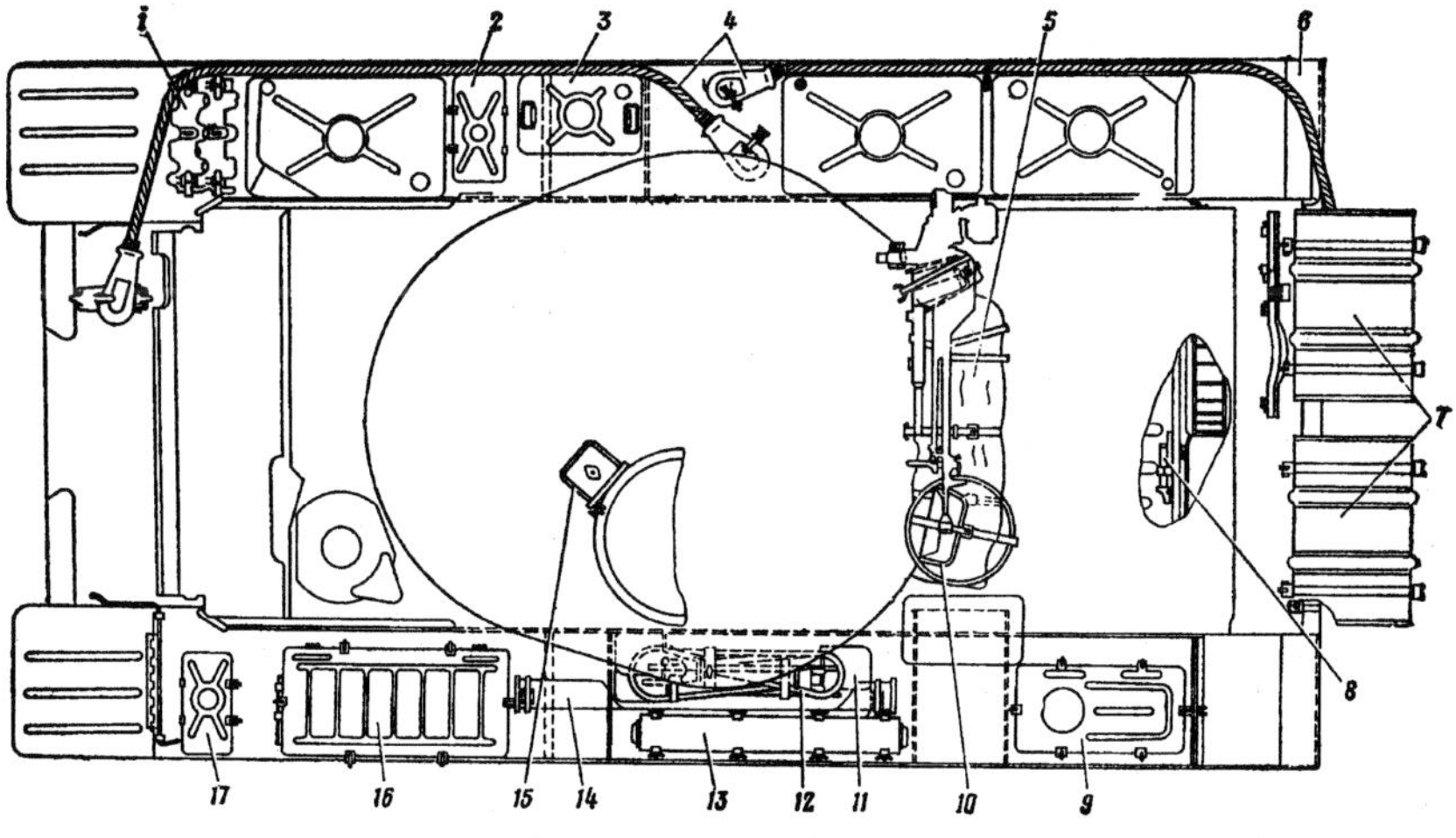

T-54Bの車体外部装備品の配置図。図番号（2）と（17）はオイルポンプの収納箱で、オイルポンプはドラム缶型増加タンク（7）の燃料を、車内タンクに移す際に使用される。（3）はオイル・タンク、（16）は工具箱、（13）は主砲のクリーニングキット収納箱で、その内側寄りにはスコップや水切り板などのＯＶＭがまとめて配置されている。（9）は赤外線投光器の収納箱で、大型のルナ-2と小型のＯU-3をまとめて収めることができる。

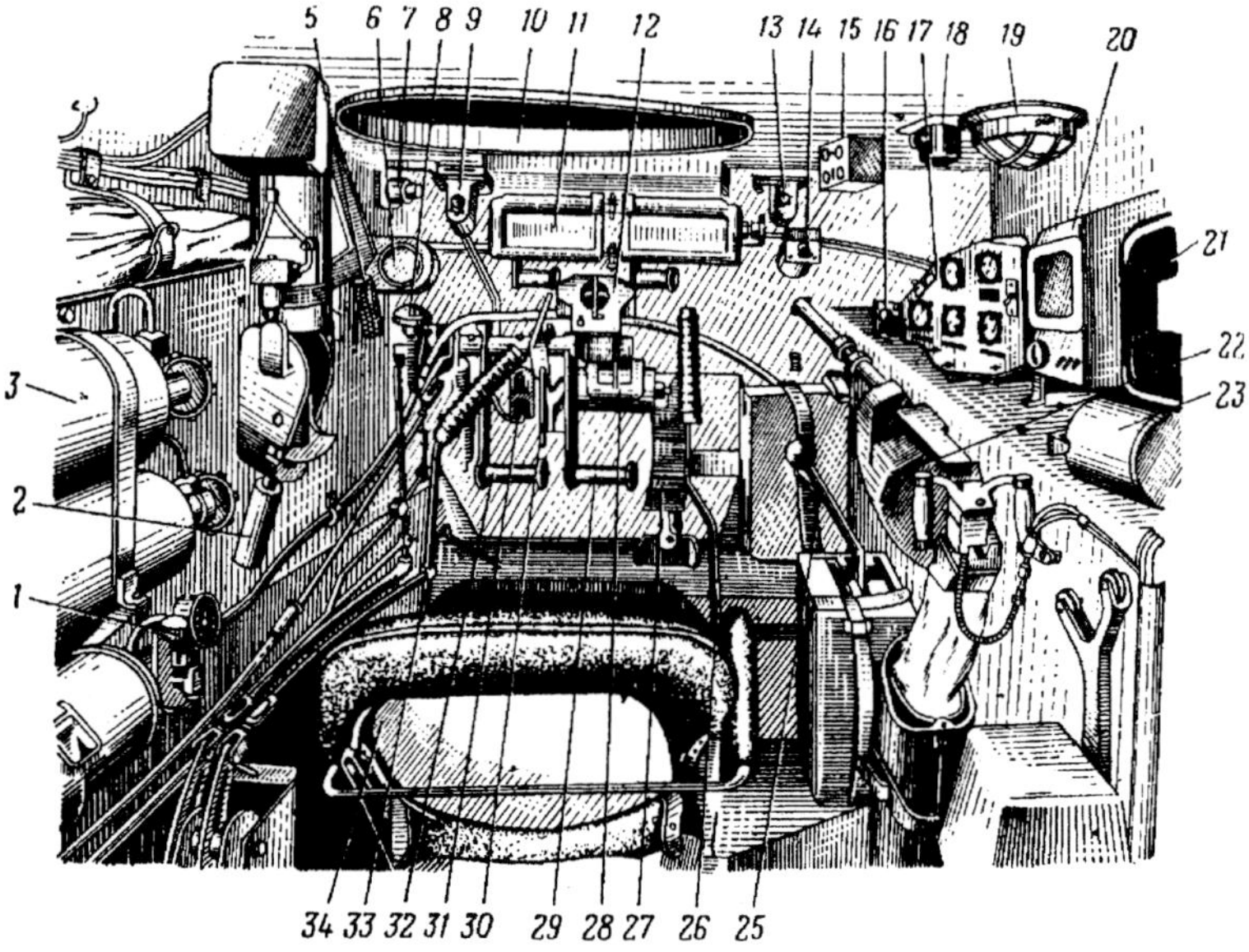

T-54シリーズの操縦室内配置。操縦手用シートの脇に固定機銃（22）があることからわかるように、T-54-2以降のタイプである。戦後の戦車ではあるが、T-54の操縦装置は第二次大戦当時と同様のシンプルなもので、操縦席の前方にクラッチ（32）とアクセル（29）ペダル、両サイドにステアリング・レバー（26、33）が配置されている。車体銃の左下に突出しているレバー（25）はギアボックスのコントロール・レバーで、操縦手席の左横には2本の圧縮空気ボンベ（3）が備えられている。（2）は操縦手用ハッチカバーの開閉操作レバー。

戦闘室後部は防火隔壁を経て機関室になる。機関室内の配置については、後述するが、ここには燃料タンクを配置する余裕がないため、前述のように車体前部の弾薬ラック近くにメインタンクを同居させるという苦肉の策がとられている。このため、後に航続力延伸が要求されるようになると、車外にタンクを多数配置して配管を機械室に引き込むという他国にない異例の方式（すでにソ連ではＩＳ-３重戦車の前例がある）を採用するに至った。

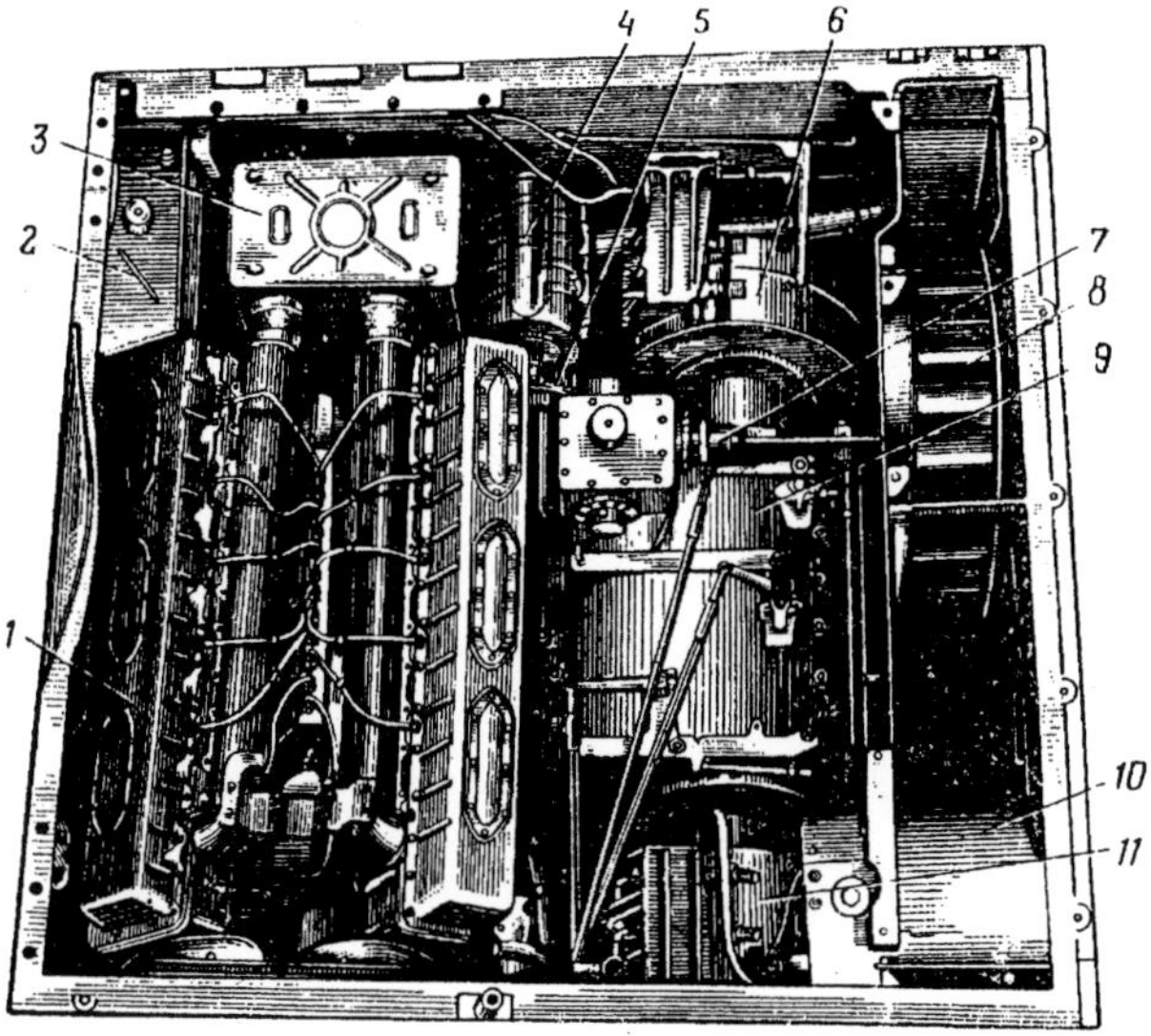

機関室内の配置図。置きされたエンジン（1）の右端にはオイル・タンク（2）とエア・クリーナー（3）が取り付けられ、その後方にトランスファーケース（4）が配置されている。（9）がトランスミッションで、（6）と（11）は操向／制動装置、（8）が冷却ファン。

車体の左右には薄鋼板製のフェンダーが設けられ、前部左右に操縦席からリモコン操作される7・62ミリSGMT固定機銃を各1挺収めた装甲ボックスが配置されている。歩兵用重機関銃の転用であるSGMT機銃は、それまで標準的な戦車用機銃だったDTおよびDTM機銃のような弾倉式ではなくベルト給弾式なので、必要に応じて長くベルトを連結でき（大体、最長で250発程度か）、こうした遠隔操作式で用いるのに便利だった。

なお、フェンダーの両後端には煙幕展開システムMDShを取り付けられるようになっている。MDShは、大戦末期に実用化された小型燃料ドラム缶を用いる電気発火式白煙発生装置で、T-34-85から装備されるようになったものだ。よく以前の解説では「小型予備燃料タンク」とされていたものだが、T-54ではエンジン排気マフラー内に燃料を噴射するBDSh煙幕展開システムを実用化する以前に標準装備としたものだ。どういうわけか、BDSh導入後も一部の車体は1960年代いっぱいまで装備している姿が見られる。

固定機銃ボックスの後ろには主砲クリーニングキットなどの工具箱や予備履帯、さらにその後ろには、右側に円筒型の予備燃料タンク、左側には排気管マフラーと予備オイル・タンクが配置される。こうしたフェンダー上の各種装備の配置は、1960年代のオーバーホール時に後で解説する標準的なT-54／55仕様に完全に変更されている。

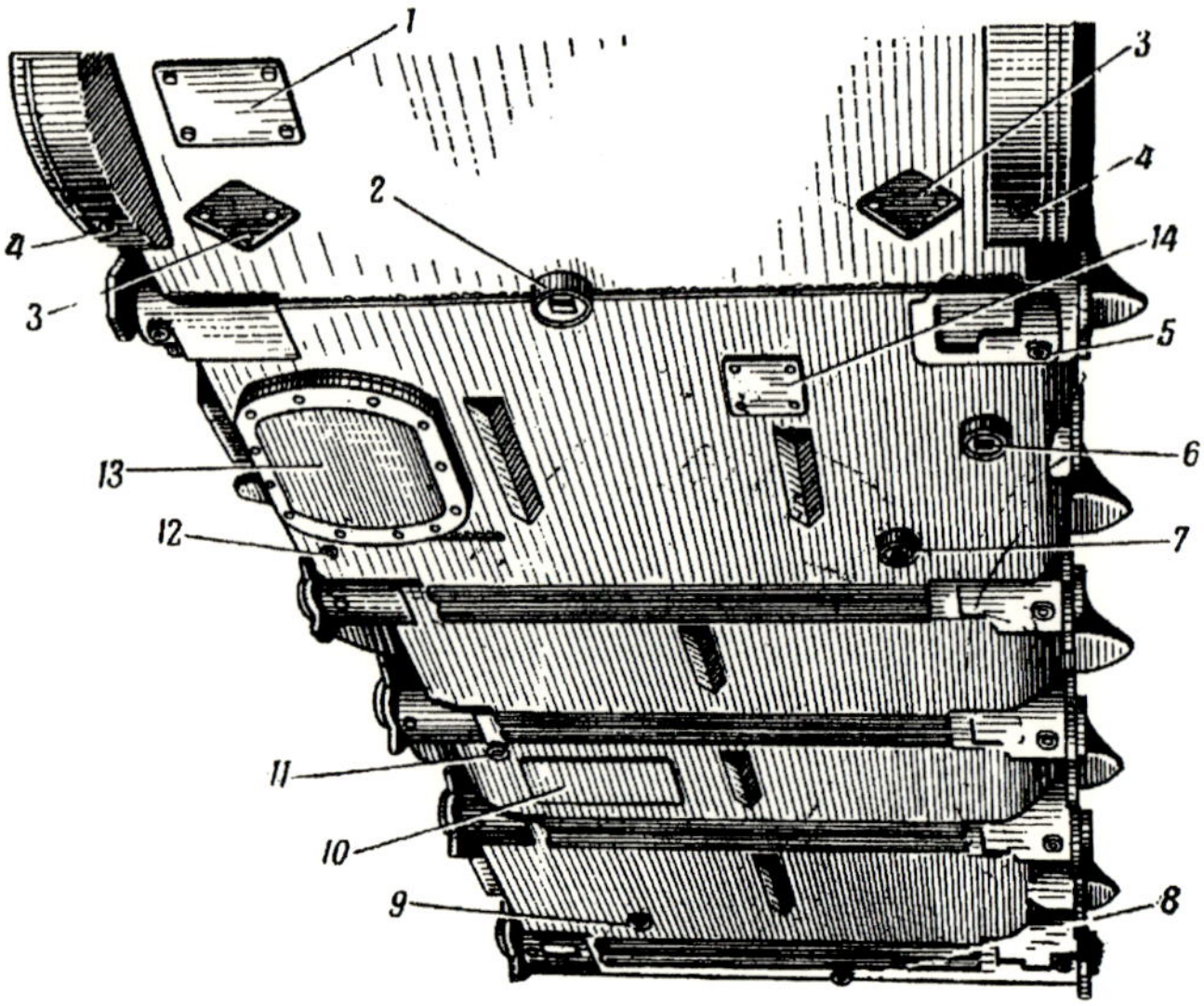

T-54-3の車体下面。手前が車体後方で、前方左寄りに設けられたハッチ（10）がエスケープハッチ。機関室下面の左サイドにも、大型のボルト止め点検パネルが設けられている。右下は戦闘室内後部に備えられている消化剤のボンベ。

足回り

転輪は、T-34シリーズやT-44と同様のゴムタイヤ付き大直径転輪で、完成当初から１９５０年代半ばまではスチール鋳造の補強リブ付きで、肉抜き穴がリブ間に大小12個ずつ開けられたタイプが用いられていた。これにも、製造工場や使用時期によって細部に差があるようだが、こうした分析はモデラーの皆さんが詳しいだろうし、写真などをよく観察して違いを調べ考察するのは、読者のお楽しみということにしたい。

この転輪も、１９６０年代のオーバーホール時に後述するスターフィッシュ型と西側で称されるものに交換されていった。最前部と最後部の転輪アームには、油気圧式ダンパーが接続され、悪路面からの過度のショックを緩衝するようになっている。転輪の上下可動範囲は１３５～１４９ミリである。

履帯は、ハイマンガン鋼の精密鋳造によるシングルドライピン式のもので、幅は５００ミリであるが、これは後に幅５８０ミリの新型履帯に代えられる。履板の構成数は片側90枚、履帯の運用寿命は概ね走行３０００キロである。接地厚は、０・９３ｋｇ／ｃ㎡とやや高めだ。車体後部の機関室には、前砲よりV-54エンジン、変速ギアボックス、排気装置およびオイル・タンクの順に内部配置されている。

エンジンは横置きで、左側壁面にそって駆動伝達装置関係、気化器、始動モーターが詰め込まれており、パワープラントの大規模整備の際には、機関室天板全体を外すことで作業が容易に行なえるようになっている。前述したように車内容積が狭いため、燃料タンクを車体前面装甲板の後の主砲弾薬ラックと併設し、その結果、戦闘室内から機関室にかけて長い燃料配管を行なわなければならなかった。これは、ガソリン機関を採用していた大戦中のドイツ戦車ほどの危険性はなかったが、被弾時に各所から燃料漏れと発火を起こす原因となる(ガソリンの場合、配管継ぎ手などからのわずかな漏れが気化して発火し、致命的な結果を招く)。

心臓というべきエンジンは、1930年代にソ連がイスパノスイザ航空エンジンをベースに開発したアルミ合金製の「高速ディーゼル・エンジン」V型（12気筒）で、本車は520hpのV-54を搭載している。V型シリーズは、BT-7M快速戦車からT-34シリーズ、T-44と引き継がれてきたもので、KVやISなどの一連の重戦車シリーズにも用いられたほか、T-62、T-72まで発展型が使われてきたソ連・ロシアを代表する戦車エンジンである（これ以上のものを、それ以後に造り出せなかったというのも本質ではあるが……）。

操向変速ギア・システムは機械式であるが、T-34やT-44のものを発展させ、信頼性の向上を図ったものである。しかし、同時代のアメリカが重量のある車輌の変速システムに流体トルクコンバータを軸にした自動変速機構を実用化したのに比べると（戦時中のM24軽戦車、そしてT-54のライバルたるM26／46以降の主力戦車に採用）、一段遅れているのは否定できない。

筆者はT-54に体験搭乗した際、戦闘室から操縦の様子を眺めたことがあるが、リーチの長い操向レバーを操縦手が大きな動作で懸命に動かす様は「まるでボディービルダーのトレーニングだな」と感じたことを思い出す。基本的に旧ソ連の装軌車の操向システムは今日までほぼ同様で、アメリカに例えるならM4シャーマン中戦車レベルのものから進歩が止まっているといってよく、1950年代以降の西側戦車に比べれば操縦手の疲労度が高い。

とはいえ、基本的な機動性能はT-34シリーズ以来の高いレベルを保ち、通常路面で最大速度 時速48キロを発揮する。

砲塔、武装関係

砲塔は、ソ連が大戦中に標準化させた製造方式である鋳造製で、上部および砲塔基部に分割されてキャスティングされている。前面にはT-44のものを発展させた幅の広い防盾を持ち、砲塔前面部と防盾の装甲最厚部は200ミリに達する。砲塔前部と防盾の中央前部は、搭載する100ミリ戦車砲D-10Tの2本の駐退複座機を納めるために、上部に向けて膨れ上がった形状をしている(試作車でこの部分が平らなものは100ミ

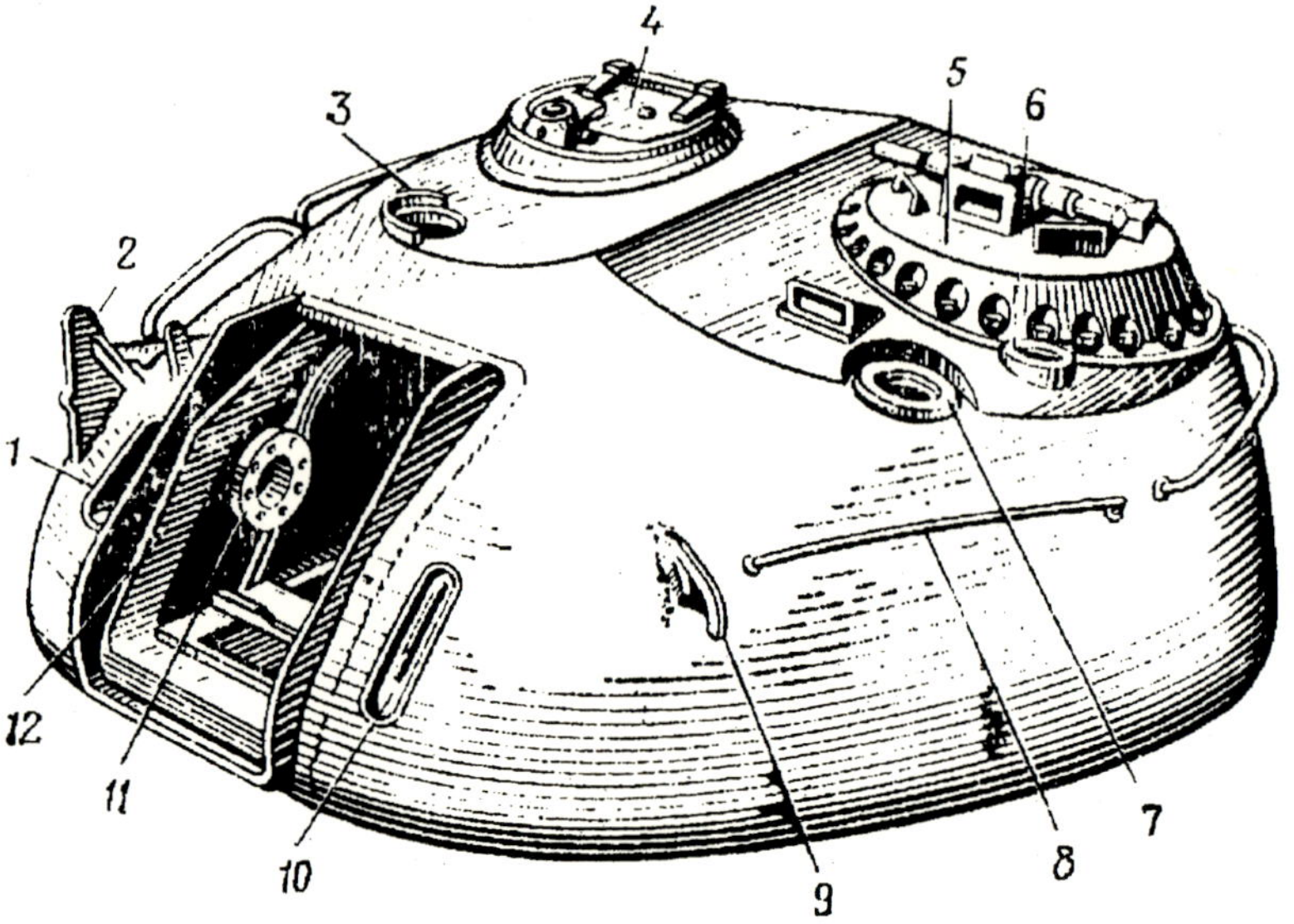

T-55用砲塔（１９７０年代以降の生産型）の基本形状。砲塔上面右側に排気用ベンチレイター・ドームがないことが、T-54シリーズとT-55を見分ける第一の識別ポイントだ。

リＬＢ‐１を搭載したもの）。

砲塔部には１００ミリ戦車砲Ｄ‐10Ｔ、12・７ミリ重機関銃ＤＳｈＫ、主砲同軸機銃７・６２ミリＳＧＭＴが装備される。Ｄ‐10Ｔ戦車砲の砲身長は５・６１メートルで、重量は１９４８キログラム。俯仰角はマイナス５～プラス18度で、全高をおさえたために西側の同種戦車よりも小さい。

防盾左側には直接照準器ＴＳｈ‐20が装備されているが、Ｔ‐54‐１には他に砲手用照準システムは備えられていない。これら砲架システムにより、１００ミリ戦車砲は対装甲弾で概ね１０００メートル、高性能炸薬弾で１１００メートルの有効射程を発揮するとされている（高さ２メートルの標的に対する確実命中域）。高性能炸薬弾の最大射程は１万４６００メートルだ。

戦闘室部および砲塔内側壁のラックには１００ミリ弾薬14発を搭載でき、操縦席右側のラックと合計すれば、36発の１００ミリ砲弾を搭載することになる。

装填手ハッチ部には、ＩＳ‐３重戦車のものと同じ可動リンク式マウントに12・７ミリＤＳｈＫ重機関銃を装備でき、砲塔内および戦闘室後部には、50発ずつベルトリンクにつながれた12・７ミリ弾入り弾薬箱を４個搭載する。ＤＳｈＫ機銃は対空・対地掃射両用で、俯仰角はマイナス４・５～プラス82度だ。同軸の７・６２ミリＳＧＭＴ機銃用の弾薬は、車内に４００発（フェンダー上の固定機銃用と合計すれば４５００発）

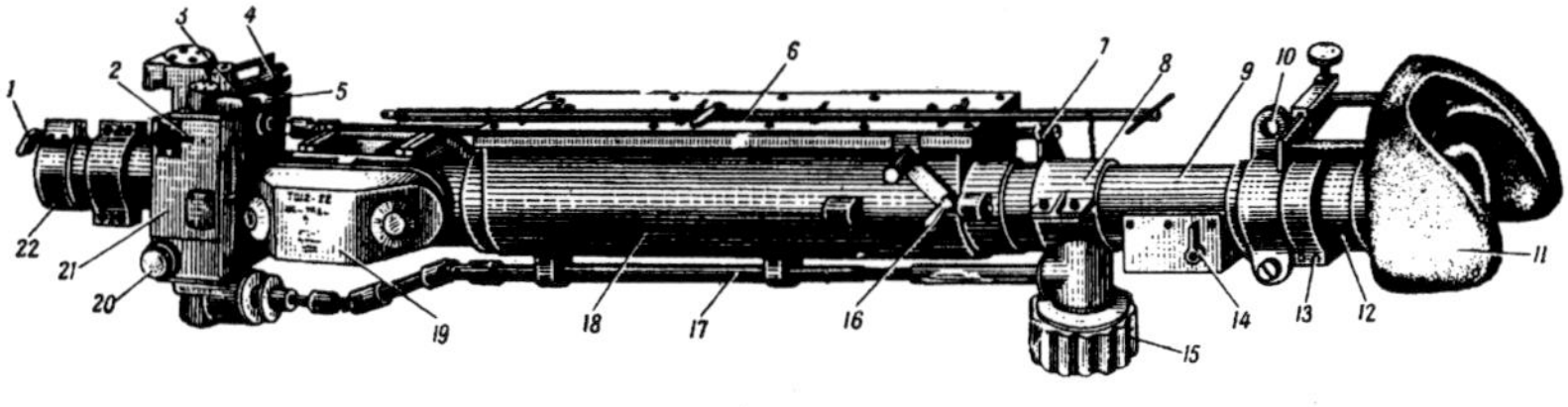

T-54-３から使用されるようになった、可変倍率式の直接照準器ＴＳｈ-２-20。

を搭載できる。

　車外視察装置としては、装填手と砲手にそれぞれ旋回・上下可動するＭｋ-４ペリスコープが各１基砲塔上面に装備されているほか、車長用キューポラにはハッチ部と前部に計5基のプリズム式ビジョンブロック、前面中央部に測距目盛りの入ったＴＰＫ-１レンジファインダーが装備されている。

　車長用キューポラは、大戦中にレンドリース供与を受けたアメリカ製のＭ４Ａ２シャーマン戦車の後期型のものを参考にデザインされたもので、全周旋回が可能である。無線機は、戦時中からの戦車用通信機の改良型である10-ＲＴ-26を車長席脇に備え、車内通話装置としてＴＰＵ-47を装備している。

　砲塔内部は後の型に比べて狭いので、長大で薬莢《やっきょう》を含めた重量が30キログラムもある１００ミリ弾薬を装填する作業も楽ではなく（実質的な発射速度は毎分４～5発）、居住性はT-34-85に比べて大変に悪いものだった。

二度のモデルチェンジで完成型に――T-54-2とT-54-3

　１９４７年から生産されたT-54-１の試験運用で、やはり砲塔内部の狭さやその他の改善要望点が指摘されたため、モロゾフ設計局は１９４８年より砲塔形状の変更その他の設計改良措置を実施した。新たに造られたものはT-54-２（１９４９年型）と呼称され、１９４９年から１９５１年にかけて量産された。

　T-54-2は事実上、T-54シリーズ最初の量産型といえ、３つの工場（ハリコフ、ニジニ・タギル、オムスク）で生産された。しかしながら、まだ制式採用ではなく、実験的な型という位置づけは変わりがなかった。T-54-２で一番めだつ改善点は、砲塔デザインの根本的変更である。

　前面にショットトラップを形成していた幅広防盾を持つデザインを廃止し、小型の「豚の鼻」型（この呼び方は西側で使われてきたもの）主砲防盾を採用した。砲塔前半部は、後のT-54／55シリーズの標準的な型式と同様の形状になったが、砲塔後部には切り込みが残されている。

　その他に、小型ドラム缶式予備燃料タンクに代えて、直接機

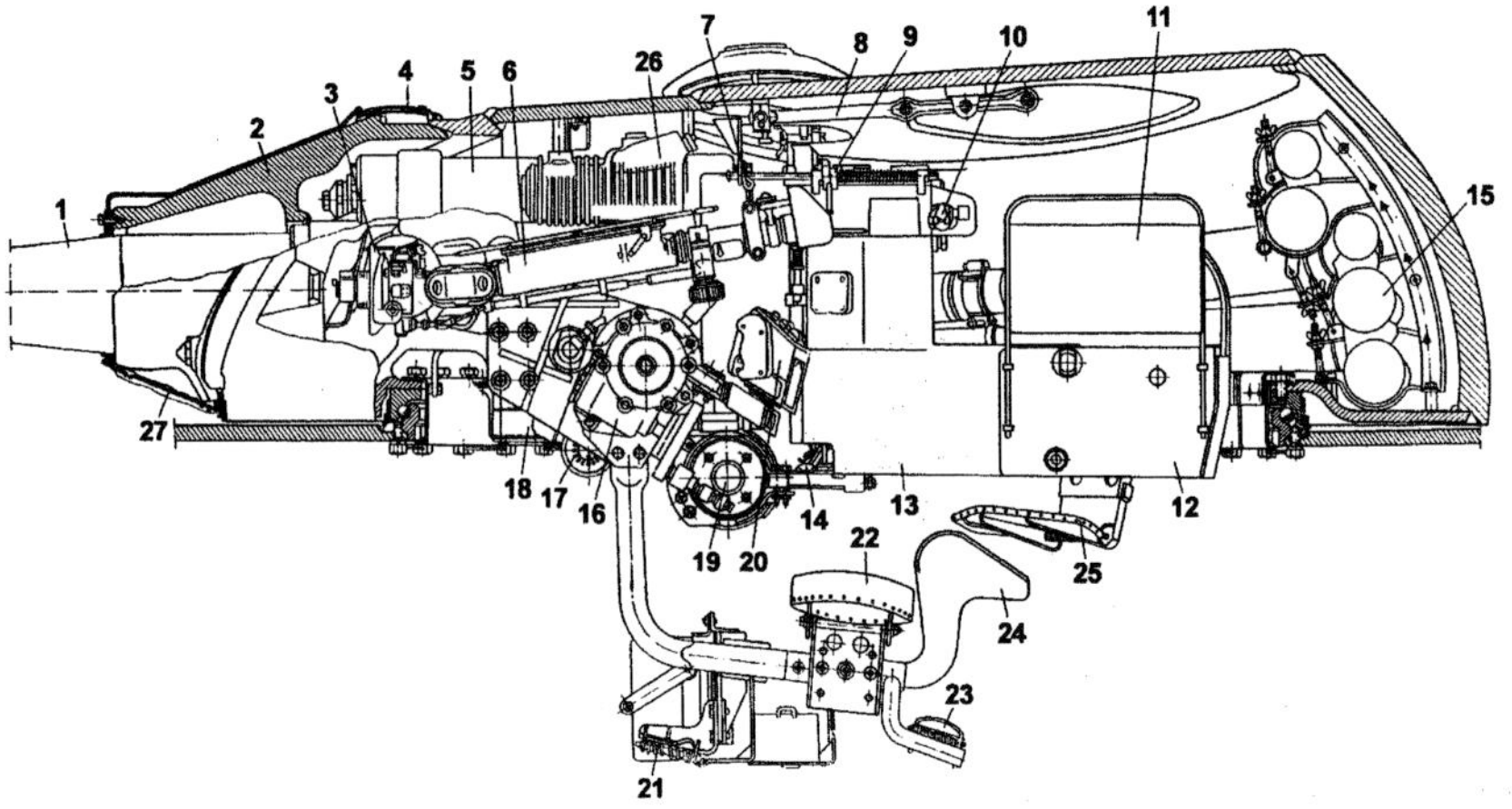

T-54Aの砲塔断面図。（5）１００ミリ主砲駐退シリンダー、（6）ＴＳｈ-2-22直接照準器、(12) 主砲後座保護シールド、(15) 主砲用即用弾薬、(22) 砲手席、(25) 装填手席（跳ね上げ折り畳み式）。

関室に送油可能な角型車外燃料タンク２個を右側フェンダーに配置し、機関室後部には２００容量の燃料ドラム缶２個を装着できるラックが設けられた。

フェンダー前部左右にあった固定機銃ボックスは廃止され、代わりに前面装甲板に開けられた穴から発射する７・６２ミリＳＧＭＴ機銃が操縦席右横に固定配置された。この機銃も操縦手によるリモコン発射である。機銃ボックスのなくなったフェンダー上には、角型の工具・雑具ボックスが配置された。これらの措置で３挺だった７・６２ミリ機銃が２挺に減ったのにともない、７・６２ミリ弾の搭載弾数も３５００発に減らされた。

また、路外機動性能の向上をめざして接地圧を低減させるため、履帯幅を80ミリ増やした５８０ミリのハイマンガン鋳造履帯が採用された。これで接地圧はT-54-1の０・９３キログラム／平方センチに対して、０・８１キログラム／平方センチに下がった。この履帯は、T-72と共用のウェットピン式ＲＭＳｈ履帯が登場した１９６０年代後半以降も、今日まで長く使用されている。T-54-1とT-54-2を合計すると、約３５００輌が造られたという。

１９５１年になると、さらに砲塔デザインを洗練して砲塔後部の切れ込みもなくしたT-54-3が登場した。この段階で、T-54はソ連邦閣僚会議決定により制式採用がされた。T-54-

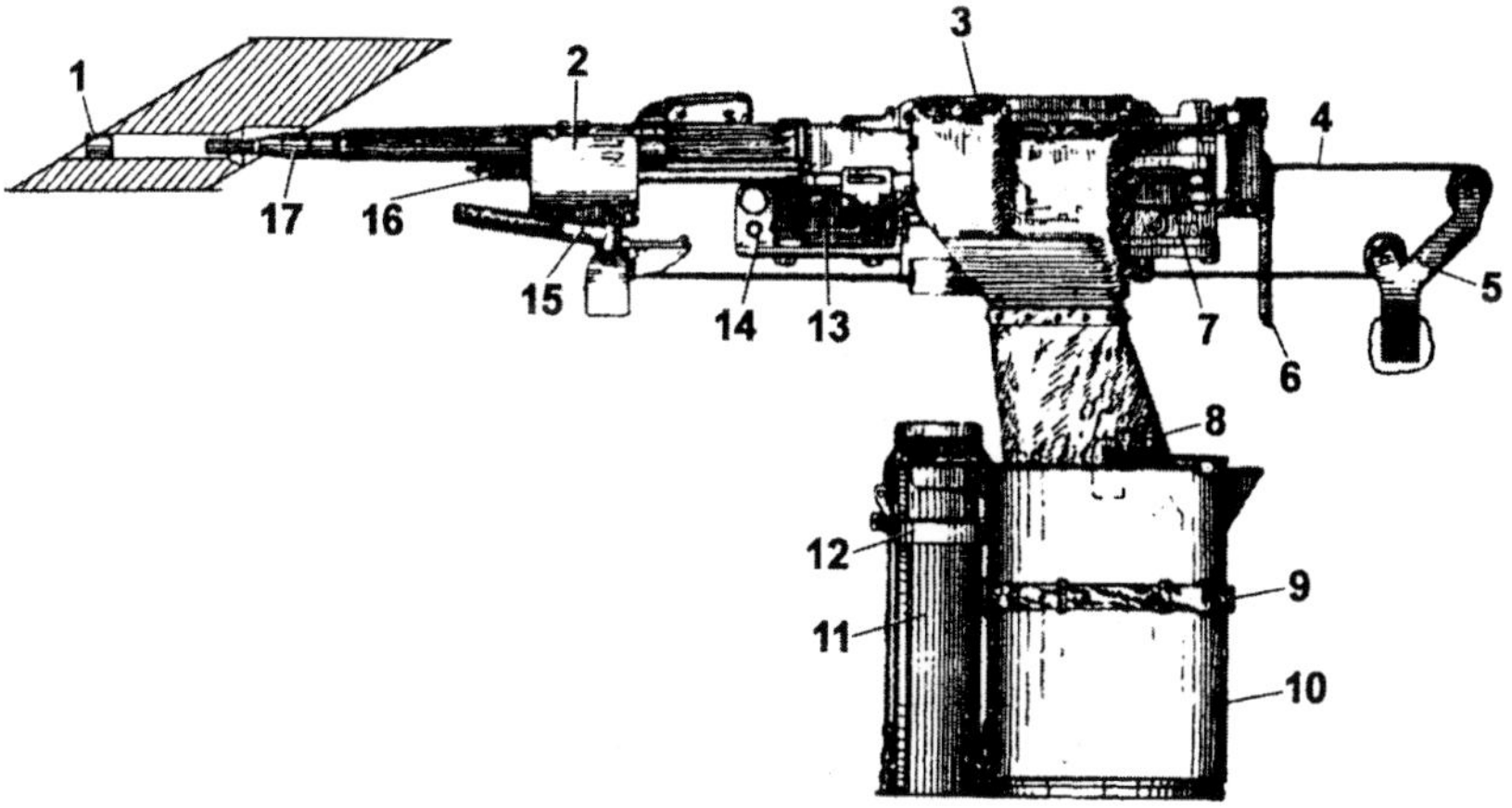

車体前面装甲部の操縦席右側に固定装備された７・６２ミリＳＧＭＴ機銃。装甲板に開けられた穴から発射されるもので、操縦手が操作する。ＳＧＭＴ機銃は、７・６２ミリ×54R弾を金属リンクによって２５０発単位で連結し、給弾する。この固定機銃は、T-55からは廃止された。

3は、砲塔形状が卵を半分に切ったようなその後のT-54／55シリーズの標準的なスタイルのものになり、ここに至ってT-54中戦車の最終的な形状が完成したものといえる。

その他の変更点は、主砲の直接照準器を倍率ズーム（3・5～7倍）が可能なTSh-2-20に代えたこと、フェンダー後端両側にT-34-85にも採用されていた小ドラムタンク式の煙幕発生装置BDSh-5を標準装置したことなどである。

T-54-3の量産は1952年から1954年にかけて生産されたが、その後のモデルチェンジはすべてこの型をベースにして行なわれていった。同型は1956年にハンガリーで起きた反社会主義騒乱（ハンガリー事件）で初めて実戦投入され、西側はその斬新な形状と強力な武装を目のあたりにして、大いにショックを受けることになるのである。

▼バリエーション（T-54のバリエーションとT-55シリーズ）

T-54中戦車のバリエーション

シリーズの基本型であるT-54-3の生産が開始されて以降、

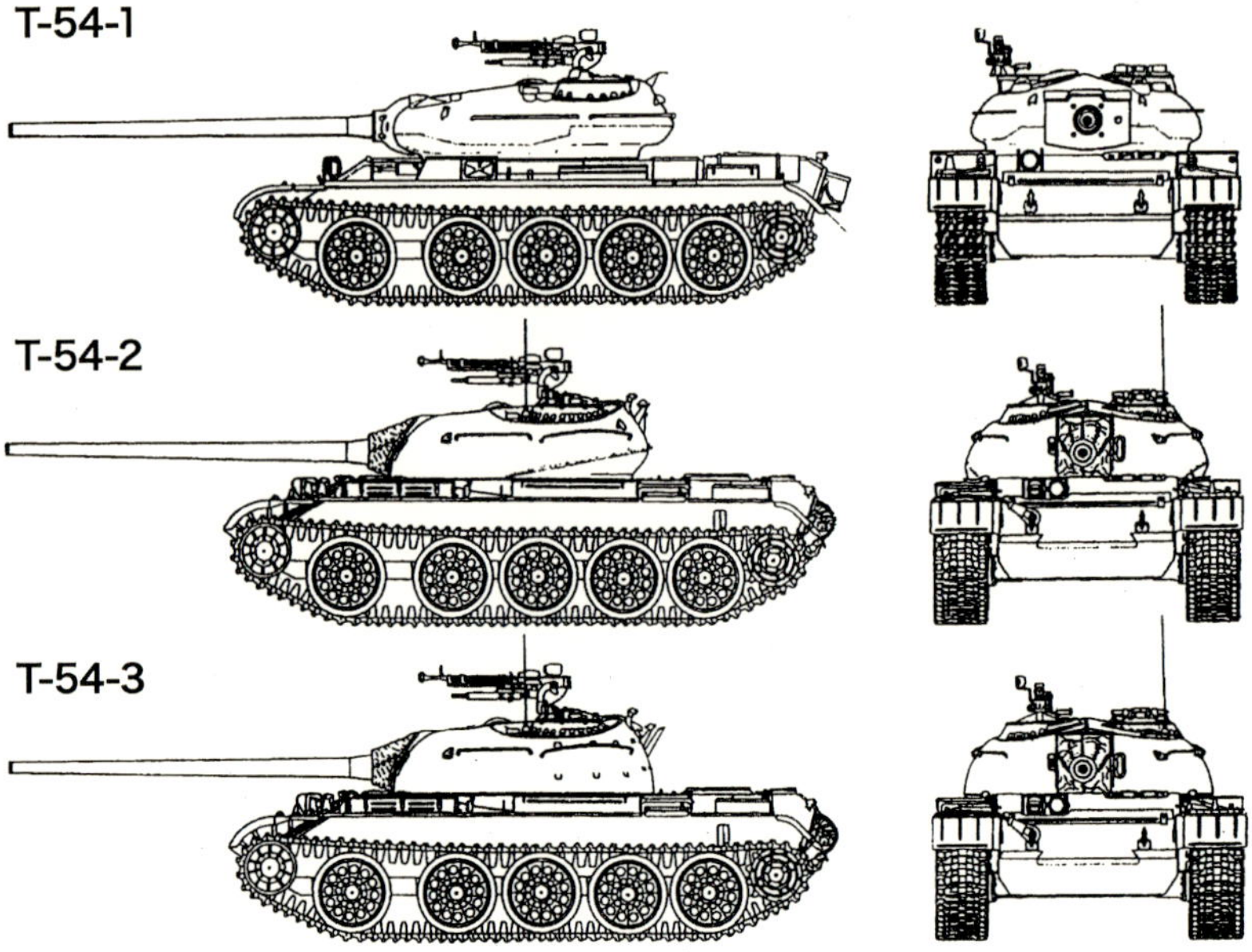

T-54-1／2／3の側面図と前面図。

1957年にかけてT-54の各種バリエーションが登場した。制式のタイプとしては、火焔放射器を装備したOT-54、主砲に一軸型スタビライザーを導入したT-54A、二軸型スタビライザー装備のT-54Bの3つであり、この他に、より強力な100ミリ戦車砲D-54を搭載した試作型のT-54Mがある。
基本バリエーションの分類は、このように意外に単純なのであるが、初期のT-54-2やT-54-3も後に登場した各型に合わせてオーバーホール時に装備を追加するなどされているため、実際に運用されている車体を見るとかなり細部が異なったり、各型のさまざまな特徴を併せもつような無数のバリエーションがあるように思われてしまう。ともかくも、各バリエーションの基本的な特徴を把握しておくことが、写真に見られる運用中の車体の出自を見分ける手がかりになるので、以下、概説してみよう。

OT-54火焔放射戦車

1930年代より、ソ連は火焔放射戦車の開発に熱心だった。第二次世界大戦においても、T-34中戦車やKV-1重戦車をベースにしたOT-34、KV-8を生産して戦線に投入した。戦後も、T-54-3が主力戦車として制式採用され、大量生産が進められるようになると、これをベースにした火焔放射戦車を開発するのは、当然の流れといえた。T-54用の砲塔装備型火焔放射器は、1948年よりハリコフ市の第75工場第1特別設計局において、戦時中のKV-8のものをベースに開発が着手されていた。1952年からT-54-3への搭載試験が実施され、開発番号オブイェークト-481と称された。

火焔放射器ATO-1は、車体前部タンクに460の放射用燃料を搭載し、最大160メートルまでの距離の目標に向けて20回の火焔放射を行なえた。装備位置は砲塔の同軸機銃の部分であり、通常のT-54との外見上の差異は、この部分しかない。当然、機銃が1挺減らされるとともに、主砲や機銃の搭載弾薬も減っている。

1954年に制式採用されて、OT-54と呼ばれるようになった。しかし、1958年にはT-55の採用と生産移行によって、以後はこちらをベースにした火焔放射戦車の量産に切り替えられたことや、もともと装備比率も低いことなどから、少数の生産にとどまったようだ。

T-54M試作中戦車

1948年、イギリスが強力な20ポンド戦車砲（口径83・4ミリ）を備えたセンチュリオンを登場させ、1950年から始まった朝鮮戦争に投入した。ソ連当局は、20ポンド戦車砲が装甲貫徹力の面でT-54の主砲である100ミリD-10Tよりも強力であることを把握すると、T-54シリーズの火力強化を図ることを決定した。

ちなみに、100ミリ戦車砲D-10Tと20ポンド戦車砲の対装甲威力を比較すると、前者が砲口初速 秒速887メートルの徹甲弾（BR-412D）で射程2000メートルにおいて155ミリの貫徹力を発揮するのに対して、後者は同秒速1020メートルの装弾筒付き徹甲弾で250ミリもの貫徹力を発揮できる（どちらも弾着角90度）。

火力強化については、ニジニ・タギルでT-54中戦車の量産体制を統括していたL・N・カルツェフ技師がプラン策定とその実施の責任者に任命された。作業は、主砲を自動的に目標に指向させるスタビライザー装置の導入と、より強力な戦車砲の開発・搭載の二つの方向が探究された。

スタビライザー装置については、1951年に第173技術研究所（TsNII-173）が開発に着手した100ミリ戦車砲D-10T用の垂直方向制御型STP-1「ゴリゾント」がT-54Aから導入されることになった。

強力な戦車砲については、1952年9月12日付のソ連邦閣僚会議決定第4169-1631号で開発が発令された高初速100ミリ戦車砲D-54Tが1954年に完成し、同年、T-54に搭載された。このD-54搭載の試作中戦車がT-54M（オブイェークト-139）と呼称されることになる。

D-54Tは全長110センチの一体型弾薬（薬莢と弾頭が結合されている）を用い、重量16・1キログラムの対装甲弾（装弾筒付き徹甲弾と思われる）を砲口初速 秒速１０１５メートルで発射する。また、「TsNII-173が開発した本砲用の垂直方向制御型スタビライザー「ラドゥガ」も付属装置として用いられた。

主砲弾薬の搭載数も増加させられ、T-54-3らの34発に対して、50発となった。本車にはT-54B以降のシリーズで標準装備されるようになった暗視照準器TPN-1も装備されていた。

T-54Mではエンジン出力の強化も図られ、580hpにパワーアップしたV-54-6が搭載された。対空機銃については、14・5ミリKPVT重機関銃（後にBTR-60などの装輪装甲兵員輸送車に搭載）を12・7ミリDShKに代えて装備している。

T-54Mの運用試験は1954年12月より1955年いっぱいまで継続されたが、「スタビライザーの不調」などを理由にして制式採用にはつながらなかった。

D-54戦車砲については、この後も1960年代初期にかけて開発された試作戦車（オブイェークト-140やT-64の試作型など）に搭載されたが、結局、制式採用された戦車には搭載されずに終わった。おそらく滑腔砲の方が、ライフル砲よりも高威力を発揮できる見通しが出てきたためと思われる。実際、D-54はT-62中戦車に搭載された115ミリ滑腔砲U-5TSの開発ベースとされた。

結局、量産化されなかったとはいうものの、T-54MはT-55やT-62を開発する上での技術的基礎を築いた点で意義があったといえよう。

モスクワ軍管区でOPVT潜水装置を用いた河川渡渉演習を行なうT-55中戦車部隊。水中で邪魔になりそうな付属装備（追加燃料タンクその他）を外し、ワイヤーロープも砲塔手すりに片側をかけて緊急時の牽引作業に備えている。この装置を用いると水深5メートルまで渡渉が可能だ。(c) ITAR-TASS Photo Agency

なお、1977年から一部のT-54Bにレーザー測遠・照準器KTD-1を装着した改修型もT-54M（オブイェークト-137M）と呼称されたので、ややこしい感がある。こちらはごく少数の改修にとどまった上、1994年にはロシア軍の装備から外されてしまったので、ほとんど知られないまま終わっている。

T-54A中戦車

T-54Mが不採用に終わる一方で、垂直方向制御型スタビライザーSTP-1「ゴリゾント」を主砲に付属させたT-54A（オブイェークト-137G）が1955年に採用された。T-54-3とは、ほとんど外見上の差異はないが、STP-1「ゴリゾント」の導入にともなって、砲身先端部にカウンターウェイトを兼ねた排煙器を取り付けた100ミリ戦車砲D-10TGを搭載していることが最大の特徴である。

なお、T-54-2やT-54-3も、1960年代以降のオーバーホール時にSTP-1が導入されるのにともない、100ミリ砲先端部にカウンターウェイトも後から取り付けられるようになった。排煙器よりは小ぶりですぐに見分けがつく(基本的にこの改修を受ける際は、後述するT-54Bの仕様に準じた改修が全体にわたって施された)。

垂直方向制御型スタビライザーの役割は、ごく限定されたものであった。弾薬を装填後に目標にロックすると、機動中もその射角を基本的に維持するように砲身を揺動させるようになっている。しかし、左右方向については調整されないこと、基本的に停止して射撃するようになっていることから、射撃のための停止時に発砲までのタイムラグを少しでも減らすくらいの意義しかない。むしろ、巨大な100ミリ戦車砲のブリーチ部が走行中に揺動することは、その後方に位置する装填手はもちろんのこと、場合によっては戦車長をも危険にさらすことになった。実際に導入以後、死傷事故が多発していたようだ。

その他に、T-54Aでは操縦手用の暗視システムTVN-1が標準装備されている。TVN-1は1951年より採用されたもので、操縦手用ハッチの前に位置した二つのペリスコープのうち、左側のものと交換して取り付けられる。夜間は赤外線照射用フィルターをヘッドライトに取り付け、これで概ね60メートル前方までの夜間視界を得ることが可能になった。順次T-54-3などにも導入されていったので、1960年代以降はすべての型にほぼ完全に装備化されていた。

車体面では、機関室後部に200容量の燃料用ドラム缶2個を搭載できるラックが本型より標準的に装着されるようになった。このラックの下部には、泥濘地脱出用の丸太や後の改修時に追加された潜水渡渉装置OPVTの砲塔装着シュノーケルなども装着されるようになる。その他、無線送受信機が新型のR-113にされたほか、車内通話装置もR-120になった。

T-54Aは1955年から1957年にかけて量産され、中国、ポーランド、チェコスロバキアなどに輸出され、後にこれらの諸国でライセンス生産されるに至った。中国では59式担

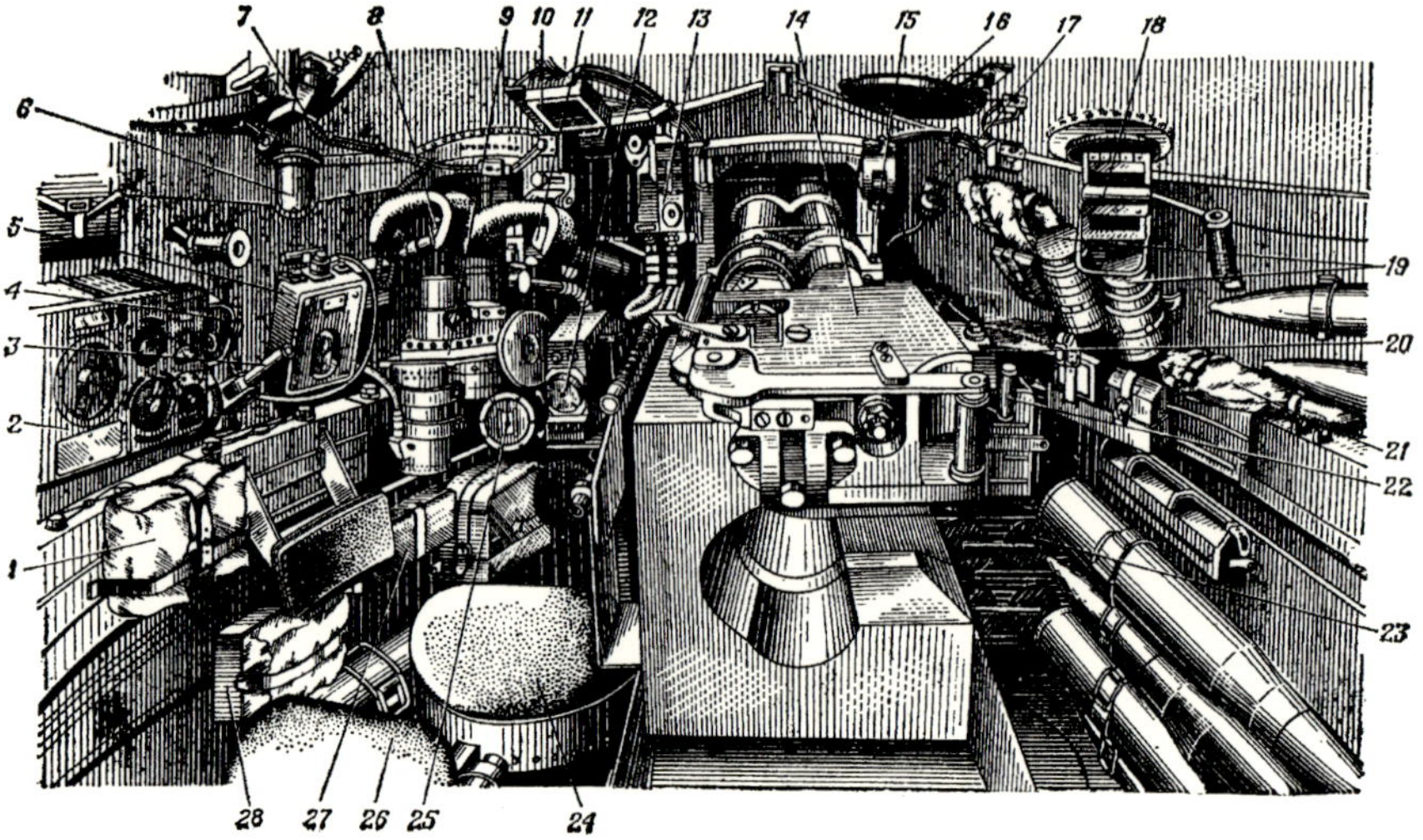

T-54Aの砲塔内図。装填手側の戦闘室側面や砲塔内壁にも即用弾の１００ミリ砲弾が取り付けられている。実際に１００ミリ砲のブリーチ（砲尾）を見ると相当巨大で、これが射撃のたびに後座することを考えると、まったく恐怖そのものである。

克（タンク）として、改良型を含め１９８０年代まで生産が継続された。

核戦争下でも生残できる戦車T-55とそのバリエーション

１９４９年8月29日、アメリカに遅れること4年余にして、ソ連はセミパラチンスク市南西１３２キロの地点にある実験場において、初の核爆発実験に成功して以来、東西両陣営による核戦争勃発の脅威は現実のものとなった。以後、戦略・戦術爆撃機が搭載する航空原子爆弾の開発から、核弾頭を発射できる長距離砲、さらに弾道ミサイルの開発と配備へと、米ソを軸とした核兵器開発競争が過熱化していったが、その一方で、１９４０年代を通してソ連地上軍の編制は、第二次世界大戦時より基本的な変化がなかった。

歩兵部隊の多くには、装甲兵員輸送車はおろか自動車輸送すら十分に普及しておらず、補給部隊にはいまだに馬車が用いられているケースすらあった。

こんな編制の部隊では、兵力集中地域に核兵器による攻撃を受けた場合、ひとたまりもなく壊滅することが明白であった。特にヨーロッパの西側諸国軍に対して兵力の優勢をたのみに対峙していた在欧ソ連軍にとって、これは深刻な問題であった。

１９５０年以降、ソ連では地上軍の再編と機械化率の向上に着手するとともに、核兵器を使用した後の放射能汚染下でも行動できる能力を戦車や装甲車に与える研究の開始が指示されており、１９５２〜53年にかけて、T-54中戦車を核爆発にさらす実験が繰り返された。当初、爆風で砲塔が吹き飛ばされたり、車体各部に亀裂が入るなどの現象が見られ、その都度、砲塔と車体の接合方式や車体構造の改善が図られ、最終的には2〜15キロトンの核爆発の爆心から３００メートル以内において、何とか無傷で生残でき得る車体にまで改善することができた。

しかし、問題は放射線による影響であった。仮に車体が無傷であったとしても、T-54の場合は爆心地から７００メートル以内においては、放射線による影響や放射能に汚染された空気によって乗員が死亡するとの結論が試験から確認された。

ソ連国防省は、ハリコフ市の第60設計局（KB-60）に対して、戦車用の放射能防御システム（PROTIVOATOMNOY ZAShiTUY ＝PAZ）の開発を発令、１９５６年には基本的なシステムが完成を見るに至った。PAZは、車外から採り入れる空気を汚染除去フィルターに通して車内に供給するとともに、乗員区画内の空気を加圧して、わずかな隙間からも放射能汚染気が侵入することを妨げる機構を採用していた。

そのため、砲塔の前部右上面にあった主砲や機関銃の発砲煙（および含有される一酸化炭素）の充満を防ぐための換気ベンチレイターは廃止され、PAZによる空気循環システムで搭乗

１９８０年代、演習場で撮影されたT-55中戦車。シリーズの標準型というべきもので、チェコスロバキアでもライセンス生産が行なわれた。（c）ITAR-TASS Photo Agency

空間の吸排気が行なわれるようにされた。
ＰＡＺを導入した新戦車は、ニジニ・タギルの第１８３工場で試作され、これにはさらにT-54M試作戦車に搭載された出力向上型ディーゼル・エンジンV-54-6（５８０ｈｐ）を導入することとなり、T-55（オブイェークト-１５５）と呼称され、１９５８年5月24日付のソ連国防省命令により制式採用が決定された。

戦後、ソ連においては新規の兵器を軍に採用する場合は、ソ連邦閣僚会議の決定によって行なわれ、同種兵器のバリエーションの採用は国防省命令で行なわれる体系になっていたようだ。したがって、T-55についても車種番号こそ異なるものの、T-54系のバリエーションの一つと目されていたといえる。

１９５８～62年の間にニジニ・タギル（第１８３工場）、オムスク（ウラル貨車工場＝ＵＶＺ）、ハリコフ（第75工場）で生産されたT-55の基本型は、ＰＡＺや出力向上型エンジンの導入のほか、いくつか形態的にもそれまでのT-54シリーズとは異なる特徴を有している。

顕著なのは砲塔の各部の違いで、まずＰＡＺ導入で右上面のベンチレイター・ドームがなくなったことは前述したが、その他にも装填手用のハッチが対空機銃用の回転マウントのない単純な前開き式の一枚ハッチにされている。また、砲手席上面部に設置されたＴＰＮ-１暗視照準器の他に、固定式の視察用ペリスコープが設けられた。

戦車固有の対空兵装（12・7ミリＤＳｈＫＭ重機関銃）は廃止され、戦車部隊の対空防御は別に編成された自走対空機関砲部隊（多くは装甲兵員輸送車に連装式の14・5ミリＺＰＵ-２対空機銃や23ミリ機関砲ＺＳＵ-23-２などを搭載したもの）が組織的に行なうと割り切られたのである。外部に露出した対空機銃は、放射能汚染された場合の除染作業が面倒であることも、搭載が嫌われた理由のようだ。

合わせてT-55では、排気マフラーを使用する独特の煙幕発生装置ＴＤＡ（＝TERMO DUYMOVAYA APARATURA）が採用された。これは、排気マフラー内に燃料を噴射して白煙を発生させるもので、T-34-85以来用いられてきた車体後部に取り付ける発煙燃料ドラムによる発火式の煙幕展開装置ＢＤＳｈ-５に代わるものだった。

また、T-55はすでにT-54-１以来、10年を超えた量産・運用実績をふまえて、パワープラント関係の信頼性を向上させるための改良が施された。主に変速ギア関係のほか、冬季でも夏季でも機能障害を起こさない燃料噴射装置やオイル循環装置の導入が図られ、アフリカから極北地帯まで広く使用できる戦車としての実質を備えていった。

車体前部の砲弾ラックまわりにある燃料タンクの容量を大幅に増量し、T-54シリーズに比べて１５０以上も多くの燃料を搭載できるようになった。その結果、路上航続距離は５００

キロ程度まで延伸された。

しかし、前面装甲の後ろに燃料と弾薬をギュウギュウ詰めにしたことは、後の中東戦争において思わぬ被害をもたらすことにつながるのだった。

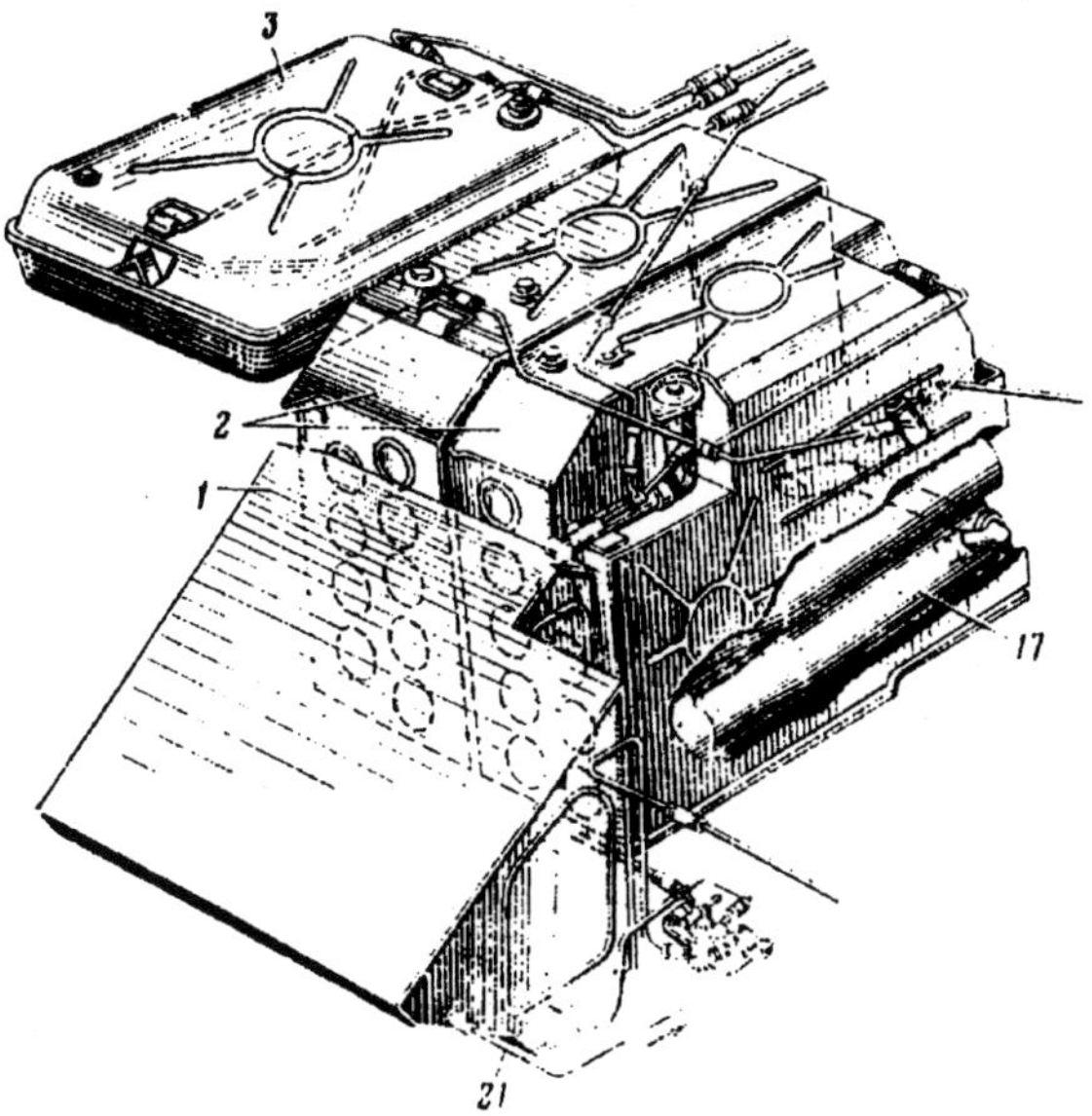

T-55車体前部燃料タンク周囲の配置。図からわかるように、主砲弾ラックを囲むように新たに燃料タンクが増設されている。これによって車体上面の給油孔も、T-54が一つであったのに対し、T-55ではふたつに増やされている。

火力増強も図られ、主砲の搭載弾薬は43発に増やされたほか、新たに開発された成形炸薬弾（BK5M）が導入された。BK5Mは厚さ390ミリの圧延鋼板の貫徹が可能で（弾着角90度）、西側がイギリス・ヴィッカース社製の105ミリ戦車砲L7を搭載した新戦車を登場されたことによって、性能面で水をあけられたT-54／55の100ミリ戦車砲D-10シリーズの対装甲威力を大幅に向上させるものと期待された。

あわせて、T-55からプレス製造の星型転輪(OPORNUYKATOK ZVEZDOOBRAZNOY FORMUY)が標準装備されるようになり、これ以前のT-54シリーズや近代化改修を受けたT-34-85やT-44らにもオーバーホール時に導入されていった（西側ではスターフィッシュ［ヒトデ］型転輪と呼称している）。

T-55の量産は、1958～62年の間に行なわれた。また、本型をベースにした火焔放射戦車OT-55（オブイェークト-482）も同時期に少数が生産された。本型は、OT-54に用いられた火焔放射器の改良型ATO-2000を同じように同軸機銃に代えて搭載したもので、これにともない100ミリ戦車砲の搭載弾薬は25発となった。

歩兵の対戦車戦闘訓練のデモに用いられているT-55中戦車。手前の塹壕内から歩兵が対戦車手榴弾を投げるという想定。実際、こんな場面は今日の戦闘では起こらない。 (c) ITAR-TASS Photo Agency

核戦争用としてさらに完成度を高めたT-55A

乗員区画への汚染空気の侵入を防いで、一応NBC防御システムを備えることになったT-55であったが、車内の空気清浄化と気密性の確保だけでは、装甲板の薄い部分を貫くX線やガンマ線が乗員に与える影響を十分に防げないことは明らかであった。そこで1961年より、鋼鉄研究所（NII STALI）において対放射線防護カバーの開発が着手された。NII STALIが開発した防護カバーは、放射線を遮断する鉛分を混入させたプラスチック樹脂製のもので、取り付け部に合わせて成形しネジ留めすることができた。

防護カバーは、車長キューポラとハッチ、装填手ハッチの全体に盛り上がるように取り付けられ、操縦手ハッチの前半部にも盛り上げた形で追加されている。さらに砲塔や車体内部にも、防護カバーと同じ材質のライナーが内張りされた。この放射線防護カバーを取り付けたタイプは、T-55A（オブイェークト-155A）として1962年7月16日付のソ連国防省命令により採用が決定されている。

T-55Aでは、操縦席右横に配置された7・62ミリ固定機銃が廃止され、また主砲同軸機銃もT-54以来のSGMTからカラシニコフが開発した7・62ミリ汎用支援機銃PKの車載型であるPKTに代えられた。これ以後、順次オーバーホールが実施されるごとに、旧来の車体の機銃も同様に交換されていった。

T-55Aは、1962年～69年間に生産されたタイプと、1970年代以降に生産されたタイプの2種類に分類することができる。

前者は、初期型のT-55に対放射線防護カバーなどを追加したのみというべきもので、後者は、装填手ハッチ側に12・7ミリDShKM機銃用回転マウントを対放射線防護カバーで被って取り付けているものである。12・7ミリ機銃は、アメリカ軍がベトナム戦争において地上攻撃ヘリを多数投入したことから、戦車固有の対空兵装を強化するために再度、1970年以降の生産型に取り付けられるとともに、過去に生産されたT-55にも順次取り付けが図られていったものだ。

T-55Aは1963年から77年にかけて量産され、主に東欧諸国に普及した。1990年代の旧ユーゴ内戦においても、多数が投入されている。

T-54B中戦車

T-54Aに続き、より本格的な能力向上型であるT-54B（オブイェークト-137G2）が1956年に開発され、同年9月11日付のソ連国防省命令によって制式採用が決定された。

T-54Bの基本的な特徴は、垂直方向に加えて左右方向にも主砲を自動的に目標指向させるスタビライザーSTP-2「ツィクロン」の装備や、夜間戦闘用のアクティブ暗視・照準装置の導入、潜水渡渉装置OPVTの標準装備化などである。STP-2「ツィクロン」は、STP-1と同様にTsN-173が開発したもので、その作動速度は垂直方向で0・07～15度／秒、水平方向で0・07～4・5度／秒である。

水平方向へのスタビライジングが行なわれれば、当然、装填手の安全が脅かされかねない。そこで本型から、戦闘室底部に砲塔旋回に追随するターンテーブルが設けられたが、この機構は、大戦中にイギリスから試験用に提供されたクロムウェル巡航戦車のものをコピーしたものだ。STP-2が付属した主砲は、100ミリ戦車砲D-10T2Sと称する。

これで、いかにも行進間射撃も可能になるかのような印象を受けるかもしれないが、実際の射撃は停止して行なわないと、命中精度は著しく低下した。あわせて、狭い砲塔・戦闘室内では、長大かつ重量のある100ミリ弾薬の再装填に際して、主砲に仰角をかけてブリーチを斜めに落とすことが必要となる。

結局STP-2にしても、機動中に装填済みの100ミリ戦車砲を目標方向に向け、停止後の照準修正量を最小限にとどめる程度の意味しかないものといえる。

本型から導入された夜間戦闘用の暗視システムは、T-62に至るまで用いられたソ連戦車の標準装備になったTPN-1

T-55

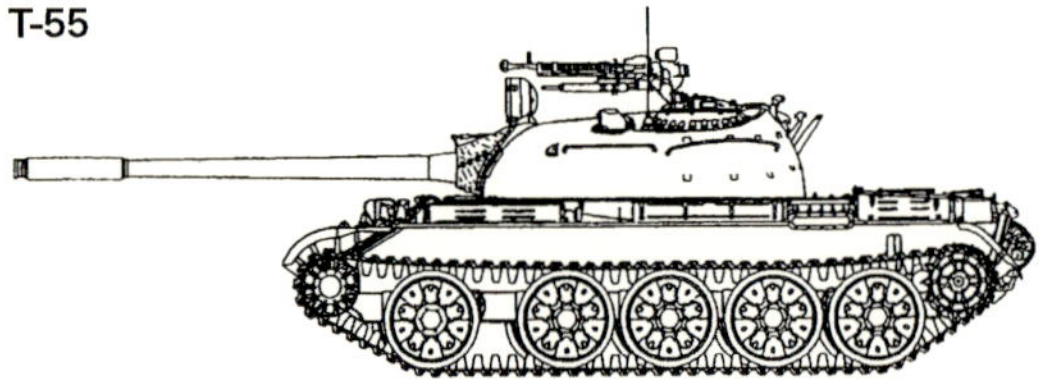

T-55A

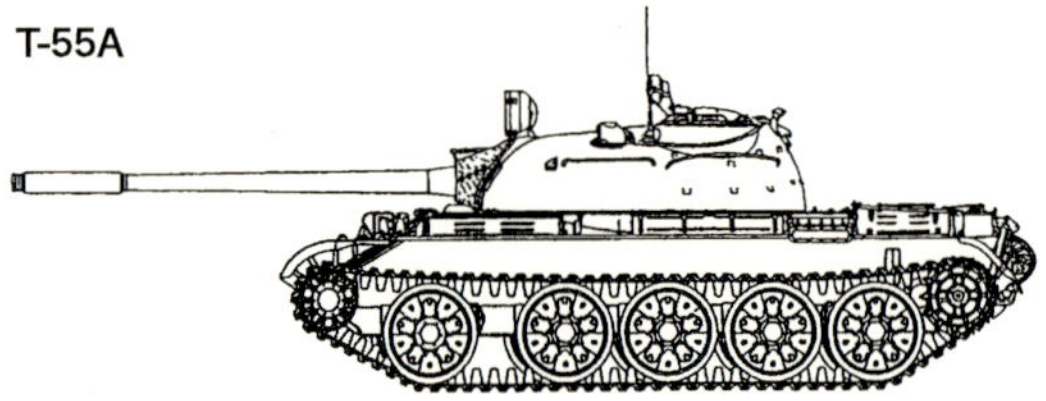

T-55AM

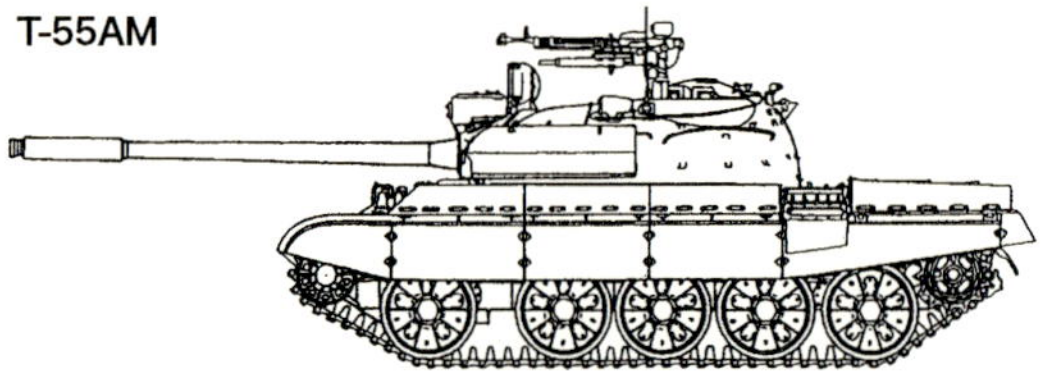

T-55AMB

T-55AD

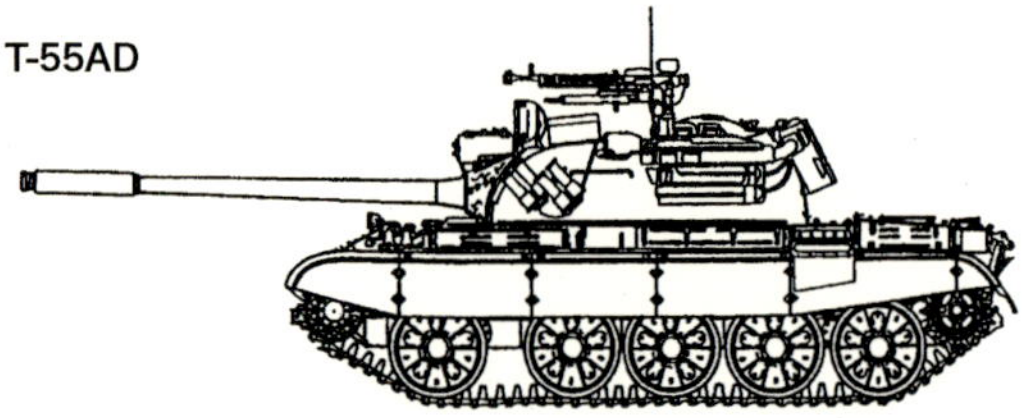

【T-55】１９７０年以降に生産された対空機銃（12・７ミリＤＳｈＫＭ重機関銃）装備型。【T-55A】核戦場対応型で、鉛含有樹脂カバーを各ハッチ周辺や内張りに追加し、ガンマ線やX線の車内侵入被害を防止する措置がとられている。【T-55AM】簡易複合装甲やレーザーレンジファインダーをT-55Aに導入したタイプ。腔内発射式誘導ミサイルも導入するバリエーションもある。【T-55AMB】T-55Aに爆発反応装甲を導入したタイプ。レーザーレンジファインダーや腔内発射式誘導ミサイルも導入されている。【T-55AD】誘導ミサイル対抗型のアクティブ防御システム「ドローズド」を追加したT-55Aの近代化改修型。レーザーレンジファインダーや腔内発射式誘導ミサイルも導入されている。

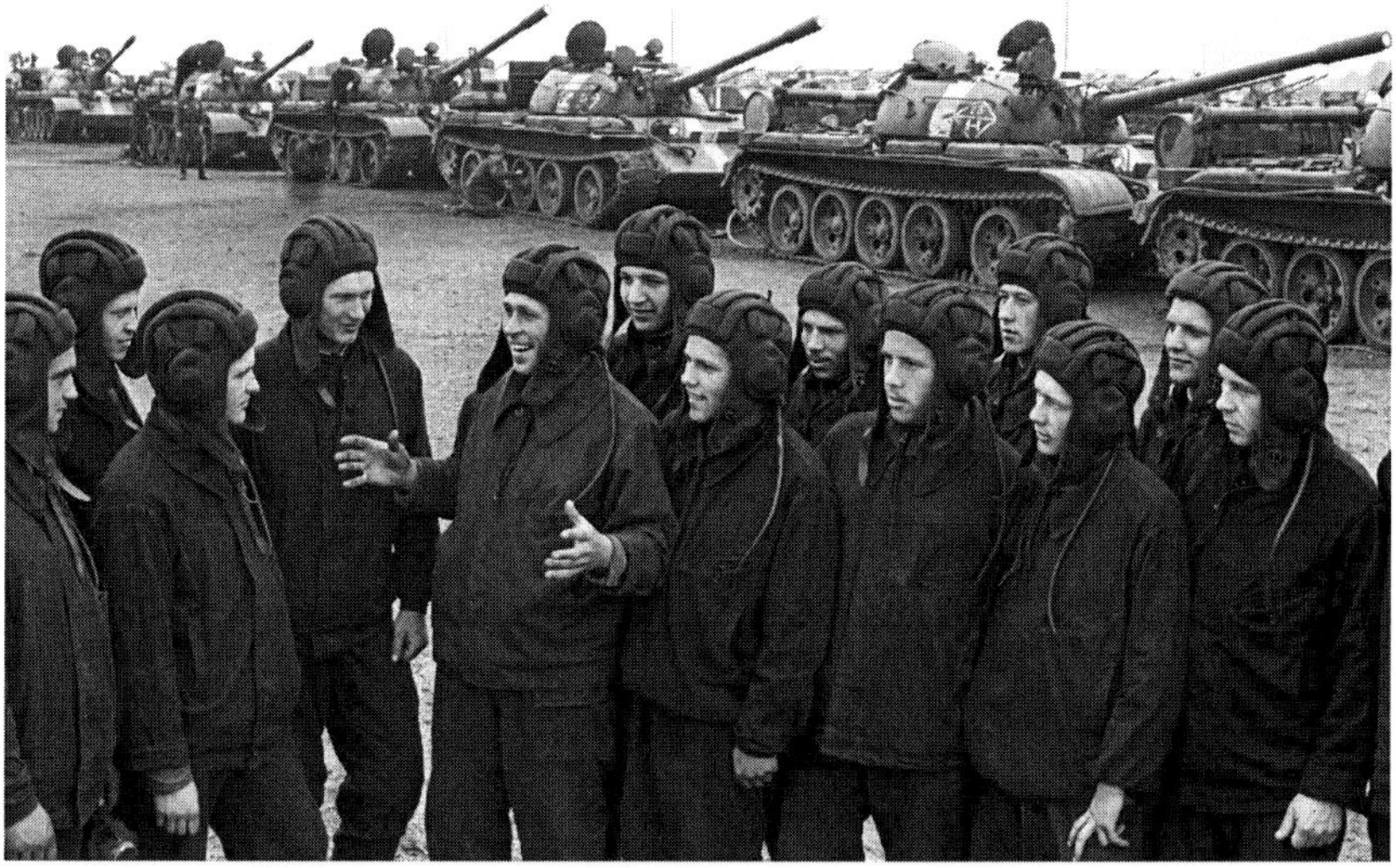

ソ連時代、毎年夏に実施されていた大規模な演習に参加したT-55中戦車群と戦車兵たち。戦車の砲塔と車体には、演習時の対抗部隊識別用に白帯が描かれているが、これは１９６８年８月のワルシャワ条約機構軍によるチェコスロバキア侵攻時にも用いられた塗装だ。戦車兵はツーピース型の黒色搭乗服を通常の制服の上に着用している。（c）ITAR-TASS Photo Agency

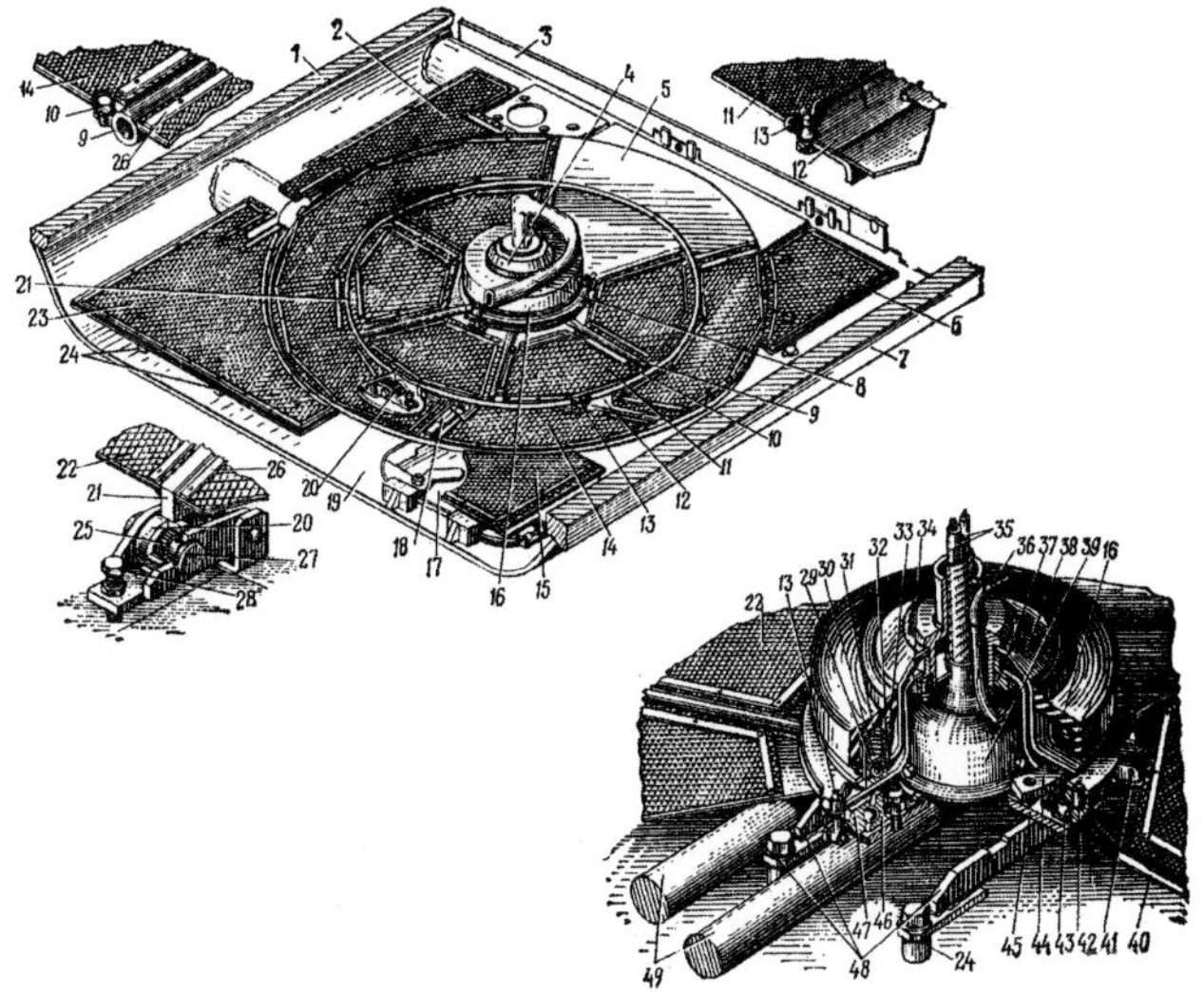

T-54BからT-55まで導入された砲塔底部にあたる戦闘室床面のターンテーブル。砲塔の旋回に追随して回転し、装填手がその上に載ったまま操砲ができるようになった。戦時中にイギリスから参考品として提供されたクロムウェル巡航戦車のシステムをコピーしたものである。

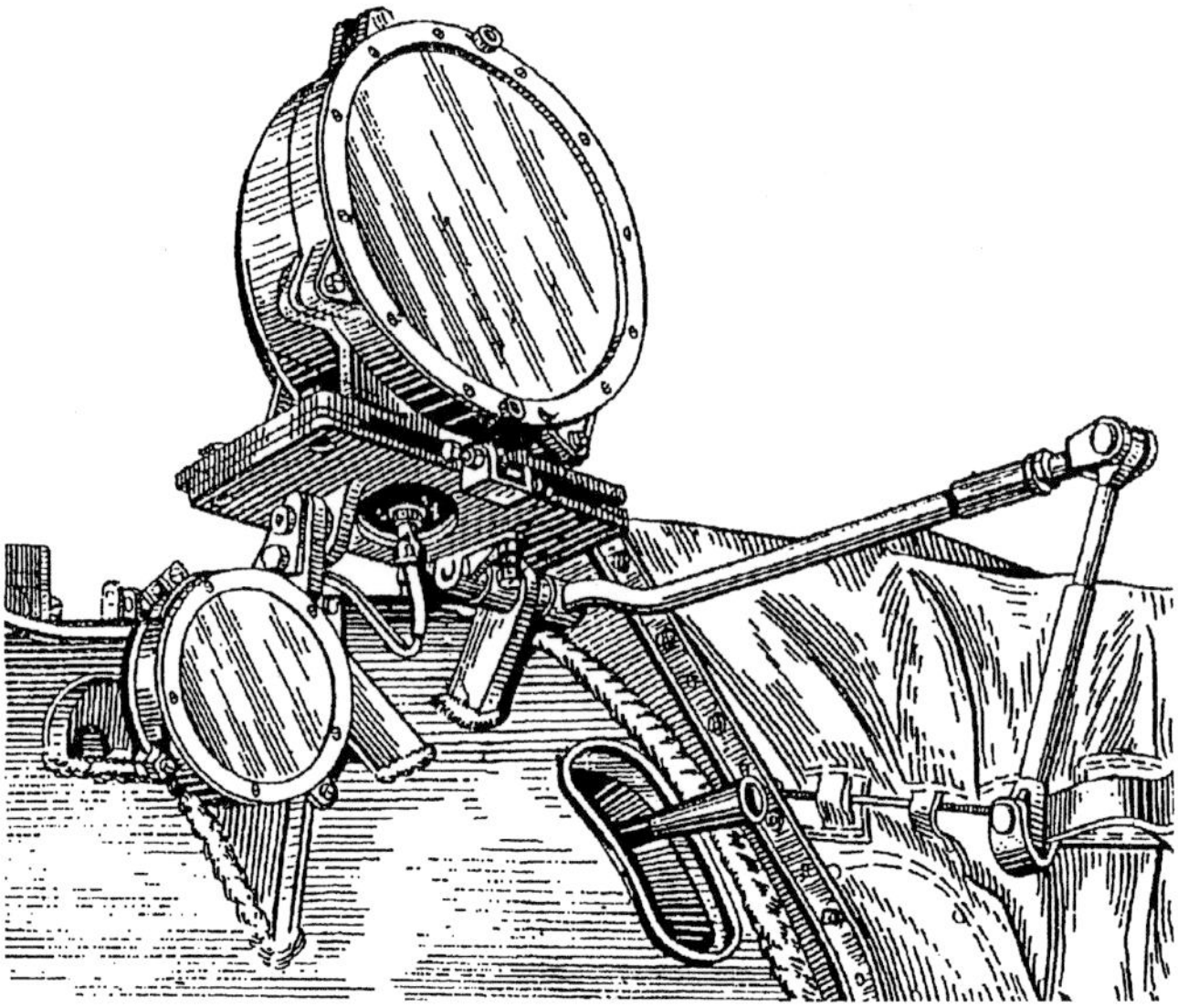

ルナ-2ライト。砲塔本体側にライト基部が取り付けられ、砲塔基部と連結されたバーによって主砲と連動するようになっている。T-54シリーズにおける、ルナ-2の取り付け方法にはいくつかのバリエーションがある。

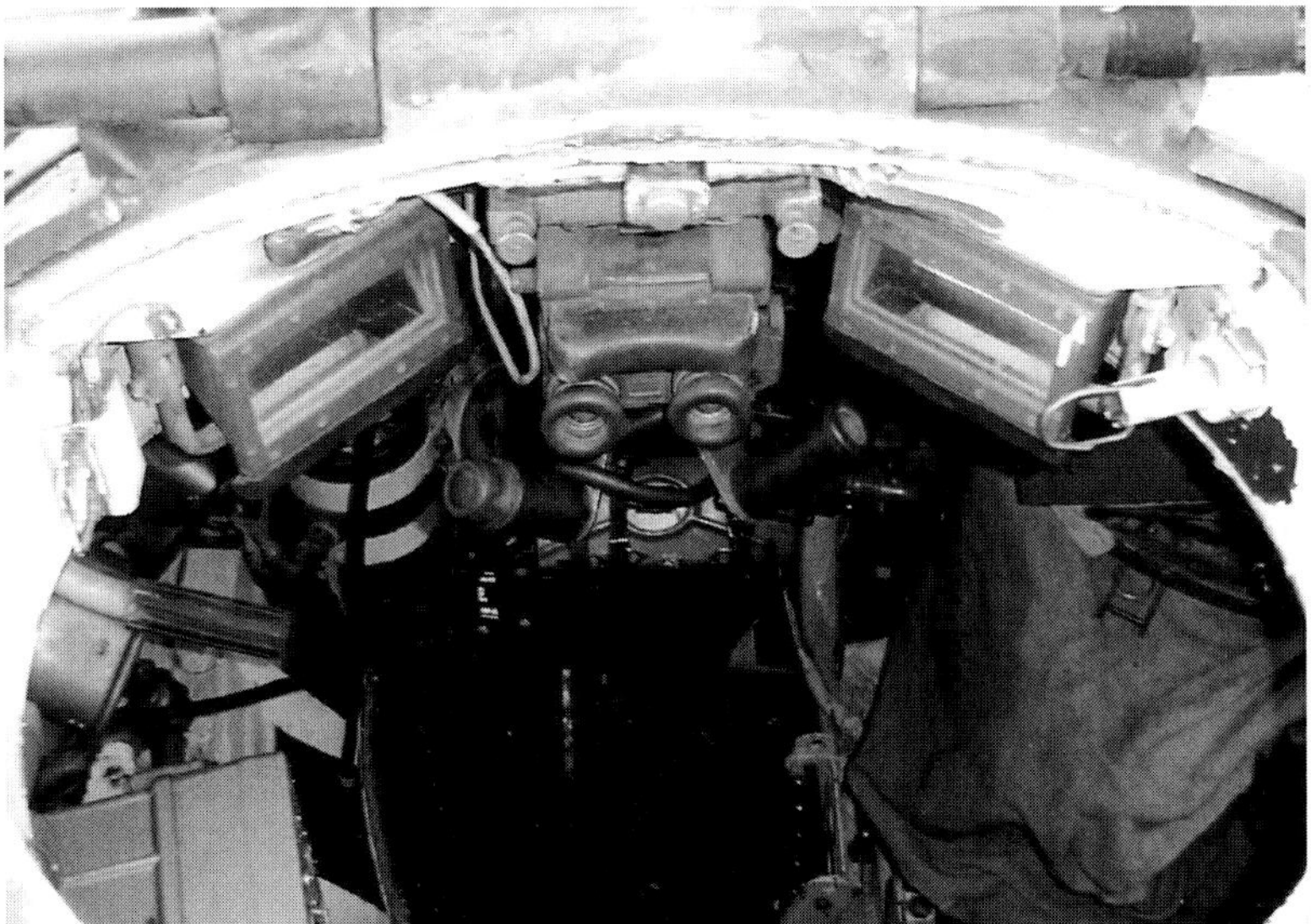

上から覗きこんだT-54Bの車長用キューポラ。通常の視察用ペリスコープで左右を挟まれた双眼鏡状のレンズと下部把手がついた装置は、観測用にレチクル内に目盛りのついたＴＰＫ-１望遠視察装置であり、これで概算の射程も判定する。

（あるいはTPN-1-22-11）赤外線暗視照準装置と赤外線照射ライト「ルナ-2」を組み合わせたものだ。本システムの戦闘暗視距離は、雨や霧、砂嵐などのない通常の天候時の夜間で８００メートルである。

さらに車長用の暗視システムとして、ＴＫＮ-１赤外線暗視（昼夜兼用）レンジファインダーと小型の赤外線照射ライトＯＵ-３がキューポラに装備された。こちらの暗視距離は２５０～３００メートルだ。操縦手用のものも、改良されたＴＶＮ-２が導入されている。これらの装備も以後、T-55やT-62に用いられていった。

また本型より、ソ連戦車で後まで広く用いられるようになる潜水渡渉装置ＯＰＶＴが標準装備されるようになった。装填手側の砲塔上面にあるＭＫ-４ペリスコープ基部に伸縮式のシュノーケルを取り付け、水深５メートルまでの河川を潜水して渡河することを可能にするシステムだ。機関室上面は水密シールを施したハッチで開口部を塞ぎ、エンジンなどに必要な吸気はシュノーケルから戦闘室隔壁を経て、供給される。

機関室左後部のフェンダー部に配置されたエンジン排気口には、水が逆流するのを防止する自動開閉弁付きのカバーを装着する。開発時の１９５３年にドニエプル河で実施された試験では、７００メートルの距離を潜水渡渉できたという。

１９５５年に制式採用が決まったＯＰＶＴは、T-54Ａ以前

モンゴルの平原を「操縦教習中」のT-54B中戦車。トーションバー・サスペンションで支えられた足回りがもたらす乗り心地は快適で、１メートル近い段差などすべるように超えてしまう。重たい戦車が荒地を滑らかに快速で走る様は、愉快そのものだ。

モンゴル軍のT-54Bを前から見たところ。モンゴル軍所属といっても、ほとんどの戦車はソ連軍同様に車輌番号以外のペイントがされていない。操縦した感触は、乗り心地がけっこうよいものであった。操向レバー操作には多少のコツがいる。意外なことに、車内は自衛隊の歴代戦車よりも幾分広い。

T-54B中戦車の砲塔上、砲手側ハッチのマウントに装備された12・7ミリDShKM重機関銃。機関部上のボックスは、後部照準具（対空・遠距離射撃用）を収める保護箱。左側に取り付けられた弾薬箱には、金属リンクにつながれた12・7ミリ弾が50発収められる。

の型にも追加装備されたほか、ポーランドでライセンス生産されたT-34-85中戦車にも導入された。ちなみに、OPVTを装着しない場合のT-54／55シリーズの渡渉水深は、1・4メートルである。

その他にT-54B以後に標準化されたものとして、両フェンダー上に取り付けられる装備の種類と配置がある。特に、右フェンダー上前部は工具箱に代えてプレス成形の95入り車外燃料タンクが追加され、搭載燃料の増量が図られた。この改修は、T-54Aの後期生産型から実施されていった（T-54-2～T-54Aの生産当初のオリジナル仕様では、車外燃料タンクは右フェンダー上に2個のみであった）。

T-54Bは、一応シリーズの完成型といってよい仕様が盛り込まれていた。以後、本型で導入されたスタビライザー・システムを除き、これ以前に生産されたT-54-2やT-54-3、それにT-54Aらもオーバーホール時にT-54Bで導入された各種装置を追加していった。

T-54シリーズのオーバーホールは、各地に設けられた再整備プラント（REMONTNUY ZAVOD）にて、走行距離7000キロまたはエンジン稼動500時間、あるいは10年おきに行なわれることになっていた。そのため、およそ1960年代いっぱいかかって廃車処分されたり戦車学校に配置されたものを除き、ほぼすべてのT-54シリーズがT-54Bに準ずる仕様に

1980年代後半期の演習におけるT-55。レーザーレンジファインダーやサイドスカートを追加した近代化改修バージョンの姿も見られる。後方には、BMP-1歩兵戦闘車も見える。 (c) ITAR-TASS Photo Agency

T-54Bの起動輪とスターフィッシュ型転輪。信地旋回のため履帯が歪み、起動輪の歯から外れ気味であることが見てとれる。ロシア軍将校が気にするトラブルの前兆といえるが、モンゴル戦車兵は「気にしない、気にしない」。

T-54Bの操縦席上には、風防用のワイパー付きシールドを取り付けることができる。雪や雨のときに長距離機動する際は、わかりにくいが、主砲左側の照射装置に引っ掛けられた防水カバーでシールド後ろのハッチ開口部全体をすっぽりとカバーすることになる。

戦車を後退させると、転輪上の履帯が張った状態になる。T-54Bはバックしているのであるが、誘導は他の戦友が声かけで前後に立って行なっている。視界の悪い戦車の機動は、チームワークがものを言う。エンジン排気が機関室側面から突き出た排気口から出ているのがわかる。

改修されたことになる。

また1970年代後期に、ごく一部のT-54Bにレーザー・レンジファインダーが追加され、T-54Mと称されたことは前述したが、同仕様の改修は主にT-55シリーズに対して実施されたので、めだった存在とはならなかった。

T-54／55シリーズの問題点とその後のマイナーチェンジ

以上のように、T-54-1を起点にすれば、T-54／55シリーズは実に30年以上にわたって量産が続けられたことになる。ライセンス生産に参加した国は、ポーランド、チェコスロバキア、中国で、旧ソ連を入れた4ヵ国で9万4000輌が造られた。単純に計算すれば生産期間中、概ね年に3000輌も造られていたことになるのだ!

戦車の歴史において、他に例のない大量生産(派生型を含めた戦後生産数を戦時のものと合計すれば、T-34シリーズもほぼT-54／55に匹敵する)が可能だったのは、「数こそ力」という、独ソ戦でソ連側がつかんだ教訓を最大限追求したことにつきよう。

また、少ないパーツ構成や、設計を要求性能の発揮とともに量産性の向上の側面に特化させること、そして、ソ連の戦車工場そのものが独ソ戦中の再編のなかで工程の単純化・自動化を推し進めたことによるところが大きい。

モンゴル軍演習場にて出動準備中のT-54B中戦車。兵士たち（筆者の友人のニセ兵士も複数いる）が着膨れていることからわかるように、気温は零下10度くらいで、こういう状況だと、戦車も稼動後に冷えてからラジエーターの冷却液を抜いたり、動かす予定部分（機銃など）のグリースを吹きとったりと、凍結による破損や稼動不良に備えていろいろ手をかけなくてはならない。

信地旋回（片側の足回りを完全に停止させて回る）をして地面に円形と踏みしろの模様をつけたT-54B。モンゴル戦車兵は戦車を自在に動かして楽しそうだったが、ロシア教官は「信地旋回するなよ。履帯が外れちゃうんだ」と注意したという。上部の小型転輪がない戦車（我が国の74式戦車も）はそういった傾向がある。

T-54／55シリーズほど、自動溶接工程や金属鋳型による砲塔鋳造システムを確立したソ連の戦車工場にとって量産しやすいものはなかった。工場の機能そのものが、このシリーズのデザインを規定したとすらいえる。

しかし、1967年の第三次中東戦争において、アラブ側がソ連から供与されたT-54／55をイスラエル機甲部隊と対決させた際、ソ連の戦車開発陣が看過してきた重大な問題点が浮き彫りになった。第四次中東戦争後にアメリカがイスラエル経由で入手したものを試験して得た結論をふまえていれば、次のような点がいえるだろう。

(1)T-34以来の避弾経始《ひだんけいし》とコンパクト化による防御力向上のコンセプトは、大型で強力な主砲の搭載ともあいまって西側戦車と比べて砲塔や車内を極端に狭くし、人間工学上の配慮がまったく無視されざるを得なくなった。これは、乗員の的確な動作を妨げるとともに、疲労を早め、兵力の優勢を実質的なものに高められない結果となった。また、狭い容積に大量の弾薬、燃料を搭載することは防御面での弱点となってしまった。

(2)第二次世界大戦時からまったく発達していない射撃統制システムと、操砲のやりにくさが組み合わされて、強力な戦車砲にもかかわらず命中精度と火力発揮（一定時間内の発射数）が西側戦車に著しく劣ってしまい、先に命中弾を受けて敗北することにつながった。

(3)パワープラントを構成する機械部品の工作精度が西側に比べて劣っており、エンジンその他の機器の運用寿命が短く、信頼性が劣るとともに整備の手間がかえってかかることになった。

これらの欠点は、中東の戦場においては使用するアラブ戦車兵たちの敗北につながるとともに、ソ連や東欧諸国の機甲部隊にとっては、大量にかかえた戦車だけに多大な負担となって将兵と各国政府の上にのしかかることになったのである。

特にFCSが劣悪であることは、戦力面で決定的な問題となった。これを改善するため、ソ連は1960年代後半よりレーザー測遠器の開発に取り組み、1974年より順次、T-54／55シリーズやT-62の改修時に導入を図った。

また1967年には、新型の100ミリ戦車砲用の対装甲弾を実用化したが、この100ミリAPFSDS弾（BM8）は、砲口初速 秒速1415メートルで発射され、射程2000メートルにおいて、直立した厚さ275ミリの圧延鋼板を貫徹できた。

1980年代に入ると、ソ連およびチェコスロバキアなどでT-54／55シリーズの装甲防御力や火力の抜本的強化が図られるようになる。腔内発射式誘導ミサイルの導入や、簡易複合装甲の追加、弾道計算機その他のＦＣＳの現代化などであるが、これについてはシリーズの発展型たる１１５ミリ滑腔砲搭載のT-62の項目で取り上げようと思う。

21世紀の今日、誕生以来60年近くを経てまったく旧式化してしまったが、T-54／55中戦車シリーズは改修されたもの、あるいはまったく旧来のままのもの含め、いまだ数十ヵ国で使用され、紛争のたびに砲火を交え続けている。そして、その量的な存在そのものが紛争要因を形成し、ＮＢＣ兵器や弾道ミサイルほどではないにしろ、人類の安全にとって極めて深刻な脅威ともなっている（筆者は、「人類に比類なき平等な社会を実現する」ことを約束していた社会主義大国ソ連が、その崩壊後も相当な「負の遺産」を残してしまったことについて、歴史を問い直したい感情にとらわれる）。これは兵器の歴史のなかで、まったく驚愕すべき記録を作ったものといえよう。

２００８年、オムスクの兵器ショーでデモする最新のT-55Aベース性能向上型。新型主力戦車と同じ爆発反応装甲システム「コンタクト-5」を装着し、対空機銃もリモコン操作式の12・７ミリNSVT重機関銃が導入されている。「コンタクト-5」は運動エネルギー弾にも有効な追加装甲システムで、基本装甲の防御力を１・５～２倍化したのと同じ効果をもたらす。（c）ITAR-TASS Photo Agency

《コラム②》中国におけるT-54ライセンス生産の系譜

１９４９年に建国された中華人民共和国は、当初はソ連の多大な軍事的・物資的援助を受けていた。人民解放軍戦車隊は、日本軍が大陸に残していった旧式戦車を更新するため、ソ連からT-34-85などを大量に供与されるとともに、T-54Aのライセンス生産を実施するようになった。

中国におけるライセンス生産型＝59式坦克（WZ１２０）の生産ラインは、１９５０年代半ばにソ連の援助によって北京市郊外に建設された。ここでの生産は１９５７年に開始されたが、その後、上海や内モンゴル地方にも生産プラントが建設され、１９６０年代以降に大量生産に入った。

そして１９６３年以降、中ソ関係が悪化してソ連側技術者が引き揚げてしまったため、59式坦克は何らのモデルチェンジもないまま、長期にわたって量産が継続されることになる。ようやく技術的な停滞をもたらした文化大革命（１９６６～１９７６年）後の１９８０年代に入って、イギリスから導入した１０５ミリ戦車砲L7を搭載した59式-II（WZ１２０B）の生産が始まった。脱毛沢東路線の下、柔軟な外交路線を歩み始めた中国は、捕獲したT-54／55に１０５ミリ砲を搭載して戦力化したイスラエルからの技術提携で、初めて主力戦車の性能向上型を開発したのだ。

あわせて、独自に開発した１００ミリ滑腔砲を搭載した69式-

Ｉ（ＷＷ１２１）が開発されて量産化されたほか、従来の１００ミリライフル砲に二軸スタビライザーを付加し、暗視装置も導入してソ連のＴ-54Ｂに準ずる性能を持たせた69式-II（ＢＷ１２１Ａ）をも生産した。69式-IIは、イラクを含む中国の友好諸国に多数輸出されている。

また、69式仕様の車体に１０５ミリ戦車砲Ｌ７を搭載した79式（ＷＷ１２１Ｄ）も１９８０年代半ば以降に量産が始められたほか、組み立てダブルピン式履帯や改良型サスペンション・システムを導入した80式担克も登場するなど、今日まで59式担克をベースにした複数のバリエーションの生産と運用が中国において継続されている。

内モンゴル自治区の乾燥地帯での演習における中国人民解放軍戦車部隊。59式担克は、新型戦車導入後も中国の戦車兵力の大部分を占めている。１９９０年代半ばの撮影。

《コラム③》T-54／55に生かされた大戦中の米英の戦車技術

大戦中にアメリカレンドリース法および英ソ相互援助協定に基づいてソ連へ供与された米英両国の戦車に採用されていた装置などが、T-54／55の開発の際、形を変えて多く採用されていた。ソ連兵器への西側からの技術移転として興味深いものがある。

主砲スタビライザー機構

T-54AのSTP-1「ゴリゾント（水平）」や、T-54B～T-55で採用されたSTP-2「ツィクロン（台風）」の技術的基礎となったのは、1942年後期よりソ連にアメリカが提供したM4A2シャーマン中戦車の75ミリ戦車砲M3に採用されたスタビライザー機構である。

このスタビライザーはジャイロ安定式のもので、ソ連戦車開発陣は1943～45年にかけてT-34シリーズに同機構を導入することを試みた。まず作られたのは、76・2ミリ戦車砲F-34用のSTP-34である（STP＝STABILIZATORUY TANKOVOI PUShKI／戦車砲用スタビライザーの略）。また、T-34-85中戦車の主砲である85ミリ戦車砲Z-S-S-53用のSTP-S-53も製作された。

これらはいずれも、当初の試験で満足いく性能を発揮できず、あわせて戦時の大量生産を優先する思惑から、さらなる改良と採用が見送られてしまった。

その後、第173技術研究所（TsNII-173）がT-54シリーズ用のスタビライザー機構開発を始める際、これらの研究データが引っ張りだされ、具体化されていったのである。

各種視察装置関係

ドイツ軍が独ソ戦初期にT-34中戦車やKV重戦車を捕獲した後に試験した際、その優れた装甲防御力や火力に一目置きつつも、「操縦手用視察装置などの防弾ガラス内には気泡が見られ、あるいは照準用の光学機材も精度面で問題がある」と、装置を構成するガラスパーツなどの質の劣悪さを指摘していたことが知られている。

工業技術基盤の整備が大幅に遅れていたことによる製品精度の問題は、その後のアメリカ・イギリスからの援助（質のよい原材料や精密加工機械の供給、技術的な指導）によって大幅に改善されていったが、あわせて、供与された戦車に付属していた機器そのものも、ソ連にとっては模倣の対象となるものだった。その代表的なものがMk-4ペリスコープである。

全周旋回式で、上下動によりかなり広い範囲を視界に収めることができるMk-4ペリスコープは、イギリスから供与されたマチルダMk-II歩兵戦車やバレンタインMk-III歩兵戦車に装備されていたものである。これらはただちにソ連国内でもコピー生産が開始され、1942年後期よりKV-1重戦車の一部に導入されたほか、1943年にはT-34シリーズにも広く用いられ、以後T-44を経てT-54シリーズから戦後戦車まで一貫して採用された。

Mk-4ペリスコープの原型は、スウェーデン・ツァイス社が開発した装甲車輌用ペリスコープである。ポーランド軍が同国に発注した7TP軽戦車用のボフォース37ミリ砲搭載砲塔を開発した際、砲塔ハッチ部に装備されていたものだ。

1939年にソ連は7TP軽戦車を捕獲し、あまつさえその一部を1941年の独ソ戦初期まで使用していたのに、当初このペリスコープをコピー生産しようとは思わなかったようだ(ロシア人は、古くからポーランド人を軽蔑する心情を強く持っていた。反面、イギリス人やドイツ人の技術力には「信仰」といえるほどのあこがれを抱いていたのである)。

ソ連では、Mk-4ペリスコープは1970年代までT-54／55シリーズやT-62のために生産が続けられた。

車長用キューポラ、ターンテーブル

本文で触れたように、T-54B以降に採用された砲塔旋回に追随する戦闘室床のターンテーブルは、1944年に参考品としてイギリスからソ連に引き渡されたクロムウェル巡航戦車が持っていた機構である。イギリスは、バレンタイン歩兵戦車の代替としてクロムウェルの供給をソ連側に提案して数輌を供与したのだが、ソ連はこれを断った。代わりに技術的な要素については、しっかり吸収したのである。

また、M4A2後期生産車（1944年以降）の車長用キューポラについても、全周視察の可能なビジョンブロック付きで背の低いデザインがT-54開発の際の参考にされ、基本的な形態が採り入れられている。

装填手ハッチからのぞいたT-55の砲塔底部ターンテーブル丸い部分が砲塔旋回とあわせて連動して回転する。これにより、装填手が砲塔旋回にあわせて自分で動く必要がなくなることになる。これは、イギリスのクロムウェル巡航戦車（戦時中に参考品としてソ連が入手）が装備した同種装置をコピーしたもので、T-54Bから標準装備された。

《コラム④》ルーマニアが独自にアレンジしたT-55改修型

1968年8月のワルシャワ条約機構諸国軍によるチェコスロバキア侵攻時に不参加を決定したこと以来、東欧諸国としては異例の「独自路線」（とはいっても、チャウシェスク大統領一族の独裁体制だが）をとり始めたルーマニアは、ソ連から導入しライセンス生産をしてきたT-55中戦車をもとに、西側の技術も盛り込んで独自の戦車生産を1970年代より始めた。それが、1989年のルーマニア革命の際、市街戦に投入されてニュース映像にも多く登場したTR-580とTR-85である。

TR-580

1977年、ブカレストにおける軍事パレードに初めて登場したTR-580は、T-55中戦車をベースにしたマイナーチェンジ型というべきものだが、足回りを西側流に変更するなど、大幅に外観を変えてしまった印象がある。

T-55との変更点は、以下のとおりだ。

(1)転輪を片側6輪のやや小ぶりのものとし、上部支持輪も各側3個追加した上、側面全体を覆う形で対HEAT弾用の薄鋼板製スカートを取り付けた。履帯はウェットピン式のRMSh（T-72らと共用）とした。

(2)機関室部を若干延長し、パワープラント部の整備の便を図るとともに将来のパワーアップに備えた。

以上に加え、T-55Aの仕様にあわせて、12・7ミリDShKM重機関銃用の旋回マウント付きのキューポラ式装填手ハッチを備えている。本質的にはソ連製T-55シリーズと性能面で変わるところがないと思われるが、ルーマニアの工場の方が工作精度が高く、信頼性が向上したという。

第四次中東戦争後、ソ連との外交関係が悪化したエジプトは、TR-580を200輛とそのライセンス生産権を購入し、西ドイツ製のFCS機器を盛り込んでラムセス戦車開発のベースとした。また、イラクも購入してイラン-イラク戦争に投入した。

【TR-580戦車の性能諸元】

重量　38・2トン
全長　9メートル
全幅　3・3メートル
全高　2・35メートル
搭載エンジン（出力）　V-55ディーゼル（580hp）
路上最大速度　時速48キロ
路上航続距離　500キロ
最大装甲厚（砲塔）／（車体）　200ミリ／100ミリ
乗員　4名
武装（弾薬）　100ミリ戦車砲D-10T2S×1（43発）、12・7ミリDShK重機関銃×1（500発）、7・62ミリPKT機銃×1（3500発）

TR-85

TR-85は、1980年代半ば以降、TR-580をベースにFCSと装甲防御力を改善し、パワープラントの馬力向上を図ったバージョンアップ型。1990年代以降もルーマニア陸軍で導入が続いている。TR-580からの変更点は以下のとおりだが、マイナーチェンジを超えた大幅な改良が施されている。

(1)中国製のレーザーレンジファインダーを主砲防盾上に

設置し、弾道コンピューターも導入して大幅にＦＣＳの性能向上を図った。

(2)車体前面と砲塔前周部（内部）に、やや簡易な複合装甲を導入した。

(3)機動性能の向上のため、西ドイツ製のディーゼル・エンジン（当初は６００ｈｐ、後に８３０ｈｐ）を導入し、操向、変速システムも西ドイツ製のものに全面的に更新した。

ＴＲ-５８０を経て、ＴＲ-85はオリジナルのＴ-55とはほぼ別物といってよい戦車に発展させられた。特に外見上では、足回りに加えて機関室上面グリルがまったく異なるものになっている。砲塔も天板を別溶接していたのに対して、一体鋳造（複合装甲は、二重構造の前周部に封入）に変わっている。ＴＲ-85戦車は今日までにおよそ７００輌が調達されて、ルーマニア軍の主力戦車の地位を占めている。

【ＴＲ-85戦車の性能諸元】

重量　43・３トン

全長　９メートル

全幅　３・３メートル

全高　２・３５メートル

エンジン（出力）　ＤＥ-８３０ＣＰディーゼル（８３０ｈｐ）

路上最大速度　時速64キロ、路上航続距離：５００キロ

乗員　４名

武装（弾薬）　１００ミリ戦車砲Ｄ-10Ｔ２Ｓ×１（43発）、12・７ミリＤＳｈＫ重機関銃×１（５００発）、７・６２ミリＰＫＴ機銃×１（３５００発）

T-62

──T-54／55シリーズの基本構造を引き継ぎ、初めて滑空砲を装備した実用戦車。信頼性が高く、中東で実戦投入されたほか、今日も旧ソ連圏諸国で使用されている。

▼開発史

西側の105ミリ砲搭載戦車の出現に対抗

1951年より本格的な量産が開始されたT-54／55シリーズは、量産に適した構造と防御面で理想的と考えられるデザイン、強力な100ミリ戦車砲D-10Tを持つ戦後ソ連軍の主力戦車として1956年のハンガリー事件を機に西側にも広く知られるようになった。

しかし、第二次世界大戦時と同様に戦車の火力と装甲をめぐるシーソーゲームは、T-54／55シリーズの性能面でのリードを長期にわたって許すことはなかった。1950年代半ばから終わりにかけて、イギリスのヴィッカース社が開発した105ミリ戦車砲L7を搭載する西側新型戦車の出現が相次ぎ、1960年代までに大量配備が確実の情勢となったのである。

それらはセンチュリオンMk5とM60などであるが、これが大戦末期に開発されたソ連の100ミリ戦車砲を搭載するT-54／55シリーズよりも、火力面で相当に優越するものと推測されたのである(おそらく諜報活動によって実態を把握したものと思われるが、このあたりの事情についてはソ連崩壊後も記録が公開されないままである)。

西側の105ミリ砲搭載車両を凌駕する火力強化型の主力戦車を開発する計画は、1957年よりハリコフ市のA・A・モロゾフ技師率いる第60設計局（KB-60）と、スヴェルドロフスク市の第183ウラル戦車工場（旧ウラル運輸車輛工場）の通称「ヴァゴンカ」設計局の双方で進められることとなった(「ヴァゴンカ」設計局とは、工場の旧名「ウラル・ヴァゴン・ザボード＝ウラル運輸車輛工場」に由来する呼称である)。

後者の設計主任は、戦後から開発技師の道を歩み始めた元戦車部隊技術将校のL・N・カルツェフであった。カルツェフはT-54BやT-55の開発に従事するなど、モロゾフの仕事を補佐しながらその技術を受け継いでいたが、この新戦車の開発にあたっては、両者は別々の設計局を率いるライバル同士の関係になったわけである。

「ヴァゴンカ」設計局では、1957年に完成していたT-55中戦車をベースに、100ミリ戦車砲D-10Tよりも威力を増した100ミリ戦車砲D-54TSを搭載した試作戦車オブイェークト-165を製作した。あわせて、同じ戦車砲を搭載する、車体も砲塔もまったく新設計の試作戦車オブイェークト-140も造られた。

一方、KB-60では、やはり100ミリ戦車砲D-54TS搭載の試作戦車オブイェークト-430を開発・製作している（これが後のT-64の原型となった）。

雪中を行動中のT-62中戦車。T-54／55よりもより円形に洗練された低いフォルムの砲塔と口径の大きな115ミリ滑腔砲が印象的だ。
(c) ITAR-TASS Photo Agency

初めて滑腔砲を搭載したオブイェークト-166

２つの設計局が開発・製作した計３種の試作戦車のうち、最も早期に量産化できると思われたのがオブイェークト-１６５であった。１９５８年11月までに３輌の試作車が完成したオブイェークト-１６５は、基本的にほとんどの構成パーツをT-55から流用し、鋳造砲塔のみがオブイェークト-１４０と共通したデザインのリング直径を拡大（１・８２５メートルから２・２４５メートルへ）した新型のものに変えられていた。

D-10戦車砲に比べて大型の薬莢（つまり増大された発射装薬）を持つ砲弾がもたらす高い腔内圧に耐えるため、D-54戦車砲のブリーチ部が相当に大型となり、操砲上、T-54／55シリーズの砲塔リング直径では不都合が出たからである（これは、T-54中戦車に同砲の搭載を試みたオブイェークト-１３９試作戦車の経験でも確認されていた）。そして、リング直径の拡大にあわせて、車体の中央部分も延長されている。

オブイェークト-１６５が完成した頃、ミサイル砲兵総局（GRAU）は世界で初めて旋条（ライフリング）が切られていない、平滑な砲腔を持つ１００ミリ滑腔対戦車砲の開発に成功した。１９５８年には、射撃試験を視察した当時のソ連政府ナンバーワンのN・フルシチョフ首相の命令で、滑腔砲を戦車にも搭載することが決められた。

このとき完成した滑腔砲は、１９６１年に制式採用されたT-12である。西側では戦後見られない牽引式の対戦車砲であるT-12は、しかしながら戦車砲への転用が難しいことがやがて明らかになった。全長１・２メートルもある一体型弾薬は、ソ連で従来造られてきた規格の戦車への搭載が困難だったのである。

そこでGRAUは思い切った決定をした。ライフルが砲身内に切られた強化型１００ミリ戦車砲D-54TSをベースに、口径を１１５ミリに拡大して戦車搭載用の新型滑腔砲を造ることにしたのである。D-54の弾薬が全長１・１メートルと、T-12対戦車砲のそれに比べてわずかながらでも短いことが幸いした。１９５９年までに完成した１１５ミリ滑腔砲はU-5（２A20）と命名され、二軸式「メテオール」スタビライザーを追加したU-5TSとして「ヴァゴンカ」設計局の試作戦車に搭載され、新たに１１５ミリ滑腔砲を搭載した試作戦車は、オブイェークト-１６６と称された。

KB-60の妨害で頓挫したオブイェークト-166

T-55をベースにしたオブイェークト-１６６は、試験において上々の成績を収めた。そこで東西の戦車火力面でのバランスシートで生じたソ連側の劣勢を補うため、臨時措置的な量産戦車とすることが当然、期待された。

しかし、カルツェフ技師が率いる「ヴァゴンカ」設計局に対

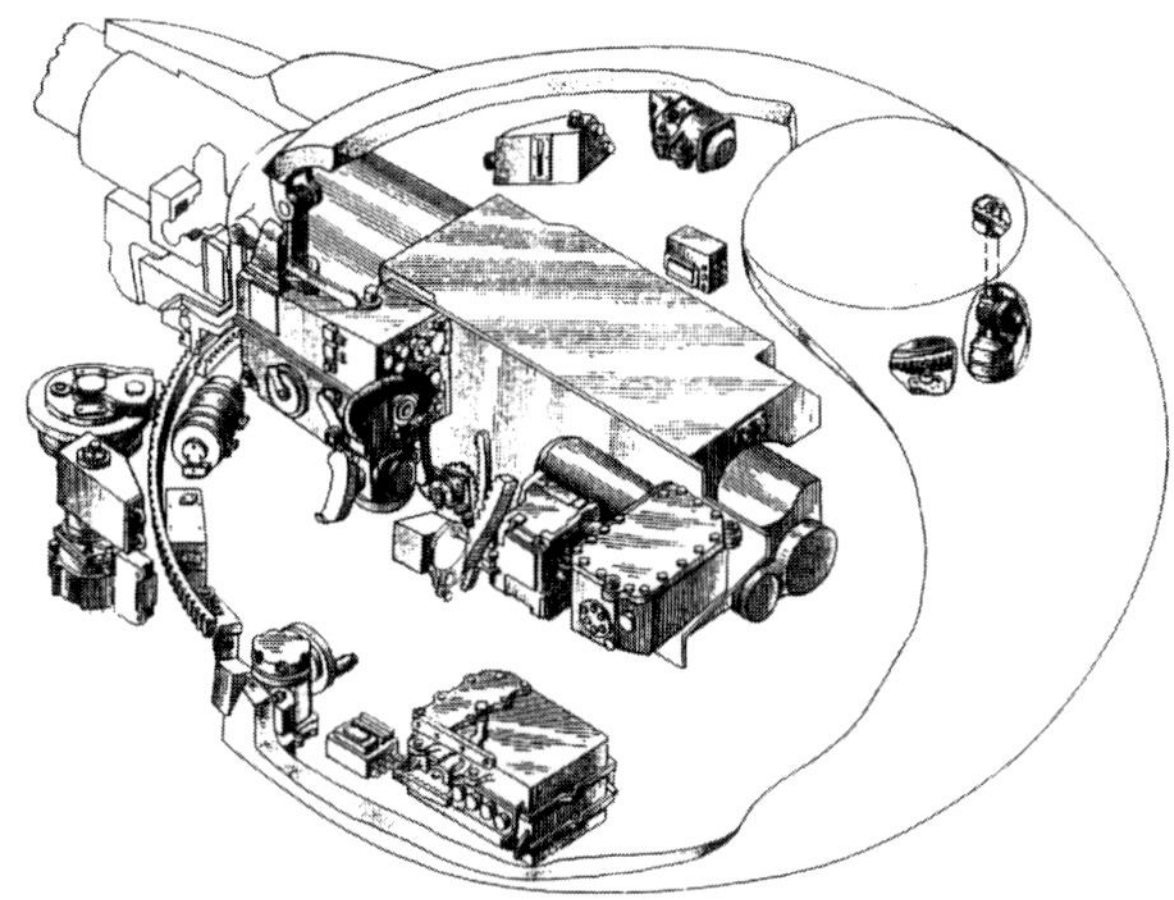

１１５ミリ滑腔砲Ｕ-５ＴＳのブリーチ部と二軸式スタビライザーの装置配置図。スタビライザーは、戦車が機動中も主砲を概ね目標に指向させることにより、停止後に速やかに射撃が可能となるようにするものだ（行進間射撃も理屈上可能であるが、Ｔ-62のＦＣＳでは命中精度を期待できない）。しかし、これだけ大きなブリーチ部が走行中に上下に動揺することになり、狭い砲塔内で装填手は注意を怠ると怪我をすることにつながる。

して大いなる脅威を感じたＫＢ-60は、「大祖国戦争における勝利に多大な貢献をした傑作戦車Ｔ-34の開発者」としての名声が高かったモロゾフ主任技師の政治力によってオブイェークト-１６６の制式採用を妨害し、代わりに複合装甲や新型パワープラントを導入した「革新的設計」のオブイェークト-４３０を主力戦車として押し出そうとした。

ソ連機甲総局（ＧＢＴＵ）は、モロゾフの政治的な影響を強く受け、ほぼＫＢ-60の思惑どおりに事は進んでいきかけた。

一方、カルツェフはオブイェークト-１６６をさらに発展させ、チェリャビンスク・エンジン工場が開発したスーパーチャージャー付きディーゼル・エンジンＶ-36Ｆ（６４０ｈｐ）を搭載する新戦車オブイェークト-１６６Ｍの開発をＧＢＴＵから発令され、それに従事した。「ヴァゴンカ」設計局は、ＧＢＴＵの要求仕様に基づき、機動性能を大幅に向上するためウェットピン式ＲＭＳｈ履帯と上部支持輪を導入した中型輪転の足回りを開発して、試作戦車に盛り込むこととなった（この足回りは、後のＴ-72シリーズに引き継がれた）。

カルツェフはモロゾフ・チームのオブイェークト-４３０の斬新な設計に匹敵する試作戦車を開発するために全力で努力したが、これは一種の出来レースで、ＧＢＴＵはモロゾフ・チームに軍配を上げる方向でハラを決めていた。

そのため、この間、せっかく実用化に何の問題のない域に達していたオブイェークト-１６６の方は、宙に浮いた形になっ

てしまっていた。

「スターリングラードの英雄」の一喝で、採用の道が開ける

この状況を一変させたのは、ソ連地上軍総司令官だった「スターリングラードの英雄」V・I・チェイコフ元帥だった（1942〜43年、独ソ戦の天王山だったスターリングラード攻防戦において市街を防衛した第62軍司令官を務め、以後第8親衛軍と改称した同軍を率いて45年のベルリン攻防戦まで戦った経歴を持つ）。

1960年12月、西ドイツに派遣されたアメリカ軍に105ミリ砲搭載の新型戦車M60が配備されたことを聞きつけていた彼は、東ヨーロッパにおける機甲部隊が火力面で急速に劣勢に陥ることを恐れていた。相互派遣オブザーバー将校による情報で、M60の重装甲がT-54／55シリーズの100ミリ戦車砲D-10Tでは貫徹困難であることを知らされたことも手伝って、GBTU総監のP・P・ボルボヤロフ元帥を呼びつけ、強力な新戦車砲を搭載する戦車の開発状況についての報告を求めた。

ボルボヤロフは、KB-60「ヴァゴンカ」設計局の双方で進められていた各種試作戦車の開発について報告し、オブイェークト-166については「115ミリ滑腔砲を搭載し実用段階に達している戦車であるが、スタビライザーに若干問題がある」と採用に至らぬ理由を説明した。

この〝こじつけ〟に近い説明に〝前線部隊指揮官だった〟チェイコフは怒りを爆発させた。

「何だって？　何のスタビライザーだ？　そんなものは豚にくれてやったって、オレは構わん！　早く115ミリ砲のついた戦車をよこせ！」

——比類なき流血の激戦をくぐりぬけた英雄の一喝は事態を一挙に覆し、オブイェークト-166の量産化への道をひらくことになった。

難航するオブイェークト-430を尻目に事実上の主力戦車となる

チェイコフ司令官の一喝があった後も、官僚機構が戦前期以上に複雑化しつつあったソ連においては、オブイェークト-166の制式採用までには今しばらくの時間がかかってしまった。

ウラル戦車工場支配人のL・オクーネフは、同戦車の量産化以前にオブイェークト-166Mの開発についても遅滞なく進めるようGBTUに命じられるなど、同工場と「ヴァゴンカ」設計局はハードルをいくつも乗り越えなければならなかった

１９６７年11月７日、「大10月社会主義革命55周年記念日」にモスクワ赤の広場の軍事パレードに参加するT-62中戦車。砲塔には栄えある親衛隊記章を描きこんであり、パレード用のデコレーション塗装がされている。 (c) ITAR-TASS Photo Agency

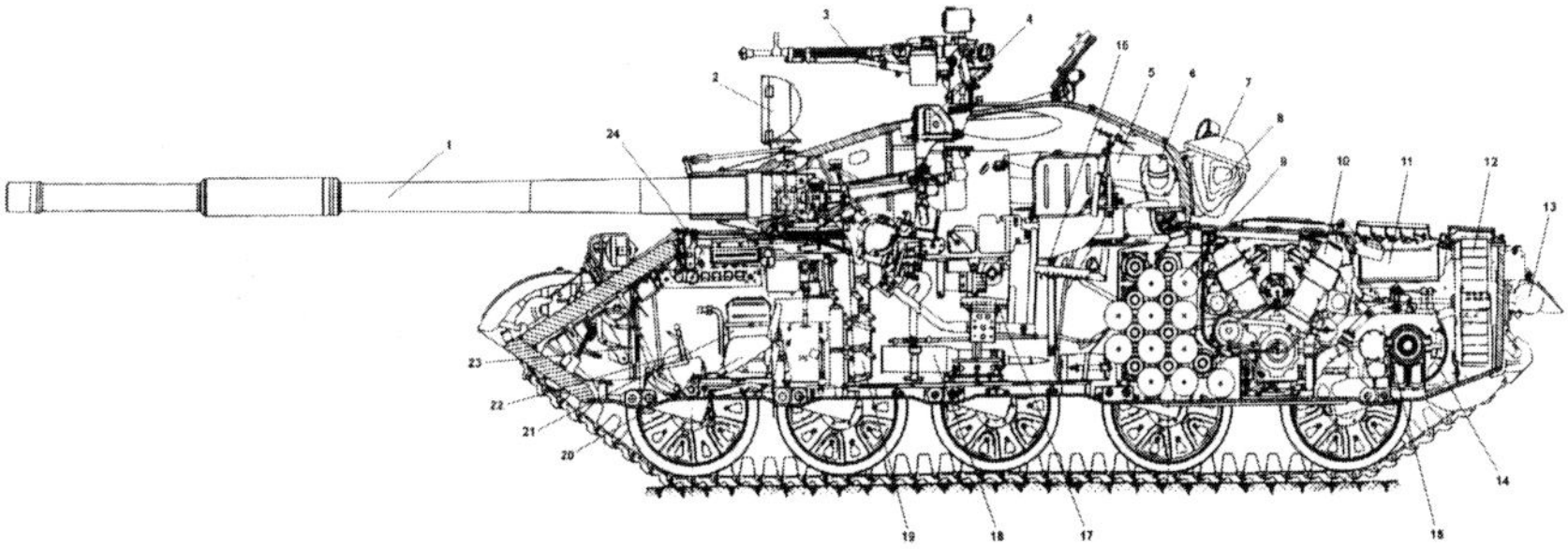

T-62Aの断面図。内部構造と配置は基本的にT-54/55シリーズと変わらない。しかし、１１５ミリ滑腔砲の巨大なブリーチや長大な弾薬に合わせて拡大された砲塔リンク直径と、弾薬搭載スペース確保のために延長された車体が特徴である。車体や砲塔の大きさに比べ、アンバランスに大きな主砲構造物がめだつ。

のだ。

オクーネフ支配人は、軍需工業大臣のD・F・ウスチノフに何度もかけあい、ようやく61年7月の軍需工業関係閣僚会議においてオブイェークト-166はT-62中戦車として制式採用されることが決定された。

そしてその年の後半、25輌の増加試作車体が製作され、本量産開始前の運用試験のためにノブゴロド・ヴォルィンスキー地区の戦車部隊に配属された。

その後、改良措

置が繰り返され、1962年7月よりウラル戦車工場において量産が開始され、以後、旧ソ連においては1975年まで量産が継続されて計2万輌余が完成した。あわせて、チェコスロバキアにおいてはマルティン市のZTS（ザヴォド・トルチャンスケ・ストヤルネ／国営戦車工場）で1973〜78年の間に1500輌がライセンス生産されているが、これらはチェコスロバキア軍用には供給されず、ソ連に逆輸入されたほか、中東諸国に輸出された。

こうして暫定的な火力強化型戦車だったはずのT-62は、T-54／55シリーズほどではないもののNATO諸国軍の装備戦車数を上回る大量生産が行なわれ、1960年代中期から1980年代まで、特に性能面において事実上のソ連軍主力戦車の地位にあったのである。

これは、オブイェークト-430から発展したモロゾフ設計チームの「革新的戦車」T-64が思いのほか不具合に悩まされるとともに、生産コストが高く、大量調達がなかなか進まなかったという背景事情がある。その面でT-62は、ソ連機甲部隊が1960年代初頭に直面した西側主力戦車に対する質的劣勢を挽回し、立派にストップギャップとしての役割を果たしたものと評価できる。

雪解けの小川を渡るT-62中戦車。向こう岸には積雪が残っているものの、操縦席から顔を出した操縦兵は風防ガラスもないのに寒くなさそうである。履帯は、T-72主力戦車と供与のウェットピン式RMSh履帯を用いている。　(c) ITAR-TASS Photo Agency

《コラム⑤》ポストWWⅡ世代の戦車設計技師L・N・カルツェフ

世界最初の滑腔砲搭載主力戦車であるT-62の開発を統括したレオニード・ニコラエビッチ・カルツェフ技師は、戦後になってから戦車開発に本格的に携わったポストWWⅡ世代の技術者である。

1922年7月21日生まれのカルツェフは、1939年に中等学校を卒業後、イヴァノヴォ市のエネルギー研究所の研究職員になった。独ソ戦開戦後の1941年8月、サラトフ戦車学校生徒に採用され、1943年秋には、第45親衛戦車旅団に配属された。以後、M・E・カツコフ中将が率いる第1親衛戦車軍に所属し、ベルリン攻防時には戦車整備中隊の指揮官であった。

戦時中、前線で戦車部隊の整備を指揮したカルツェフは、T-34などの自国製戦車はもちろんのこと、レンドリース供与された米国製M4A2シャーマン戦車や捕獲戦車のメンテナンスの経験も積み、これらの構造に通暁《つうぎょう》するようになった。

1945年8月、機甲技術アカデミーの設計者養成コースに入学し、49年に首席で卒業して記念メダルを与えられた。以後、スヴェルドロフスク市（現ニジニータギル市）の第183ウラル戦車工場（旧ウラル運輸車輌工場）設計局に配属され、T-34の開発者であるA・A・モロゾフ主任技師の指揮下、T-54の開発に参加した。

1951年にモロゾフ技師がハリコフ市に再建されたマールィシェフ記念機関車工場（旧ハリコフ機関車工場）に疎開以来、10年ぶりの帰還をすると、第183ウラル戦車工場設計局のなかでカルツェフはメキメキと頭角を現し、53年に弱冠31歳で同設計局主任技師に就任した。

以後、ハリコフのモロゾフ・チームと協力しながらT-54シリーズの性能向上（T-54BやT-55の開発）に取り組み、火力の抜本的強化をめざした新戦車の開発では、恩師でもあるモロゾフの事実上のライバルにのし上がる活躍をした。

レオニード・ニコラエビッチ・カルツェフ技師

カルツェフ技師が現場を統括した時期は1953〜69年で、その間に前述したもののほか、オブイェークト-140試作戦車やT-62、誘導ミサイルを主武装とする唯一の実用戦車IT-1、T-62中戦車とT-72主力戦車をつなぐ試作戦車オブイェークト-

167の設計を統括した。

1969年以降は、後継者のV・N・ベネディクトフ技師に主任の座を譲り、自らはソ連軍機甲アカデミーの講師陣に加わった。そして、国防総省勤務を最後に引退している。

機甲部隊の現場将校から戦車設計者となったカルツェフは、西側に見られないタイプのユニークな設計者であるといえよう。

《コラム⑥》滑腔砲とライフル砲

19世紀から第二次世界大戦まで、火砲は腔内に旋条（ライフル）を切るのが一般的であった。これは、歩兵用小火器も同様で、その目的は発射する弾頭にライフルによって回転を与え、弾道を安定させて命中精度を高めることであった。

このため、砲弾は弾底部に近い部分に、腔内のライフリングを食い込ませるための導環（鉄よりも柔らかめの銅などでできている）を取り付けるようになっている。

一方、滑腔砲（スムース・ボア・ガン）は、腔内にライフルを切らず平滑なままとなっている。これは、砲弾がライフルに導環を食い込ませ、回転させながら腔内を進んでいくことによって生じる摩擦が発射エネルギーを減殺するのを防ぎ、その分を弾頭の飛翔エネルギーとして保持させることを狙ったものだ。

ライフリングによる回転の代わりに、砲弾には固定式あるいは折り畳み展開式のフィンを付属させ、弾道の安定を図っている。大砲が発明されてからナポレオン戦争前後までは、砲腔内は平滑でライフリングが切られていなかったが、第二次世界大戦後、飛躍的に強化された戦車の装甲を打ち破るために、発射エネルギーを弾頭の飛翔力に転化させる必要から、改めて高初速砲としての開発が始まったのである。特に対装甲エネルギー弾（APFSDS）においては、空気抵抗を減らすことも考慮されていて、長い矢のような形とされているのが特徴だ。

現在までに旧ソ連・ロシアでは2種の対戦車砲（100ミリと115ミリ）、3種の戦車砲（115ミリが2種と125ミリ）、中国では100ミリ戦車砲、西側では2種の120ミリ戦車砲（ドイツ製とフランス製）が滑腔砲として実用化されている。

ライフル砲に対する滑腔砲のメリットとデメリットは、次のようなものである。

【メリット】

(1)砲腔内の摩擦係数が低いため、対装甲弾の飛翔速度を飛躍的に高められる。

(2)対装甲弾の空気抵抗が少ないため、相当な長射程まで貫徹力が減殺されない。
(3)ライフル砲の場合と違って弾頭が回転しないため、成形炸薬弾（HEAT）の威力が減殺されない。
(4)砲腔内の消耗度が低い。

【デメリット】
(1)フィン付き砲弾の製造単価が高くなるとともに、工作精度が低いとそのまま命中精度に影響する
(2)フィン付き砲弾は飛翔に際して横風の影響を受けやすい。

《コラム⑦》後の主力戦車につながった「革新的主力戦車」

1950年代中期にカルツェフ技師率いる「ヴァゴンカ」設計局とモロゾフ技師の第60設計局（KB-60）が開発した2種の系統の試作戦車、オブイェークト-140とオブイェークト-430は、T-54／55シリーズと比べて機動性能・火力・防御力のすべてにわたって画期的性能を持つ「革新的主力戦車」をめざしたものだった。

どちらも、対装甲威力の増大のために開発された100ミリライフル砲D-54を搭載したものだが、この2種の試作戦車はそれぞれ後のT-72とT-64にまで発展し、旧ソ連の125ミリ滑腔砲を搭載する2系統主力戦車に流れが引き継がれている。

オブイェークト-140

1957年に第183ウラル戦車工場で開発が着手された。

本戦車の特長は、700hpの新開発戦車専用ディーゼル・エンジンV-36を搭載し、あわせて走行性能の改善のためにやや小ぶりの片側6個の転輪と、同3個の上部支持輪を組み合わせた足回りを採用していることである。これらは、数字上のデータで見る限り、T-54／55シリーズよりも機動性能をかなり向上させることにつながった。

100ミリ戦車砲D-54TSを装備する砲塔はT-62のものに酷似している。武装は、主砲のほか、7・62ミリSGMT機銃を主砲と同軸として、車体前面に固定式で装備している。

乗員の配置やFCS、各種装置関係はT-54／55シリーズに準じたものか、同一のものを流用している。車体や砲塔の装甲には、複合装甲は採用していない。オブイェークト-140はオブイェークト-166（T-62）をベースに、試作

戦車オブイェークト‐166Mからさらにオブイェークト‐167へと基本的デザインやコンセプトが受け継がれていった。

【オブイェークト‐140の性能諸元】
重量　37・6トン
車体長　6・2メートル
車体幅　3・27メートル
全高　2・4メートル
接地圧　0・83kg／c㎡
エンジン（出力）　V‐36、ディーゼル（700hp）
路上最大速度　時速64キロ
路上航続距離　400〜500キロ
最大装甲厚　（砲塔）240ミリ、（車体）100ミリ
乗員　4名
武装　100ミリ戦車砲D‐54TSX1／7・62ミリSGMT機銃×2
照準装置　（直接）TSh‐2／（夜間）TPN‐1
無線装置　R‐113
主砲スタビライザー　メーテル
煙幕展開システム　TDA

オブイェークト‐430

1957年、第75ハリコフ重機械工場（旧ハリコフ機関車工場）で開発され、同年中に3輌の試作戦車が完成した。本試作車は、T‐54／55シリーズの後継本命として、攻撃力・防御力・機動力の全要素面で革新的技術の導入を図ろうとした。

スチームリムの小型転輪をはじめ、大幅に小さくなった機関室（シリンダー水平配置式の小型ディーゼル・エンジン5DTの搭載）、重戦車並みの装甲厚（車体前面で120ミリ、複合装甲の導入も企図）、強力な火力（100ミリ戦車砲KPVT）など、一部はオブイェークト‐140と共通する要素を持ちつつも、従来型の戦車とは形態的には異なる、いっそうの進化が見られるものだった。特にステレオ式（基線長式）測距照準器を採用したことは、スタジアメトリック方式の欠点を大幅に改善するものとして、注目に値する。

しかしながら、新機軸を導入しただけに実用車体としての完成に手間どることになり、大量配備を急速に進める見通しは立たなくなってしまった。それでも、115ミリ滑腔砲D‐68（U‐5TSに自動装填装置を導入するため、分離装薬式に改めたもの）を搭載したオブイェークト‐435が

造られ、これがT-64中戦車に発展した。

【オブイェークト-430の性能諸元】
重量　35・5トン
車体長　6・048メートル
車体幅　3・12メートル
全高　2・16メートル
接地圧　0・75kg／c㎡
エンジン（出力）　5DTディーゼル（600hp）
路上最大速度　時速55キロ
路上航続距離　450〜600キロ
最大装甲厚　（砲塔）240ミリ、（車体）120ミリ
乗員　4名
武装　100ミリ戦車砲D-54TSX1／7・62ミリSGMT機銃×2、14・5ミリKPVT重機関銃×1
照準装置　（昼間）ステレオ式測距照準器TPD-43B／（夜間）TPN-1
無線装置　R-113
主砲スタビライザー　メーテル
煙幕展開システム　TDA

▼基本性能

T-62の基本構造と性能

T-62は形態的にいえば、T-54／55シリーズの延長線上の戦車といえる。車体、パワープラント、足回りなどの基本的構成部分は1957年から量産されていたT-55と同一といってよく、違いは115ミリ滑腔砲を装備する新砲塔を搭載し、そのために車体を延長したことくらいといっても間違いない。

砲塔周辺の装備と構造

T-62をT-54／55シリーズと明確に区切る特徴は、上方から見ると真円に近い形態の、洗練された鋳造砲塔である。装甲厚こそ前面で240ミリ、側面部で120ミリ程度とT-54／55シリーズとさほど変わらないが、より平たい形態にデザインされ、全周にわたって傾斜角も鋭く、避弾経始の点でいっそう良好な形態となっている。

T-54／55とは違って、天板を別に溶接することなく、上面部も一体構造となっている。ターレットリング径は、前述したようにT-54／55シリーズの1825ミリから2245ミリに

世界で初めて滑腔砲を搭載した主力戦車T-62中戦車。１９８０年以降、ソ連で退役が進むと中東やアジア諸国に引き渡されるようになった。イラクはこのときにソ連から購入したT-62をイラン・イラク戦争に投入したほか、１９９１年の湾岸地上戦にも使用した。

拡大されている。戦闘室床面は、T-54B以来の砲塔旋回に追随するターンテーブルを持っている。

本戦車のコンセプト上、最大の課題となったのが１００ミリ戦車砲D-10よりも巨大なブリーチを持つ１１５ミリ滑腔砲U-5TSと、やはり大きな１１５ミリ弾薬の数を減らすことなくどのようにアレンジして積み込むか、ということであった。

そのためにとられた措置は、前述のようにターレットリング径の拡大と、車体延長による戦闘室内容積の拡張であった。砲塔後部下の機関室隔壁はT-54/55シリーズよりも後方に移され、この部分に横置きの形で１１５ミリ弾薬が22発も搭載された。その他の１１５ミリ弾薬は、砲塔内壁の装填手部分に２発、戦闘室下部側壁の左側と右側に1発ずつ、操縦手右横の車体前面装甲版の裏側にあるラックに16発が搭載されている。

本車の主砲まわりの装置で新たに導入されたのは、ブリーチ後方のトレイが発射後の排莢で撃ち殻薬莢を受け止めた後、自動的に砲塔後上部に設けられたハッチから車外に投げ出すシステムである。この装置とともに、巨大な１１５ミリ砲弾を装填するため、主砲は発射ごとに＋３・５度の角度をとり、装填後、調整された射角に復元される。

車外への自動排莢システムを採用したのは、戦闘室内に巨大な薬莢が転がることで戦闘動作を妨げないようにすることが

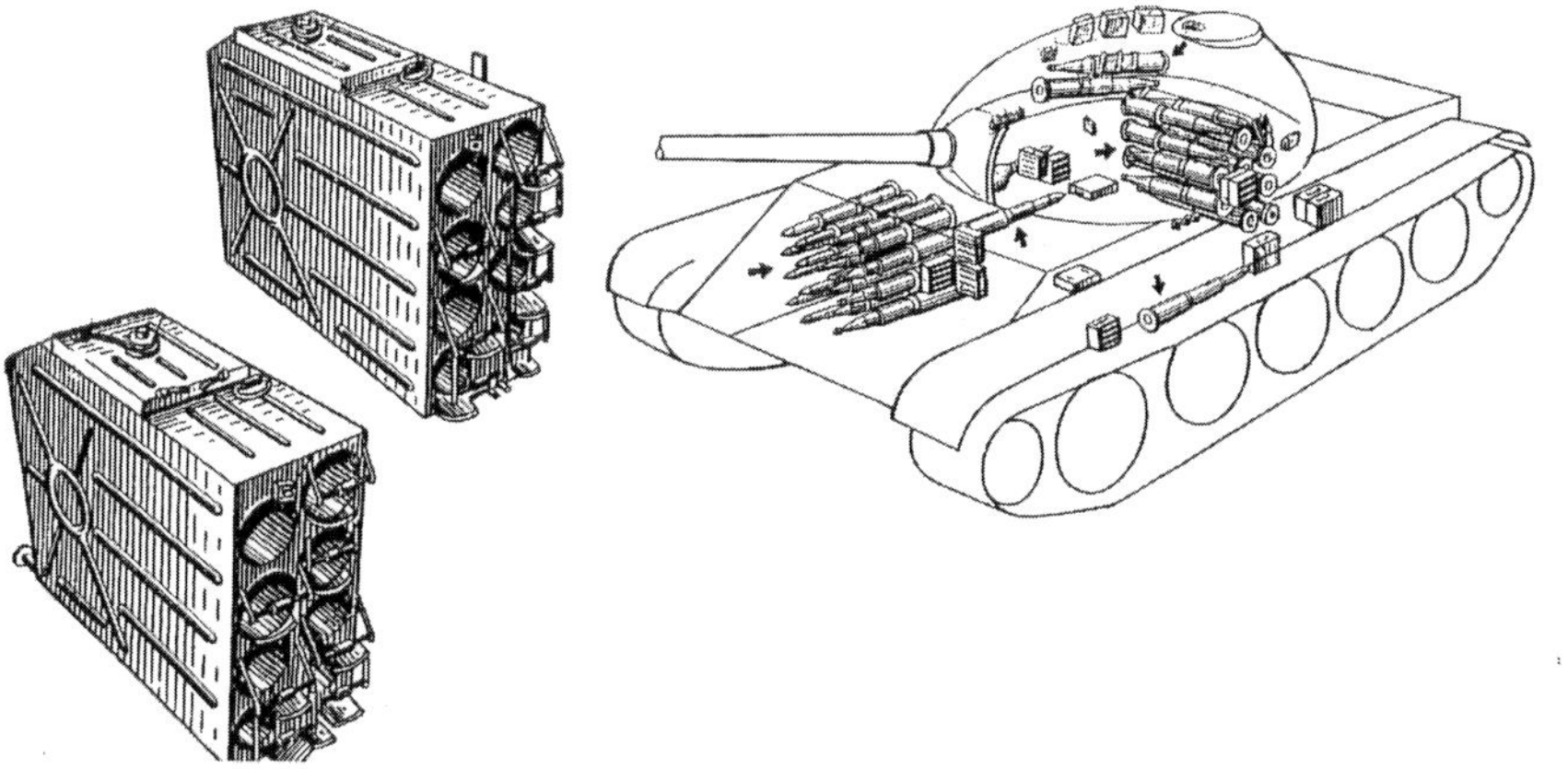

T-62の車内弾薬配置図と車体前部の主砲弾薬ラック（左下）。主砲弾の半数以上は、機関室と戦闘室の隔壁部に搭載され、8発は燃料タンクを兼ねる弾薬ラックに収められて操縦席右側の前面装甲裏側に搭載される。主砲弾以外に描かれているボックスは、機銃弾の弾薬箱である。

狙いだったが、これらのプロセスは主砲の発射速度を遅らせる要因ともなった（4発／分）。また初期には装置の信頼性が低く、車外への投げ出しに失敗した撃ち殻薬莢がはね返り、装填手を直撃して負傷させるといった事故も生じた。

戦車砲とFCS

115ミリ滑腔砲U-5TS「モロート」は、T-54／55シリーズの100ミリ戦車砲D-10と違って排煙器を砲身の中程に配置している。飛翔重量4キログラムのAPFSDS弾（BM6）を砲口初速 秒速1615メートルで発射し、戦車と交戦する場合の最大有効射程は2000メートルとされている。それ以上の射程（概ね3000メートル以内）においてはHEAT弾（弾頭重量13・1キログラム）を用いるものとされていた。HEAT弾の砲口初速は、秒速900メートルである。主要対装甲弾の装甲貫徹力は、表【115mm滑空砲の対装甲弾威力】のとおりとなる。

115mm滑腔砲の対装甲弾威力

射程	1,000m		2,000m	
命中角	0°	60°	0°	60°
APFSDS（BM6）	250mm	135mm	220mm	110mm
HEAT（BK4M）	440mm	200mm	440mm	200mm

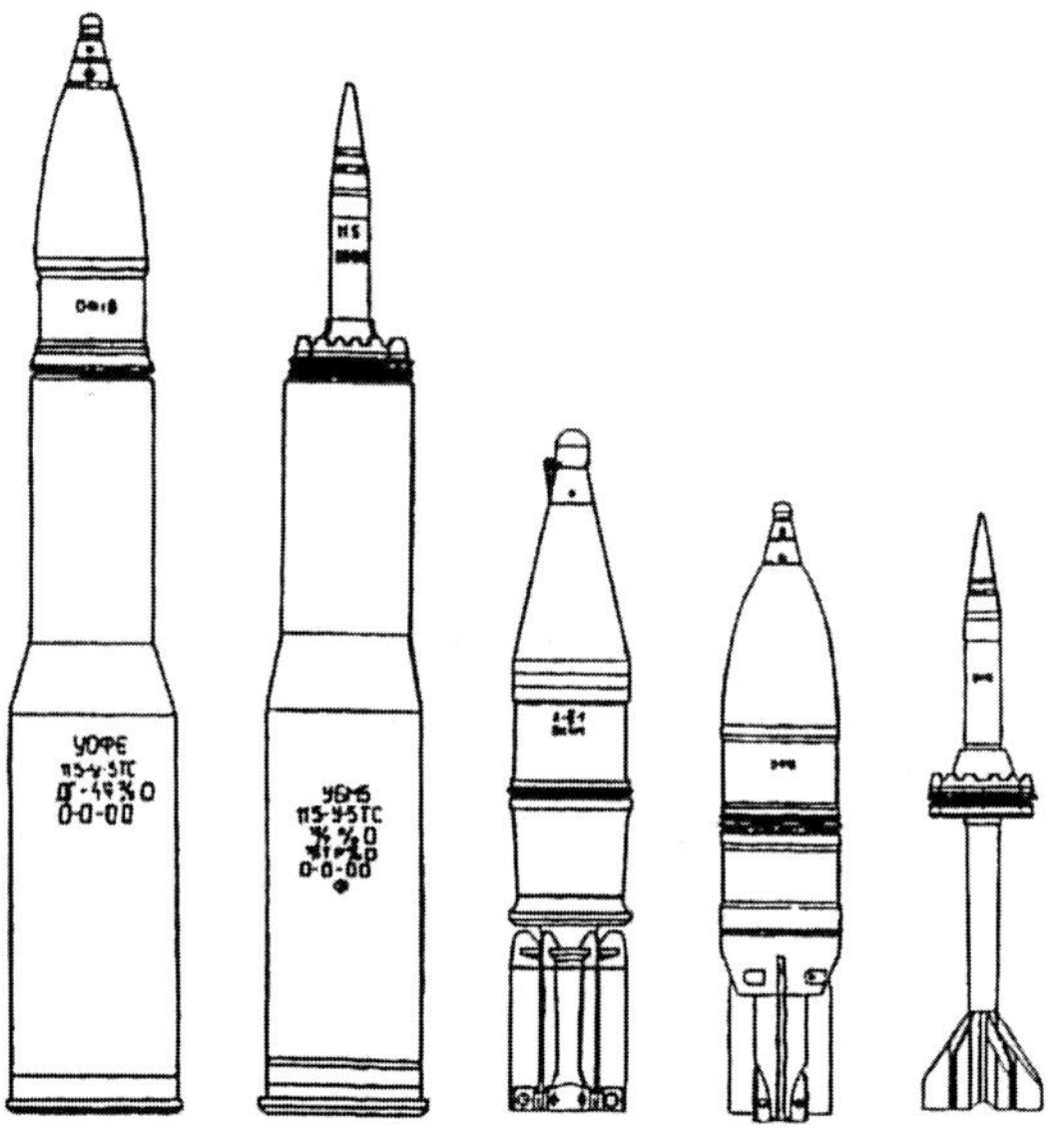

１１５ミリ滑腔砲Ｕ-５ＴＳの弾薬と弾頭。左から、発射装薬入り薬莢と一体式のフィン安定式高性能炸薬弾ＺＯＦ18（ＨＥＦＳ、弾頭名称ＺＵＯＦ-６、弾薬重量30・８キログラム、弾頭重量17・８６キログラム）、同じくフィン安定式装弾筒付き徹甲弾ＺＢＭ６（ＡＰＤＳＦＳ、弾頭名称ＺＵＢＭ５またはＢＭ６、弾薬重量22キログラム、弾頭重量５・３４キログラム）、フィン安定式成形炸薬弾頭ＺＵＢＫ３または

ＢＫ４Ｍ（重量12・97キログラム）、フィン安定式高性能炸薬弾頭ＺＵＯＦ-6、フィン安定式装弾筒付き徹甲弾頭ＺＵＢＭ５またはＢＭ6。ＨＥＡＴＥＳとＨＥＦＳの各弾頭には、底部に折り畳み式のフィンが付属している。

他に、弾頭重量14・7～17・7キログラムの高性能炸薬弾も使用でき、直接照準器を用いた最大有効射程は５８００メートル、射角16度での間接照準射撃で９５００メートルの最大射程を持っている。１１５メートル滑腔砲Ｕ-５ＴＳは、１９６０年代初頭における戦車砲として相当な威力を有するものといえたが、問題は射撃統制装置だった。

スタジアメトリック式というレチクル内の目盛りで高さ２・７メートル（西側戦車の標準的高さ）と想定した目標までの概数的な距離を読み取るもので、概ね１０００メートルまでの射程なら問題なかったが、それ以上の遠距離の目標となると測定距離の誤差が大きくなり、結果として命中率が下がる。

アメリカ軍が中東戦争のときにイスラエル軍が捕獲したものを譲り受けて試験したところ、停止目標に対してすら、１５００メートルの射程での命中率は50％前後、２０００メートルでは30％と西側戦車に比べて著しく劣った（ＡＰＦＳＤＳ弾の工作精度と設計上の問題も原因とされている）。

１９７５年以降、主砲防盾上部にレーザーレンジファインダーＫＴＤ-１（またはＫＴＤ-２）を装備することで改善が図ら

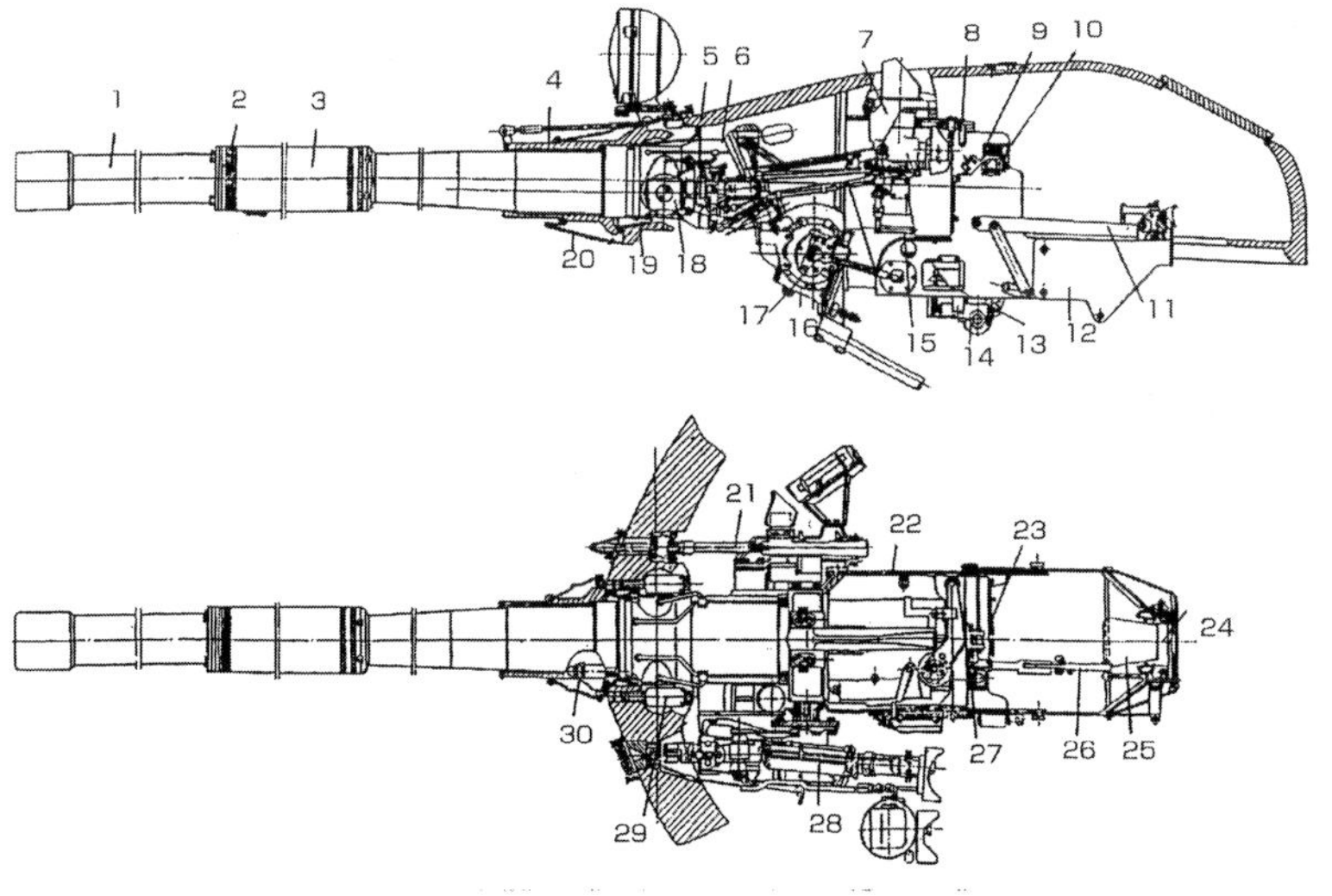

１１５ミリ滑腔砲U-5ＴＳ搭載部の横断面および上方から見た図。U-5ＴＳのブリーチ後方には、砲塔後部上面の小ハッチより撃ち殻薬莢を放り出すためのランナー・システム（番号11と24）が付属している。砲手側には、直接照準器ＴＳｈ ２Ｂ-41（番号28）と赤外線式暗視照準器（潜望鏡式）ＴＰＮ-１（番号７）が配置されている。

れたが、オーバーホール時に一部車輛に行なわれたにすぎないようで、T-62の全装備車輛には行き渡らなかったようだ。

一方、1960年代いっぱいまで西側戦車に対して優越していたFCS関連は、T-54B以降から導入された暗視照準システムである。T-62はT-55中戦車と同様にルナ-2赤外線探照灯を主砲右脇に装備し、砲手用のTPN-1暗視サイトで射程800メートルまでの夜間交戦が可能となっている。また、車長キューポラにOU-3赤外線照明灯と昼夜間兼用レンジファインダーTKN-2を持ち、これの暗視距離は400メートルであった。

なお、1962年から量産開始された初期の型においては、主砲以外の武装は同軸装備された7・62ミリカラシニコフ汎用機銃の車載型である、PKT機銃1挺のみであったが、1972年から生産された砲塔には、装填手ハッチ部に全周旋回式の12・7ミリDShKM重機関銃用マウントが装備されるようになった。

これはベトナム戦争以後、地上攻撃ヘリをアメリカ軍が大量に装備し始めたのに対抗した措置である。しかしT-55とは違って、これ以前の型に後付けして対空機銃マウントを初期のT-62に追加するような改修作業は行なわれていない。

その他、NBC防御システムとして、車外からの吸気をフィルターにかけて供給しつつ、車内与圧で汚染された空気の侵入を防ぐPAZが標準装備され、その主装置は砲塔後部に配置されている。

車体部と足回り

車体の基本的構造、レイアウトはT-54／55シリーズのものをそのまま踏襲している。多くのパーツも共用のため、T-55との並行生産のなかで10年前後の期間に2万輛以上という大量生産を行なうことができた。車体長は延長され、T-55よりも約60センチも長くなったが、これは前述の戦闘室スペースの拡張分にあたる。この延長化と、長大で重量のある115ミリ滑腔砲搭載のため、T-54／55シリーズとは重心位置が変わり、転輪の配置が変更されている。

転輪は、T-55から導入されたプレス製造の星型転輪（西側で「スターフィッシュ型転輪」と呼称されているもの）を最初から採用していた。履帯もT-54-2以降から採用されている幅580ミリのドライピン式のものを共用し、60年代後期からは運用寿命が長いウェットピン式のRMSh履帯を標準装備した。RMShは、T-72シリーズやT-90主力戦車で使用されているもので、運用寿命がT-54以来使われてきたドライピン式履帯の約3000キロと比べて、RMSh履帯は約7000キロと倍以上も延伸されている。

操縦手席は車体前部左側に配置されており、天板のハッチの前に2基のペリスコープを備えている。ペリスコープのうち、左側のものは赤外線暗視ペリスコープＴＶＮ-２と交換できる。夜間は、車体前面右側に通常の白光灯とともに装備された赤外線照射灯を用い、ＴＶＮ-２はこの反射光によって暗夜でも60メートルまでの視察能力を操縦手に保障する。操縦装置関係は、左右の操向レバーとクラッチ、ブレーキ、アクセルペ

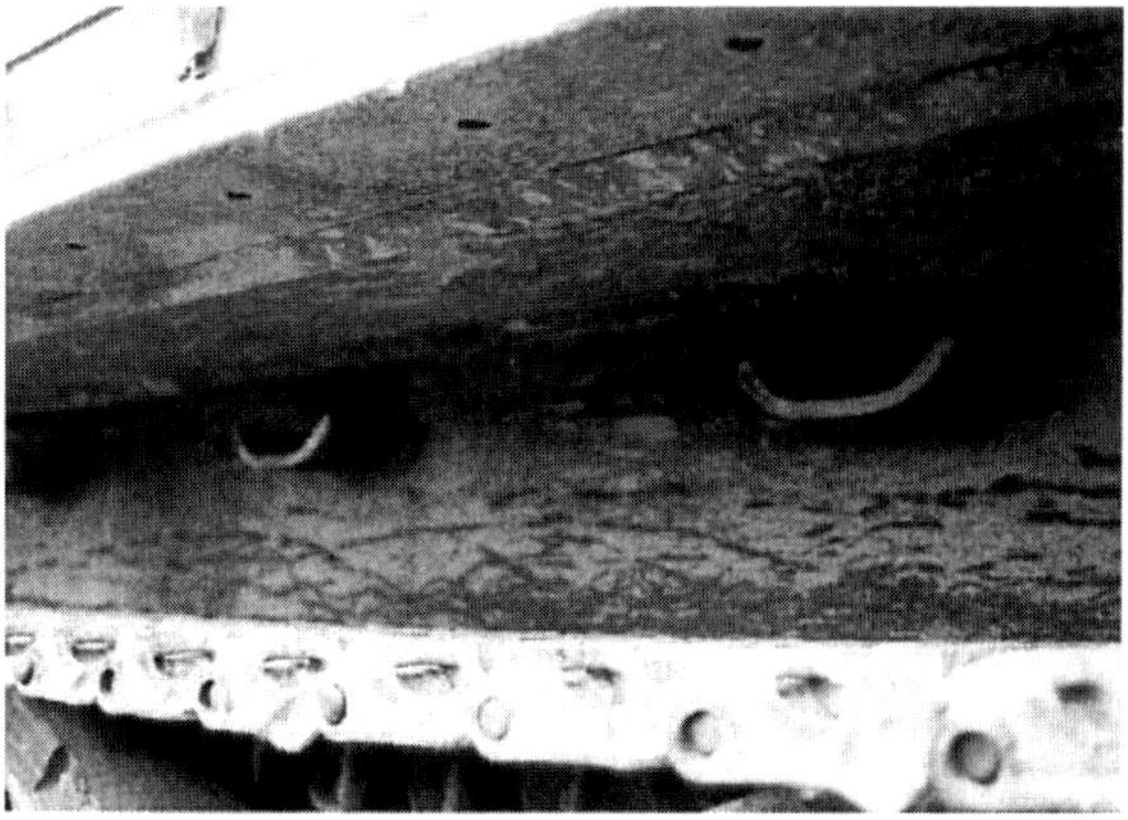

車体側面部のフェンダー下側に溶接された履帯かえし。高速走行時に跳ね上がる履帯が、誘導輪や駆動輪からの脱落を誘発することがあるため付属されたもので、T-54/55には見られないものだ。

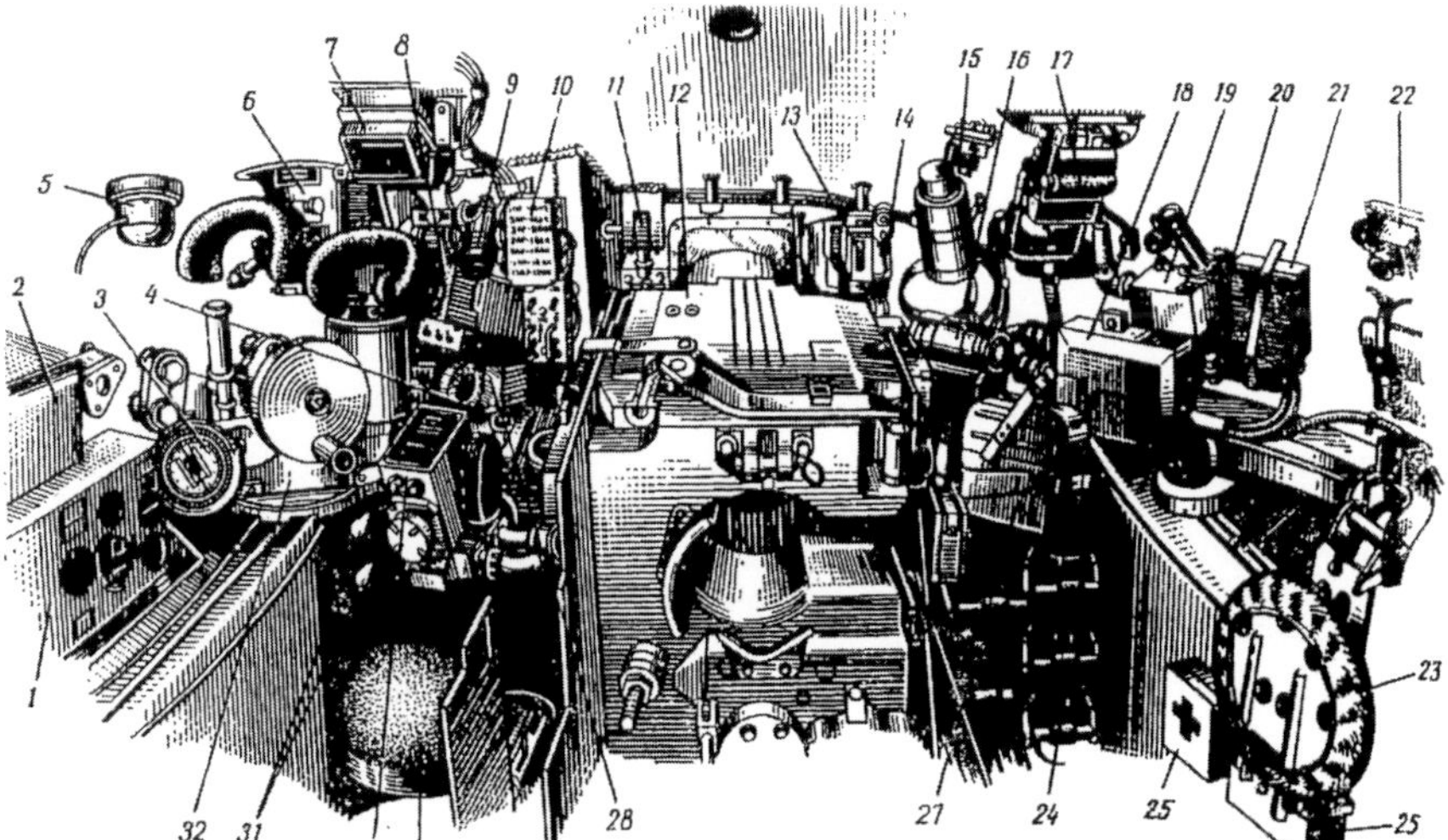

砲塔後部から見た１１５ミリ主砲と砲手席（向かって左）。狭苦しそうに見えるが、実際は我が国の74式戦車（１０５ミリ砲装備）よりも戦闘室内は広い。右側の23は、折り畳まれた装填手席。装填手は、主砲弾薬の装填のほか、同軸 機銃の弾倉（箱）交換、対空機銃の操作を担当する。

ダルを備えたT-34中戦車以来のものを踏襲している。

ソ連では、1950年代半ば以降に開始された新型戦車開発のなかで、油圧式パワーアシストを操向装置関係に導入しようと試みていたが、コスト面や信頼性・整備性の問題をクリアできず、実用化がならなかった。パワーアシストなしのレバー操作は、重量30トン以上の重車輌の操縦をする場合にかなり重くなってしまう。T-62は、引き続き西側戦車に比べて操縦動作の面で操縦手に負担をかけ、疲労度の高いものであることがアメリカ軍によるテストでも確認されている。

パワープラント

エンジンと変速ギア、メインクラッチなどのパワープラントは、T-55のものをそのまま踏襲している。搭載エンジンは、BT-7M快速戦車以来使われ続けているV型ディーゼル・エンジンの発展型、V-55V（580hp）である。

燃料搭載量は車内が675リットル、車外285リットルで、さらに車体後端のラックに200リットル入りドラム缶2個を搭載できる。固有の燃料を用いた場合、路上航続距離は450キロに達する。路上最大速度は時速50キロで、機動性能はほぼ第二次世界大戦中の傑作中戦車T-34並みの水準を維持している。

車体部については、生産時期の違いによるバリエーションはほとんど見られないが、エンジンデッキ上のグリルまわりや点検ハッチなどの付属品に変化がある。

1962年～66年頃に生産されたタイプは、T-55のものがそのまま踏襲されているが、1967年以降に生産されたもの

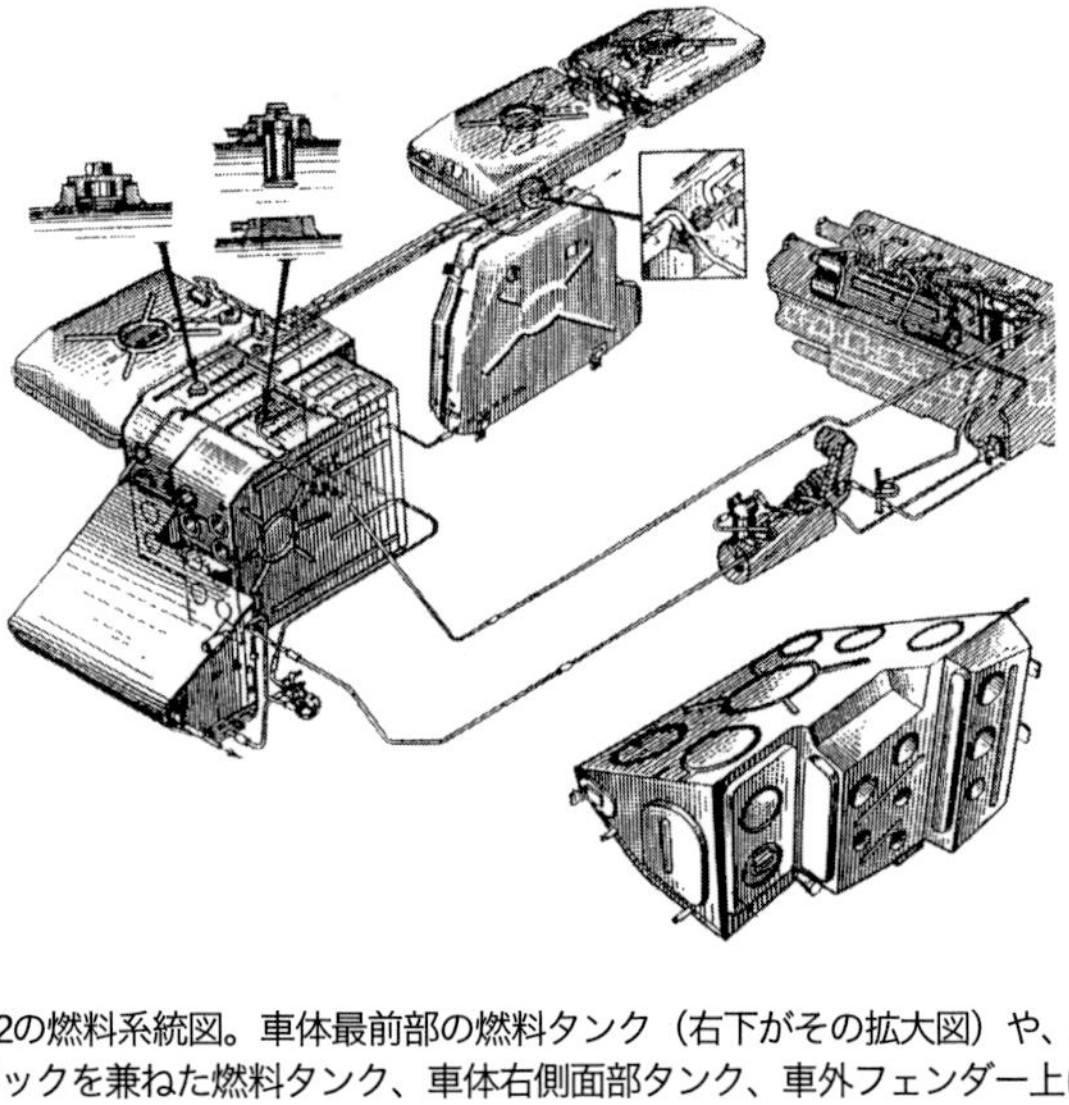

T-62の燃料系統図。車体最前部の燃料タンク（右下がその拡大図）や、弾薬ラックを兼ねた燃料タンク、車体右側面部タンク、車外フェンダー上に置かれた3つのタンクがそれぞれパイプでつながれていることがわかる。これらのどのタンクの燃料を使用するかを、操縦手はコック操作で調整することができる。

はラジエーター付きのグリルと砲塔の間に、一枚板で成形された潜水渡渉時にグリルを被うための可動式カバーが装備されている。

なお、西側の研究者（S・ザロガ氏など）は以上の形態上の違いによって、T-62（1962年型）、T-62（1967年型）、T-62（1972年型）あるいはT-62Aと便宜的呼称を行なっているが、旧ソ連では後で解説する改修型や一部の試作車輌以外、エンジンデッキ上の違いや対空機銃の有無で呼称を区別せず、すべてT-62（オブイェークト-166）を公式呼称にしている。

▼バリエーション

改良型T-54／55とT-62の運用と普及

T-62中戦車は量産開始後、ソ連国内の重要軍管区とともに東ドイツなどに駐留する戦車師団に配備が開始された。西側を含めた公衆の面前に初めて姿を現したのは、1971年5月1日にモスクワで行なわれた恒例のメーデー記念軍事パレードにおいてであった。

そして初めての作戦投入は、1968年8月20〜21日にかけて電撃的に実行されたチェコスロバキア侵攻作戦「ダニューブ作戦」）においてである。

このとき、主にT-62を使用した部隊は、ソ連駐独軍集団（Gruppuy Sovetskikh Voysk v Germaniy＝GSVG）所属の第1親衛戦車師団、南部軍集団所属の第13親衛戦車師団、ベラルーシ軍管区から増援の第15親衛戦車師団、同じくカルパート軍管区から増援された第31戦車師団である。

同作戦では、T-54／55、T-62、それにT-10M重戦車など、合計2000輌以上の戦車が参加し、「人間の顔をした社会主義」を掲げてチェコスロバキア共産党のドプチェク書記長らが国民とともに進めようとしていた民主的改革を崩壊させた。

軍事衝突に初めて登場したのは、1969年3月2〜17日の間に起きた中ソ国境紛争（「珍宝島事件」あるいは「ダマンスキー事件」と呼称）においてである。国境の川にある中州の領有権をめぐって、極東軍管区所属の第135太平洋赤旗勲章受賞自動化狙撃師団が中国の国境守備隊と衝突した事件だ。

このとき、中国軍が占拠した中州に対してソ連側はT-62をBTR-60装甲兵員輸送車に乗車した歩兵部隊とともに投入したが、T-62のうちの1輌は砂地に足をとられて放棄された。ソ連軍は砲撃で放棄したT-62を破壊しようとしたが果たせず、中国側に捕獲されてしまった。現在、中国側が捕獲した

T-62

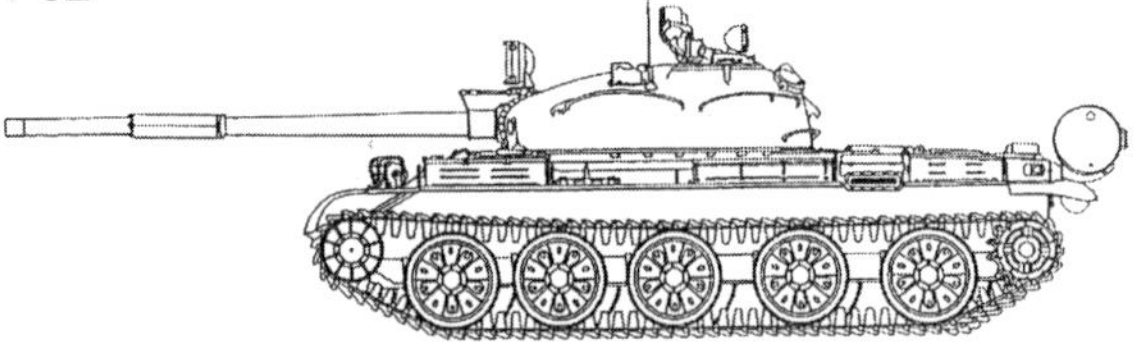

T-62A

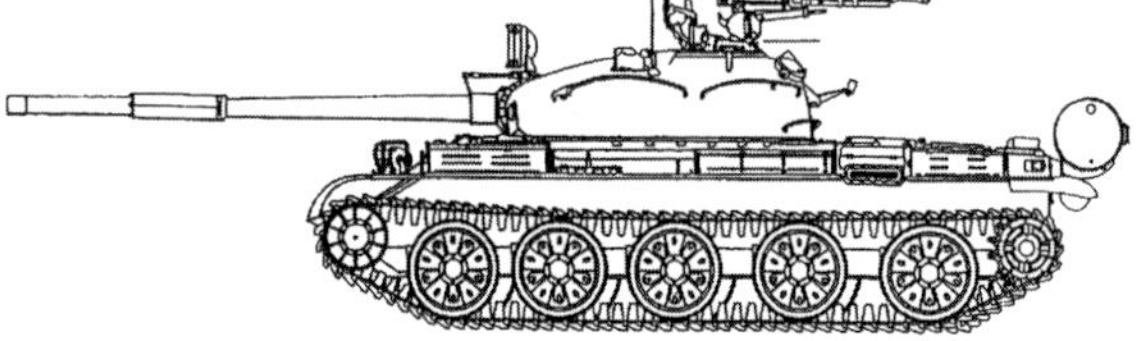

T-62M

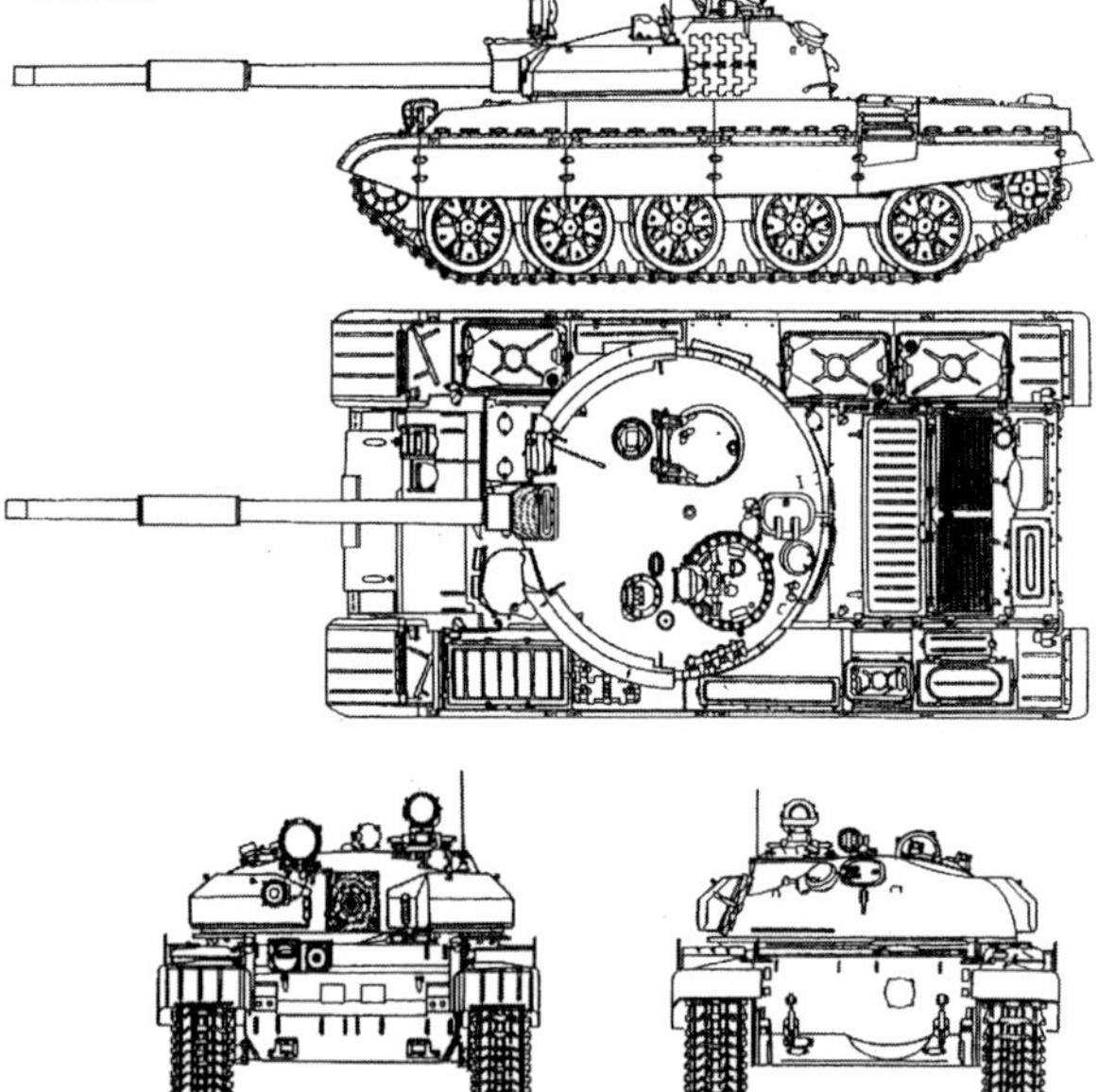

【T-62】１９６２年から本格的に量産に入ったT-62中戦車の基本型。T-54／55よりもさらにシンプルな形態が印象的だ。【T-62A】１９７２年から量産されたT-62A。西側で普及した地上攻撃ヘリコプターに対抗するため、装填手側ハッチに12・７ミリＤＳｈＫＭ重機関銃を装備する旋回式キューポラを追加したものだ。【T-62M】１９８０年代半ばから登場した近代化改修型T-62M。車体前面と砲塔周囲に簡易複合装甲を追加し、ＦＣＳをレーザーレンジファインダー・弾道計算機付きのものにバージョンアップした上、腔内発射式誘導ミサイルを導入したもの。

１９８６年、当時のゴルバチョフ共産党書記長（後の大統領）によるイニシアチブで開始されたアフガニスタンからのソ連軍撤兵の第一陣として、帰国前にお別れのパレードに参加するT-62M。複合装甲やゴム製の対ＨＥＡＴ弾用補助スカートが導入されたのは、１９７９年末以来のアフガニスタン戦争での教訓をもふまえてのものだ。 (c) ITAR-TASS Photo Agency

T-62は、北京の革命軍事博物館に朝鮮戦争で捕獲されたM26パーシングやM4A3E8シャーマンなどと並べて展示されている。

ソ連軍以外でT-62を初めて使用したのは、エジプト軍とシリア軍である。両国がアラブ連合を構成していた時代に起こした第四次中東戦争（１９７３年）において、有線誘導対戦車ミサイル「マリュートカ」とともに新鋭兵器としてソ連から供与されたのである。

このときは戦車兵の錬度の問題とともに、時代遅れで精度に劣るFCSが原因となって、戦車同士の対決でイスラエル軍の１０５ミリ砲搭載戦車を圧倒することはできず、ゴラン高原やシナイ半島での戦闘で大きな損失を出した。

しかしながら、１１５ミリ滑腔砲が撃ち出すAPFSDS弾はイスラエル戦車に対して、命中すれば大きな損害を与える威力を持っていた。概ね１５００メートル以内なら、T-62の１１５ミリ滑腔砲はイスラエル側のどんな戦車も撃破できたが、それ以上の射程においては命中精度が著しく落ちるため、遠距離砲戦においてHEAT弾を使用するイスラエル戦車に撹乱され、損失を重ねることになったのである。

中東地域では、１９８２年にイスラエル軍がPLO拠点の掃討のために実施したレバノン侵攻作戦（「ガラリア平和作戦」）の際、ベイルート市周辺でシリア軍のT-62がイスラエル機甲部隊と戦闘している。なお、このときシリア軍が投入したT-72主力戦車が初めて実戦を行ない、当時イスラエルの新型戦車だったメルカヴァを撃破している。

ソ連軍が本格的実戦に投入したケースとなったのは、1979年末に開始されたアフガニスタン戦争においてだ。初期には、空挺部隊と呼応したカブールへの電撃的侵攻に参加し、首都制圧部隊の先頭に立った。

しかし、ゲリラ相手の戦闘では通常装甲のT-55やT-62は、RPG-7のような肩撃ち式兵器が発射するHEAT弾頭付きロケットで容易に撃破されてしまい、後述するような簡易複合装甲の追加などの改修を実施するきっかけとなった。

1980年以降、ソ連が主力戦車としてT-72やT-80などを大量配備し、T-62の退役が進むなかでこれら余剰兵器が中東やアジア諸国に引き渡されるようになった。

イラクは、このときにソ連から購入したT-62をイラン-イラク戦争に投入したほか、1991年の湾岸戦争の地上戦に使用し、今日も自国流の改修をしながら運用を継続している。

北朝鮮は、1980年代になってソ連で不要になった生産プラントの譲渡を受け、T-62のライセンス生産を始めた。今日までに北朝鮮は2000輌を生産したといわれ、そのうち200輌をイランに輸出している。

T-62の使用国と在籍数(2000年頃)

旧ソ連		イラク	200
ロシア	2,000	イスラエル	70 ※第4次中東戦争で捕獲後、改修して使用
ベラルーシ	142	リビヤ	350
ウズベキスタン	179	シリア	1,000
中米/アメリカ		イエメン	250
アフガニスタン	170	中南米	
アルジェリア	330	キューバ	400
アンゴラ	150 ※24輌を1993年にブルガリアから購入	東南アジア	
エジプト	500	北朝鮮	1,800
エチオピア	100	モンゴル	250
イラン	200 ※北朝鮮製	ベトナム	80

現在、改修型を含めたT-62中戦車の使用国とその在籍数は、概ね表【T-62の使用国と在籍数(2000年頃)】のとおりだ。概ね8200輌前後が18ヵ国で戦力にとどまっている。

T-54／55とT-62の近代化改修

東西の戦車開発をめぐるシーソーゲームのなかで、1950年代以来、旧ソ連機甲部隊の主力を担ってきたT-54／55シリーズとその発展型であるT-62は、西側新鋭戦車に対して著しい性能面の格差を露呈せざるを得ない状況となった。

すでに1970年代以降、125ミリ滑腔砲を自動装填装置とともに搭載した新型主力戦車T-64やT-72、さらにはT-80が実用化されていったが、これら高価な戦車を一挙に大量装備することは難しく、あわせてすでに未曾有の量が造られていたT-55やT-62を活用する道もまた必要とされていた。

そこで、ソ連では1983年以降、T-55（良好な状態で維持されたT-54含む）やT-62の火力と防御力を飛躍的に向上させるとともに、重量増加に対応した足回りの強化や搭載エンジンのパワーアップを主な内容とする近代化改修を施すようになった。その改修の主要な眼目は、以下のとおりである。

火力

1970年代半ば以降、順次搭載されてきたレーザーレンジファインダーに加え、弾道計算機を装備して主砲の命中精度を向上させるとともに、腔内発射式誘導ミサイルで長射程における対装甲威力を一気に向上させる。

防御面

砲塔前部の周囲と車体前面にT-72に準ずる防御力を持たせるための簡易型複合装甲を追加する。また、一部にアクティブ防御システムを追加する。1985年以降においては、爆発反応装甲も用いられるようになった。また、歩兵携行兵器で多用されているHEAT弾頭への抗堪力を高める。

パワープラント、足回り

エンジン出力を向上させたタイプを搭載する。あるいはT-72シリーズとエンジンを共用化させる。改修にともなう重量増大に対応し、トーションバー・サスペンションと周辺機器を強靭なものと交換する。

以上の観点からの改修は、その時々の予算状況によって当初盛り込む予定だった機器の導入を見送るなどの〝間引き〟がされながら行なわれたため、各種のバリエーションが登場することになった。以下ではT-55中戦車の改良型、さらにT-62の改修型についてその内容をバリエーションごとに概観してみる。

T-55の改良型

T-55AM

T-55Aの近代化改修は、1981年7月25日付の政府命令で実施が決定され、オムスクのウラル重機械工場設計局で企画された。

内容としては、樹脂と重層した金属板からなる簡易複合装甲を砲塔前半部と車体前面装甲版のうちの上部に取り付け、KTD-2レーザーレンジファインダーを標準装備するとともに腔内発射式のレーザー誘導ミサイル9M116「バスチオン」を導入した。そのためレーザー誘導装置1K13や新型の照準装置TShSM-32PVも装備している。

「バスチオン」は高速飛翔性能を有するミサイルで、最大有効射程は4000メートル。HEAT弾頭の装甲貫徹力は550メートルに達する。

また、対地雷用に操縦席下面の車体底を二重装甲にしたほか、車体側面部にワイヤーメッシュの入ったゴム製補助装甲とサイドスカートを追加して、HEAT弾への防御力を高めている。

改修にともなう重量増大で機動力が損なわれないようにエンジンもスーパーチャージャー付きのパワーアップ型V-55U(620hp)に換装された。ただし、被弾時の安全を考えて、左フェンダー上に配置されていた車外燃料タンクが廃止され、車内燃料タンクのみを使用するようになったため航続距離は短くなった。

煙幕展開システムについても、従来のTDAに加えてT-72シリーズなどで用いられている発煙擲弾発射筒902B「トゥーチヤ」も8基追加されている。

1983年の制式採用後、順次改修が行なわれた。また、チェコスロバキアにおいてもほぼ同様の仕様を取り入れて自国製T-55Aの改修が実施され、東ドイツにも供給された。旧ソ連においては、さらにT-72シリーズとエンジンの共用化が図られ、V-46-5M(690hp)が搭載されたバージョンも生まれて、T-55AM-1と区分されている。

T-55M

T-55中戦車(T-55Aではない)をベースにした近代化改修型で、基本的な仕様はT-55AMと同じ。ただし、こちらは弾道計算機BV-55を導入し、FCSを充実させている。V-46-5Mエンジンを搭載した型は、T-55M-1と区分されている。

T-55AMV、T-55MV

簡易複合装甲の代わりに爆発反応装甲ブロック（EDZ）を導入したタイプ。EDZが開発されたのは1983年以降で、本型は1985年より現れた。FCSはデータの自動入力などができる統合システム「ヴォルナ」が導入されている。やはり、V-46-5Mディーゼル・エンジンに換装したものは、T-55AMV-1、T-55MV-1と区分される。

T-55AD

火力・防御力・機動力関係についてT-55AMと同様の改修を行ないながら、対誘導ミサイル用のアクティブ防御システム「ドローズド」を導入したもの。

「ドローズド」は、センサーが誘導ミサイル口径のミサイルを発射し、飛翔してくるミサイルに近接したら爆発してこれを破壊するもの。戦車の左右方向40度にわたりカバーすることができ、各方向に4発ずつを装備する。1970年代以降、密かに開発されていたものだが、「西側戦車にも導入できる」として売り込みがなされ、当時試作戦車として構想されていたチョールヌィ・オリョールにも標準装備されることになっていた。

T-62の改修型

T-62M

1983年よりT-55AMと同様の改修を施したもので、より強力な115ミリ滑腔砲U-5TSを装備しているため、当初より弾道計算機（BV-62）を導入している。位置づけとしては、主力戦車のT-72シリーズに準ずる性能を期待したものである。

こちらも腔内発射式誘導ミサイル9M117「シェクスナ」を導入しているが、これは「バスチオン」とほぼ同様のもので、115ミリ口径の滑腔砲からの発射が可能なようにされたものである。誘導システムとして1K13-1を採用している。

エンジンについても、V-55U（620hp）とV-46-5M（690hp）の2タイプがあり、後者を搭載したものはT-62M-1と区分されている。

T-62D

T-62Mにアクティブ防御システム「ドローズド」を導入したもの。V-46-5M（690hp）を搭載したものはT-62M-

１９８６年、当時のゴルバチョフ共産党書記長（後の大統領）によるイニシアチブで開始されたアフガニスタンからのソ連軍撤兵の第一陣として、帰国前にお別れのパレードに参加するT-62M。複合装甲やゴム製の対ＨＥＡＴ弾用補助スカートが導入されたのは、１９７９年末以来のアフガニスタン戦争での教訓をもふまえてのものだ。 (c) ITAR-TASS Photo Agency

1と区分されている。

T-62MV

T-62Mの簡易複合装甲に代えて、爆発反応装甲ブロック（EDZ）を導入したもの。V-46-5M（690hp）を搭載したものはT-62MV-1と区分されている。

以上のように、1980年代以降、T-55とT-62の多くが近代化改修され、今日もその多くがロシアや旧ソ連諸国の戦車兵力を担っている。一部は、アフガニスタン戦争にも参加しており、引き続き今世紀に入ってからも長期にわたって現役にとどまるものと思われる。

戦車という兵器は非常に堅固にできており、整備いかんで長期にわたる運用が可能であるが、火力その他の心臓となる機能をバージョンアップしていかないと性能面で陳腐化してしまう。T-55やT-62の近代化改修の内容は、そうした面を的確にとらえた措置であるといえよう。

《コラム⑧》世界で唯一の実用ミサイル戦車IT-1

1950年代から1964年にかけて、ソ連政府のトップであったN・S・フルシチョフ首相は、核弾頭付きの大型ミサイル（大陸間弾道ミサイル）や初期の対戦車誘導ミサイルの発達を見て、「ミサイルは大戦以来の通常兵器を完全に陳腐化させるに違いない」との信念を抱くに至った。

そこで戦車や砲兵、それに地上戦力の削減を図りつつ、ミサイル兵器の充実を行なうことこそ、ソ連がアメリカを向こうに回して無敵の軍事的地位を維持できると考え、宇宙ロケット開発を含めたミサイル研究に予算をつぎ込んだ。

その一方で、誘導ミサイルを主兵装とする駆逐戦車（イストリビーチェリ・タンク＝IT）の開発を、戦車開発者たちに求めた（ロケット兵器の戦車への搭載実用化についてのソ連邦閣僚会議およびソ連共産党中央委員会決定／1957年夏）。その結果、数多くの試作ミサイル戦車が製作されたが、T-62中戦車をベースにカルツェフ技師らが製作したのがIT-1（オブイェークト-150）である。

IT-1は通常のT-62の車体に、極端に平たい一見何も兵装を持たないかのような砲塔を持っている。ここには車長とミサイル・ランチャー操作のための乗員が配置され、内部に15発の無線誘導式「ドラコン」ミサイルを搭載している。

発射に際しては、砲塔右上面部のハッチを開けるとミサイルを装填したランチャーがせり上がる。有効射程は300〜3300メートルであるが、誘導は目視によるレバー操作で、暗視システムは持たない。

1964年9月14日、射程3000メートルでの誘導ミサイル発射実験において、3発で3輌の戦車を見事に撃破する実演を見て、フルシチョフ首相は「もう通常の戦車など生産するに及ばないな」との感想を述べた。

しかし、翌月にはブレジネフらの陰謀によってフルシチョフは失脚、通常兵器戦力の強化を求める軍や共産党の保守派を軸とした政権再編が行なわれた。そのため自然とIT-1に対する熱意も薄れていったが、1968年に制式採用され、同年から1970年にかけて2個大隊が編成されて、カルバート軍管区の自動車化狙撃師団とベラルーシ軍管区の砲兵隊に1個ずつ実験配備された。

しかし結局、9M14M「マリュートカ」（西側呼称「AT-3サガー」）のような軽便で威力のある誘導ミサイルが普及したため、IT-1の存在意義が薄れてしまい、1970年代中に配備から外された模様である。

【IT-1ミサイル戦車の性能諸元】

重量　35トン
車対長　6・63メートル
車体幅　3・33メートル

全高　2・2メートル
接地圧　0・74kg／㎠
搭載エンジン　V-55Vディーゼル580hp
路上最大速度　時速50キロ
路上航続距離　550キロ
最大装甲厚（砲塔）206ミリ／（車体）102ミリ
乗員　3名
武装　誘導ミサイル「ドラコン」×15、7・62ミリPKT機銃×1
無線装置　R-113またはR-123／R-123M
煙幕展開システム　TDA

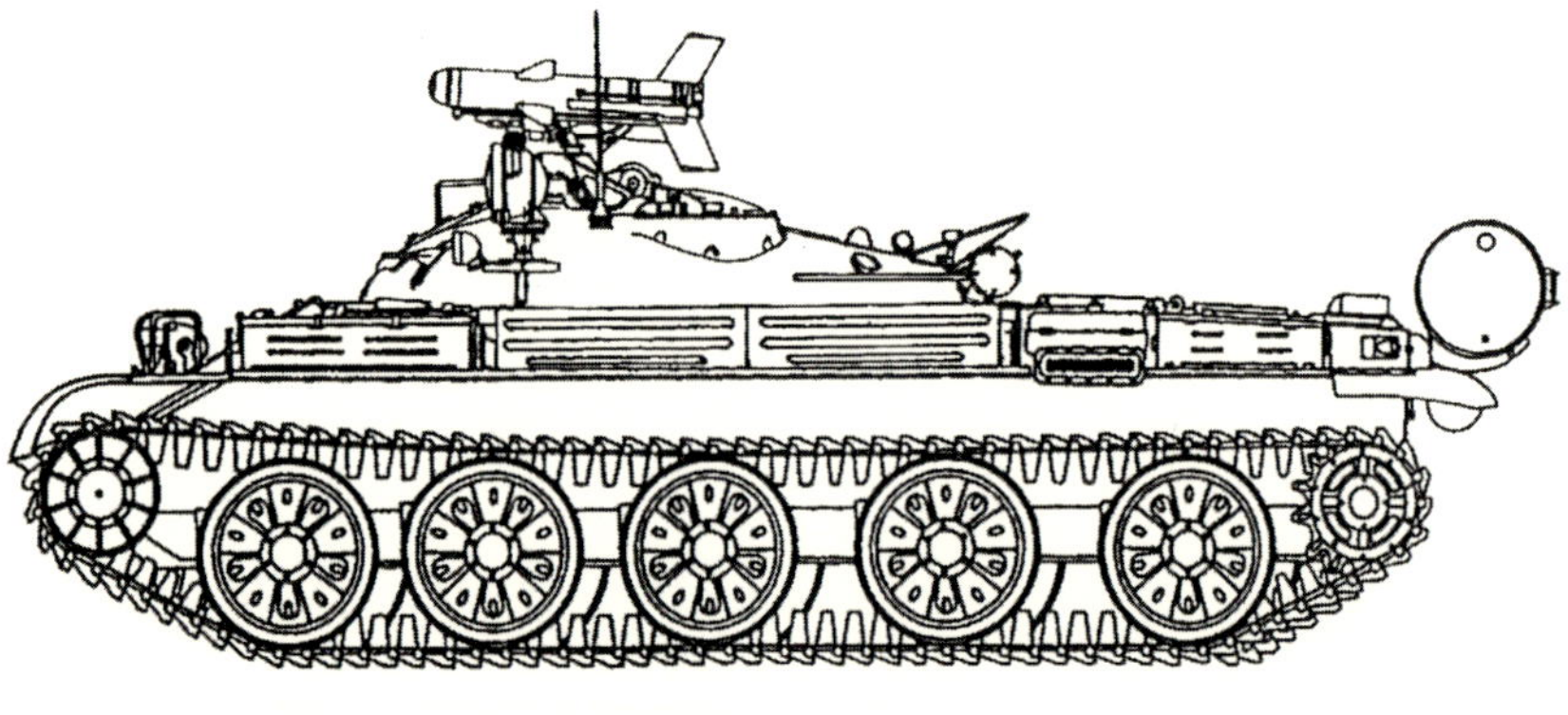

IT-1（オブイェークト-150）の側面図。

T-64

——新機軸の技術を盛り込んで開発された〝革新的戦車〟。当初は故障が多発して不評を買ったが、火力・防御力・機動力すべての面で突出した性能を世界に見せつけた。

▼開発史

西側新型戦車に大きく引き離される

T-62の章で触れたとおり、1950年代半ばにさしかかる頃には、強力な火力と装甲防御力を有する西側新型戦車の相次ぐ出現が確実な情勢となった。ソ連の主力戦車として大量生産・配備が行なわれてきた100ミリ戦車砲搭載のT-54／55中戦車シリーズは、性能面でこれらに大きく引き離される可能性が高くなった。

当時、西側が主力戦車と目して開発していた戦車は、いずれも重量が50トンかそれ以上に達しており、「第二次世界大戦型戦車」よりも15〜20トン重くなった分を105〜120ミリ口径の戦車砲の搭載や装甲防御力の強化にあてていた。

一方、ソ連は主力戦車の重量を36トン前後とする方針を貫いていた。これは、「量こそ力」といった大戦の機甲戦での教訓と、生産整備や輸送インフラの制約から規定されたものだった（実際、大戦末期から戦後にかけて登場した、重量46トンのスターリン重戦車は、T-34中戦車などに比べて装備比率が極端に低かった）。

特に運輸インフラについては、その基幹となる鉄道および道路網の整備が西側に比べて決定的に遅れていた。その上、大戦を通じて巨大な「戦時型経済システム」が構築されて以降、民需の色合いの強い交通インフラへの財政投資が進まない経済構造に陥っていた。いわば、戦後を通して解決できなかったソ連式社会主義経済体制のアキレス腱ともいえる問題にも行きあたるものであった。

戦後の東西間の冷戦が、東アジアで「熱い戦争」に転化した朝鮮戦争（1950〜53年）において、大戦後期からの主力戦車であったT-34-85中戦車が、イギリスのセンチュリオン戦車やアメリカのM26／46戦車にまったく太刀打ちできないという現実に直面したこともあり、デザイン上の工夫で「第二次世

ウクライナ軍が使用中のT-64BM。T-80U主力戦車と同様の「コンタクト5」爆発反応装甲システムなどを導入している。T-64シリーズは今世紀に入ってからも一部は運用され続けている。

界大戦型戦車」を強化したにすぎないT-54／55シリーズでは、戦車の質的劣勢が不可避であることがますます明白となった。

「第二次世界大戦型戦車」からの脱却

そこでソ連政府は、重量は従前のままで、火力・装甲・機動力からなる戦車の三大要素のすべてにおいて画期的に能力の向上を図る「革新的な戦後型戦車」の開発にとりかかることを決定した（1954年4月2日付のソ連邦閣僚会議決定No.598-265による）。かくして、ソ連における「第二次世界大戦型戦車」脱却への挑戦が始まったのだが、当時、戦車の開発拠点となるべき設計局は3つあった。

ハリコフ市の第60設計局（KB-60）、スヴェルドロフスク市の第520設計局（OKB-520、別名「ヴァゴンカ設計局」）、レニングラード市キーロフスキー工場設計局（OKBT、またはVNII-100）である。これらは、技術試験監督局（TTT）が提出した要求仕様（火力＝100ミリ戦車砲D-54を搭載、装甲厚＝車体前面120ミリ／砲塔前面240ミリ、機動力＝重量36トン以内、路上最大速度 時速55～60キロ前後など）を盛り込んで、それぞれ試作車の設計開発に取り組んだ。

前の2者が設計開発したのが、「T-62」の章のコラム（【《コラム⑦》後の主力戦車につながった「革新的主力戦車」】

（83頁）参照）でも紹介した試作戦車オブイェークト-430とオブイェークト-140、オブイェークト-165である（VNII-100が開発しようとしたユニークな戦車計画があったことが、このたび判明した。これについては、次のコラムを参照。なお、「オブイェークト」とは、ロシア語で「研究対象」などの意）。

従来戦車とは一線を画した「オブイェークト-430」

L・N・カルツェフが主任技師を務めるOKB-520で開発された2種の試作戦車（オブイェークト-140／-165）とA・A・モロゾフ主任技師が率いるKB-60が開発したオブイェークト-430は、いずれも第9（砲兵）工場設計局（OKB-9）が開発した新型の100ミリ戦車砲D-54TSを搭載していた。

　この戦車砲は、戦時中に開発されたT-54／55シリーズの主砲である100ミリ戦車砲D-10Tよりも大幅に対装甲威力を向上させるため、薬莢を大型化させ、弾種にも装弾筒付き徹甲弾（APDS）を採用している（オブイェークト-165はT-62の章で解説したとおり、T-62中戦車の母体として発展していった。オブイェークト-140については、「T-62」の章のコラム（【《コラム⑦》後の主力戦車につながった「革新的主力戦車」】（83頁）参照）。

　この3種の試戦車のうち、最も革新的な要素が設計上盛り込まれていたのが、KB-60によるオブイェークト-430であった。1957年中に第75ハリコフ重機械工場（マールィシェフ記念工場）で3輌製作されたオブイェークト-430は、T-34やT-54／55シリーズとはすべての要素で完全に一線を画すことを設計理念としていた。

　火力面では基線長式測距照準器TPD-43Bを採用して、威力だけでなく精度面の性能向上を図った。新規開発の小型ディーゼル・エンジンを搭載し、足回りもトーションバー・サスペンションで懸架されたスチールリム式の小型転輪を採用していた。車体、砲塔ともに徹底した避弾経始とコンパクト化が追求され、重量36トンとT-54／55中戦車と同等で、T-10重戦車並みの装甲防護力を有していた。

　耐弾試験では、射程1000メートルで発射されたT-54中戦車の100ミリ徹甲弾に対して十分な抗堪性を示した。車体前面や砲塔部などの重要部分の防護力を強化するため、機関室容積をT-54／55シリーズ以上に削減するために、変速機構ユニット上にシリンダー水平配置式エンジンを搭載するという大胆な設計を行なった。機関室容積の削減は、装甲車輌一般にとっても大変重要な要素であるため、第75工場のディーゼル・エンジン開発が新規に行なわれた。

そして本試作車は、シリンダー数4基の多燃料ディーゼル・エンジン4TPD（580hp）が搭載された（シリンダー水平配置式エンジンの開発とその後の発展については、【《コラム⑩》シリンダー水平配置型――ディーゼル・エンジンの開発】（119頁）参照。トランスミッション・ギアボックスなどはT-54以来のものの改修型であったが、限られた容積に詰め込むことに、設計上たいへんな苦労があった。

こうした努力の末、機関室容積はわずか2・6立方センチメートルと車内容積のわずか25％を占めるだけとなった。従来、「ディーゼル・エンジンは大型で重く、機関室部分の大型化を招く」とされていた設計常識を完全に覆すこととなった。しかしながら、この新機軸の導入が「パワートレインの不具合」「信頼性の欠如」といった、長年にわたって悩まされる本シリーズの欠点につながった。

カタログデータ上の機動性能は極めて良好で、路上最大速度時速55～60キロ、同航続距離600キロを発揮した。また、開発途中に、エンジンを5気筒5TD（600hp）に換装するなど、機動性能向上への模索が続けられた。

西側のM60戦車に対抗するため「オブイェークト-432」へ

火力面でも、基線長式測距照準器TPD-43Bを導入したために、1500～2000メートルの射程における命中精度が他の試作戦車よりも相当に高くなった。砲塔および主砲には旋回と俯仰角を自動調整するジャイロ式二軸スタビライザー2E18「メーテル」も付属していた。副武装には、主砲同軸と車体前面固定で7・62ミリSGMT機銃2挺、砲塔上面右側の装填手ハッチのマウントに対空用の14・5ミリKPVT重機関銃を装備した。

砲塔内に配置される乗員はT-34-85中戦車以来の標準である3名で、砲手と車長は主砲左側に、装填手が右側に位置する。巨大な100ミリD-54戦車砲の撃ち殻薬莢が操砲の邪魔にならぬよう、発射後にトレイが受け止め、自動的に砲塔後上部の小ハッチから車外に投げ出すという、後にT-62中戦車で採用したものと同じシステムを導入していた。

1958～59年の間、オブイェークト-430について工場付属実験場に続き、モスクワ郊外のクビンカにある第38装甲・戦車技術研究所（38NⅡBT）で各種の運用試験や実用戦車との比較試験が行なわれた。それらの試験結果はまずまずのものと評価されたが、さらに1959年までに開発中の各試作車（そのときは、T-62の前身オブイェークト-165とオブイェークト-430が実用に向けて作業が本格化されていた）の主砲を、いっそう強力な滑腔砲にすることが決定された。西側の主力戦車用の主砲として採用した105ミリ戦車砲L-7の威力が予想外に強力なことが予測された（あるいは諜報活動によりデータを入手した）からである。

たとえば、1959年より西ドイツ駐留アメリカ軍に配備されることになったM60戦車は、形態こそ90ミリ砲搭載のM48を踏襲したものだが、基線長式測距器と弾道計算機を結合した優秀な火器管制システム（FCS）を持ち、高威力の105ミリ戦車砲をもって長射程でも精度の高い射撃を行なえた。また、装甲厚も車体前面で120ミリ程度あり、100ミリ砲クラスのT-54／55シリーズが完全にアウトレンジされてしまうことになる。

こうした情報をふまえ、TTTはオブイェークト-430の強力な滑腔砲を搭載することと、重量増大を招かずに装甲防護力を画期的に強化する方途である複合装甲の導入を求めた。以上の内容を盛り込む開発計画はオブイェークト-432と称され、1960年から着手された。

115ミリ滑腔砲と複合装甲を導入

KB-60では、1輌のオブイェークト-430を改修ベースとし、滑腔砲搭載と複合装甲の導入を図った。搭載する滑腔砲としては、T-62用として実用化された115ミリ滑腔砲U-5TSがすでに存在していたが、複合装甲の導入により、砲塔内をはじめとする内部容積が大幅に減らされることが見込まれた。そのため、弾頭・薬莢一体式の巨大な弾薬を搭載することはもとより、（人力や自動装填装置を使って）主砲に装填する動作に必要なスペースの確保が難しいことは明らかだった。

そこでOKB-9において、U-5TSをベースに分離装薬式とした115ミリ滑腔砲D-68（2A21）が開発された。115ミリ滑腔砲D-68の弾道性能はU-5TSと変わりなく、フィン定式装弾筒付き徹甲弾（APFSDS、弾頭記号ZBM5）を用いた場合の装甲貫徹力は射程1000メートルで250ミリ／135ミリ（弾着角0度／60度）、同2000メートルにおいて220ミリ／110ミリ（同）である。

また、成形炸薬弾（HEAT、弾頭記号ZBK-8）を用いた場合の装甲貫徹力は、射程にかかわらず440ミリ／200ミリ（弾着角0度／60度）である。D-68の弾頭と分離装薬（薬莢入り）をそれぞれ回転式トレイに載せて30発分充填する自動装填システムは「コルジナ」（「龍」の意）と呼ばれている。「コルジナ」システムは砲塔底部に配置され、弾頭は先端を砲塔回転軸の中心に向けて配列される。分離装薬は弾頭が載せられたトレイの外側に、直立させた形で配置される。

砲手が計器盤のボタンで弾種を選択すると、弾頭とそれに適合する薬莢がトレイの回転によって主砲ブリーチ後方まで運ばれ、動力式ランマーで拾い上げられて装填される。これで理論上は、弾頭と薬莢が一体の弾薬を狭い砲塔内で人力によって装填するT-62中戦車の115ミリ滑腔砲U-5TSより、発射速度が向上するはずだった（4発／分に対して8発／分）。

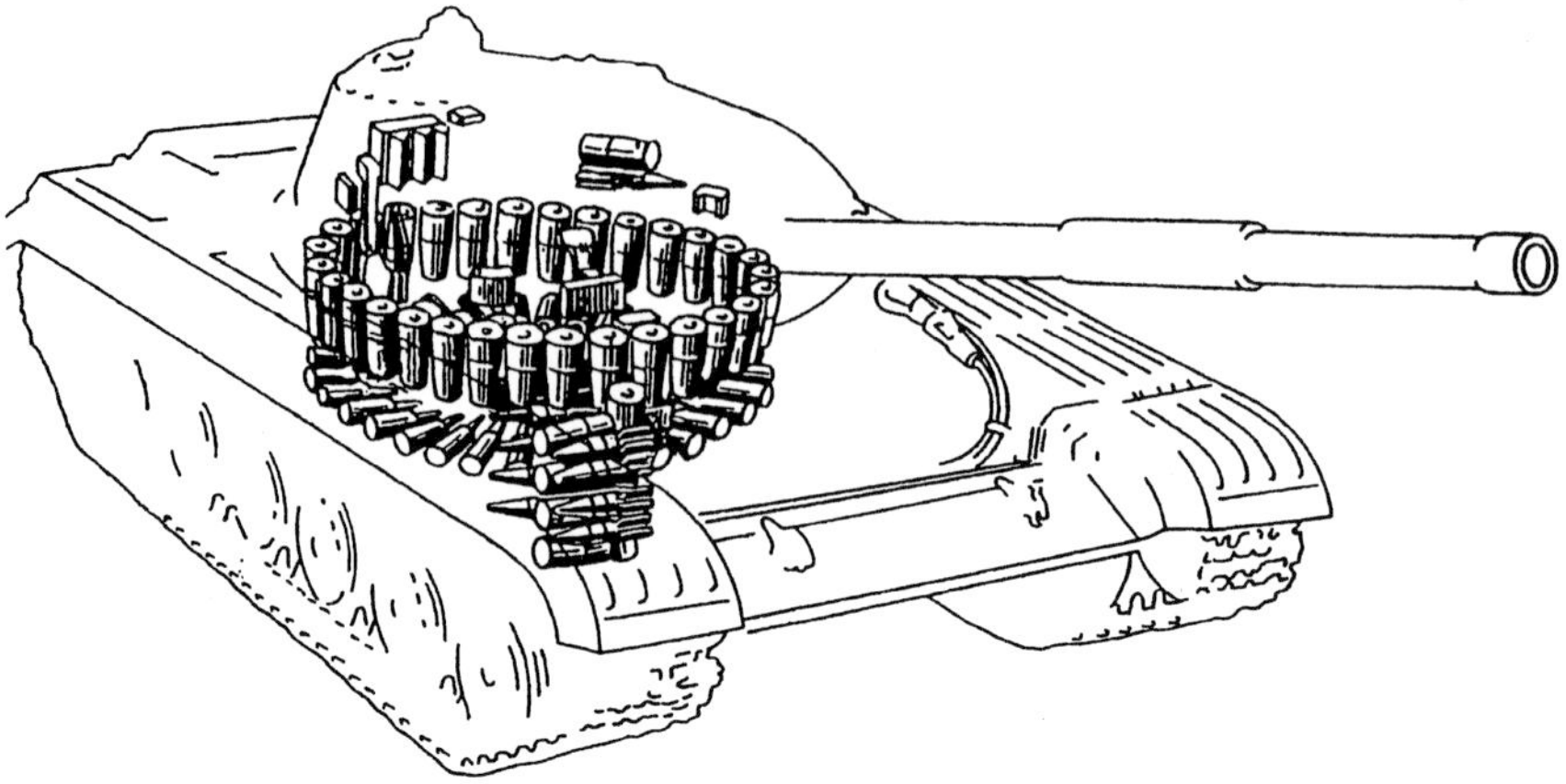

T-64Aの車内弾薬配置図。砲塔底部には、自動装填装置「コルジナ」（籠）のトレイに並べられた発射装薬（半燃焼薬莢式・上）と弾頭（下）の様子がわかる。」このシステムは、T-80シリーズでも改良して用いられた。

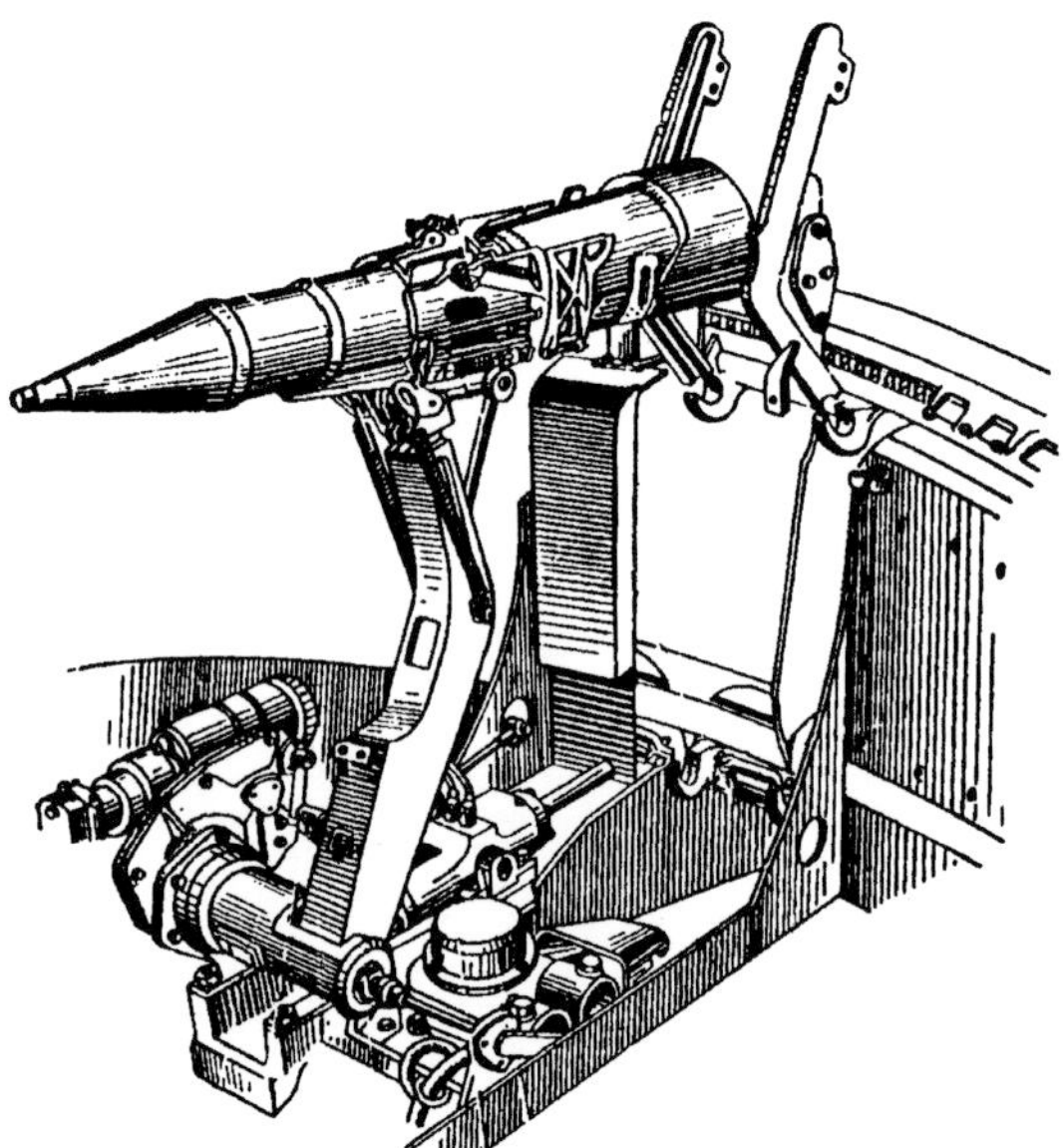

自動装填装置。125ミリ弾頭と発射装薬はトレイから拾い上げられ、イラストのようにランマーで組み合わされた状態で主砲ブリーチに装填される。かなり複雑な動きをする自動装填装置で、初期には狭い車内で乗員を巻き込む事故も起こしたという。

しかし、放射能汚染地域で活動することを前提にすると、空薬莢をT-62のように砲塔後部ハッチから投げ出すシステムを取り止めざるを得ず、発射後に排出された薬莢は、また元の位置に収納されるという複雑な機構をとった。当時のソ連の技術力を考えれば、こうした複雑さが不具合の原因になろうことは容易に想像できる。

しかしながら、「コルジナ」自動装填装置の導入により乗員のうち装填手が不必要となって、その分の容積を複合装甲の導入（西側と異なり、T-64や後のT-72などは装甲強化を内部容積の犠牲のもとに行なった）にあてることができた。

他に武装面では、同軸機銃が大戦以降の重機関銃をベースにしたゴリューノフSGMTから、M・カラシニコフの設計になる汎用支援機銃をベースにした7・62ミリPKTに変更された。さらに、「前線部隊の対空自衛兵器を独自の対空自走砲部隊に集約させ、固有兵装の合理化を図る」という60年代からのソ連機甲部隊ドクトリンに従い、対空用としてオブイェークト-430に装備されていた14・5ミリKPVT重機関銃を廃止した。

また複合装甲については、まず車体前面と砲塔前半部を多層構造とし、防弾鋼＋グラスファイバー積層板＋防弾鋼の組み合わせが採用された。軽量でも対装甲弾の衝撃を吸収する素材を生かして、単純に防弾鋼の厚みを増やす以上の効果を狙ったもので、特に西側が多用し始めたHEAT弾に対する防御が意識されていた。

車体前面上部の組み合わせは、80ミリ（鋼）＋105ミリ（グラス）＋20ミリ（鋼）となっており、砲塔部は90ミリ（鋼）＋150ミリ（グラス）＋90ミリ（鋼）とされていた（生産型では、砲塔部に防弾アルミニウム鋼を納め、相当な厚さを確保した）。

長い運用試験の末、T-64として制式採用

オブイェークト-432は、その他700hpにパワーアップした5TDFディーゼル・エンジンを導入するなど、パワートレイン系の改良も施された。また履帯も、試作当初のシングルドライピン式のものから、ダブルウェットピンの組み立てタイプとなった。これは、大戦中にレンドリース供与されたアメリカのM4A2シャーマン戦車のものが参考にされたことは、いうまでもない。

こうして、火力、装甲防護力、パワートレインのすべてにわたって改善措置を施したオブイェークト-432試作車の完成は、1962年初めとなった。完成したオブイェークト-432は、TTTの手で長駆機動試験（500キロ、ハリコフ～バラクレヤ・イジュム～ロストフ・ナ・ダヌー間）が行なわれ、その後、クビンカに送られて試験が継続された。

クビンカ実験場においては、平坦地における最大速度 時速70キロを発揮した。しかし、機動試験に力が入れられていることからわかるように、新機軸だったパワートレイン関係の信頼性に自信が持てずに推移したようだ。

それでも1963年秋、ハリコフ第75工場に対してT-55中戦車の生産任務を他の工場に引き渡し、オブイェークト-432の量産準備に入るように命令が出された。そして、1964年には20輌の増加試作型が製作され、ベラルーシ軍管区（5輌）、トゥルケスタン軍管区（5輌）、沿カルパート軍管区（5輌）、ザカフカース軍管区（3輌）で運用試験が継続実施された。この試験では特に機動運用試験に力点が置かれ、計5万9000キロの走行試験が行なわれたとある。

その後、1966年いっぱいまで各軍管区および国防省、工場独自の運用試験が継続された。これらの試験で日に日に明らかになったのは、この戦車が従来とはまったく次元の異なる技術基盤に立って部隊および後方での整備体制をつくりあげなければならないこと（特に整備技術要員の養成）と、生産と整備コストがT-54／55シリーズなどの主要装備戦車に比べて段違いに高くなることなどであった（表【T-64とT-55の調達および維持コストの比較】参照）。また、特にミッション・ギアの噛み合わせ不良がなかなか克服できず、運用部隊を苦しませた。

ブレジネフの通常兵器増強路線が後押しに

こうした事情もあり、1965年には一種の〝保険〟として、機関室を大きく拡大して従来のV型ディーゼルの改良型で

T-64とT-55の調達および維持コストの比較

	T-64	T-55
調達価格	230,800	98,139
オーバーホール運用距離（km）	110,000	110,000
点検が必要な運用距離（km）	1,500	650
オーバーホール必要経費	48,84	26,200
運用キロあたり維持経費	24,84	13,84

※価格、経費はすべてUSドルでソ連邦時代のもの

あるV-45Kエンジンを搭載したオブイェークト-436まで製作されるなど、開発側にとって抜き差しならぬ状況が続いたようだ。

なにしろ、その間のストップキャップとしてライバルの「ヴァゴンカ設計局」が生み出したT-62の大量装備がすでに始まっており、このまま「革新的主力戦車」をものにしないまま終わることは、KB-60にとって死活問題にかかわることだった。結局、T-62中戦車はT-64シリーズを大幅に上回る2万輌が造

られ、数量的に1970年代までの戦車兵力の主力を担うことになったのだが……。

しかしながら、A・A・モロゾフ技師らKB-60のメンバーにとって幸いだったのは、戦略ミサイルなどを重視して通常兵器削減路線を進めようしていたN・S・フルシチョフ首相が失脚し、代わりに戦車をはじめとする通常兵器の増強路線を邁進しようとするL・I・ブレジネフ共産党書記がソ連政権の主になったことである。「世界に比類なき強大な地上軍建設」をめざす「大祖国戦争懐古主義者」のブレジネフらは、強力な兵器をそろえるためなら、カネに糸目をつけなかった（このブレジネフ路線が、1980年代に露呈したソ連経済破綻の直接の原因となった）。

ヨーロッパでNATO軍とのにらみ合いを続けるワルシャワ条約機構軍の基幹を担うソ連地上首脳部の圧力もあり、1966年12月30日付ソ連邦共産党中央委員会およびソ連邦政府閣僚会議決定No.982-321により、オブイエークト-432はT-64中戦車として制式採用が決定されたのである。

この決定には、新戦車T-64の性能諸元などについての概要が付属文書にしたためられている。内容は以下のとおりだ。

決定No.982-321により、ソ連陸軍の装備兵器として採用された戦車の主要な諸元は次のとおり。

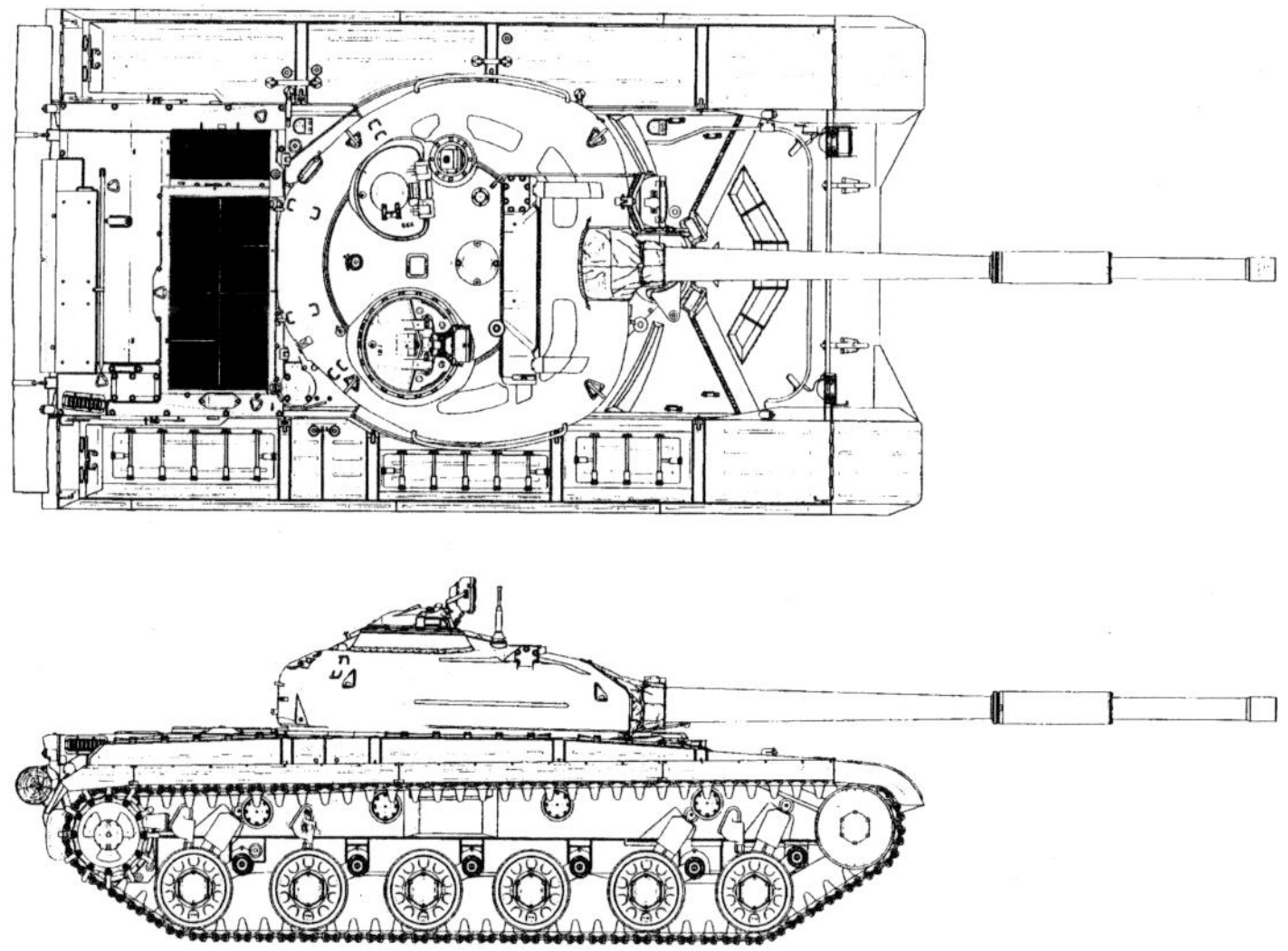

T-64初期型の上面と側面図。1960年代半ばからごく少数が作られて試験運用されたT-64初期型。T-64Rと呼ばれることもあり、分離装薬式の115ミリ滑腔砲を装備した。車体前部形状が後の型とはかなり異なる。

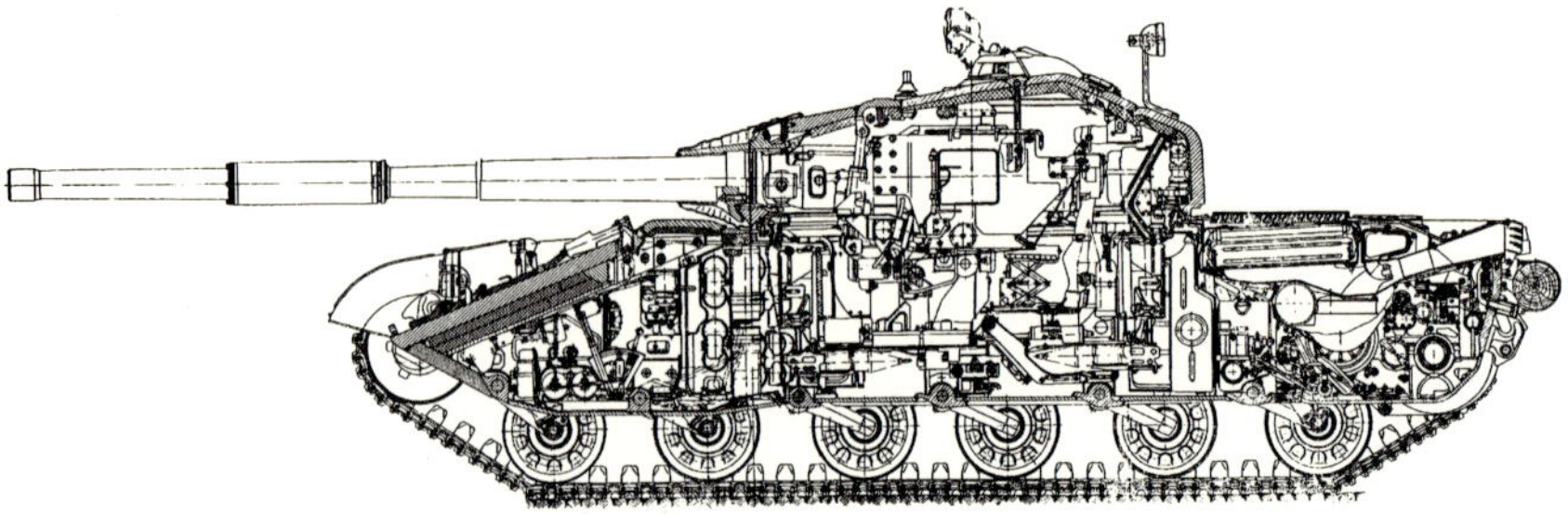

T-64初期型の断面図。115ミリ滑腔砲装備であること以外、車内配置は後の型と大差はない。

1．戦闘重量　36・5＋2％トン

2．乗員　3名

3．武装　115ミリ戦車砲D-68および7・62ミリ同軸機銃PKT

4．搭載弾薬　砲弾40発、うち30発を自動装填装置に充填、機銃弾2000発

5．弾薬威力　〈装弾筒付き弾薬〉装甲貫徹力は射程2キロ着弾角60度で110ミリ、砲口初速 秒速1615メートル、弾道低伸距離1870メートル、〈成形炸薬弾薬〉装甲貫徹力は弾着角60度で200ミリ、砲口初速 秒速950メートル、弾道低伸距離990メートル、〈高性能炸薬弾〉砲口初速 秒速800メートル、最大射程は仰角14度で8960メートル

6．武装指向調整装置　二軸式スタビライザー2E18

7．昼間用測距離照準器　基線長式TPD-43B

8．夜間照準器　電子光学式TPN-1-43

9．前面装甲　車体（前面上部傾斜部は複合装甲）80ミリ（鋼板）＋105ミリ（グラスファイバー積層板）＋20ミリ（鋼板）砲塔（前面より両側35度の角度までアルミニウム鋼などを充填した防弾鋳鋼による複合装甲）600〜675ミリ、傾斜角度10〜50度

（10．11．略）

12．トンあたり出力　19・5hp

13．最大速度（前進）時速70キロ、（後進）時速5キロ

14．路上航続距離　600〜650キロ

15．エンジン　2サイクルディーゼル5TDF、700hp

16．車体等寸法　全長8948ミリ、全幅3415ミリ（履帯接地部を基準とした幅3270ミリ）、全高2154ミリ、グランドクリアランス476・5ミリ

17．履帯接地圧　0・8kg／c㎡

18．渡渉水深　準備なし-1メートル、OPVT（潜水渡渉装置）使用-5メートルまで

19．無整備行動距離　3000キロ

T-64の制式採用が遅れたのは、各種の技術面で新機軸を導入した設計者たちの革新的な構想と、労働規律の弛緩と技術力の後退という爛熟しつつあったソ連社会主義国家の労働現場とのギャップが主な原因になっていたといえよう。また運用側の部隊においても、手間と技術の必要な整備に辟易とした実態は、西側諸国に比較してソ連社会の停滞を反映したソ連地上軍の遅れの現れであるともいえる。

なお制式採用にあたって、生産性を向上させるため試作以来、車体前面上部の装甲板が六角形であったものを単純な四角形を基本にしたものに改められた。１９６７年以降に生産されたタイプから、車体前面形状が後のタイプと同様のものとなった。

T-64は、増加試作を含め１９６４～68年間に１１９２輌が生産された。時まさにベトナム戦争たけなわで、東西間の緊張も最高度に高まった時期に重なる。その姿は、１９６０年代においてはわずかな発表写真以外、ほとんど公表されなかったが、１９６７年9月のソ連地上軍による全軍規模の演習「ドニエプル」において２４３輌のT-64が参加している。

１９７０年代以降、オーバーホールによって後述するT-64Aと同様の装備追加（砲塔周囲の雑具箱など）と、搭載機関周辺機器（冷却関係）の換装、機関室上面レイアウトの変更がされたタイプをT-64Rと呼び、１９８０年代まで運用されたが、備砲は１１５ミリ滑腔砲D-68のままである。

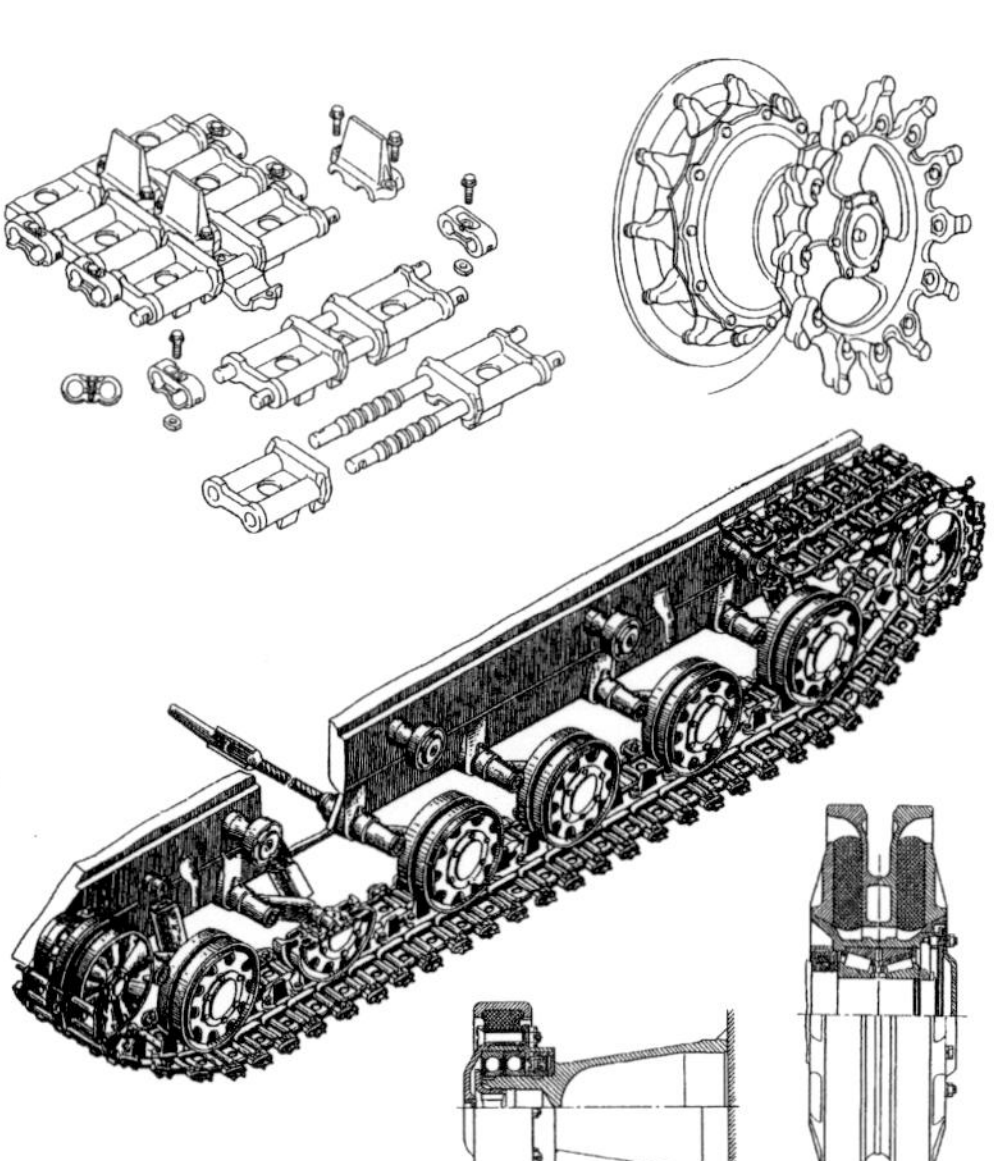

T-64シリーズの足回り。トーションバー・サスペンションで独立懸架される各転輪（片側6個）は、リムがスチール製で軸部に緩衝ゴムが内蔵されるサイレント・ブロック型である。履帯は、戦時中のアメリカ戦車を模した組み立て式のダブルピン結合型のものである。

125ミリ滑腔砲搭載型T-64Aの登場

制式採用前から試験的運用が開始されていたT-64は、従来型戦車よりも複雑でデリケートな機構が現場部隊に不評を買っていた。これは、西側にまで「鉄のカーテン」を超えて「自動装填装置は戦車兵を巻き込む『人食い機械』だ」とか、「走るたびに故障する」などの声がかいま聞こえたほどだから、相当なものだった(自動装填装置による事故は、もともと小型化が追求された上に、従来のソ連戦車になかった各種機器や内側に向けて増加された複合装甲などによって、極端に狭くなった車内容積に根本的原因があった。ちなみに、我が国の74式戦車でも、自動装填装置の事故ではないが、砲尾の右後方に配置された車長が射撃訓練中に膝を開いて座ってしまい、後座したブリーチによって負傷するような事故が起きている。もともと戦車の内部は狭いのだ)。

運用部隊からはさまざまな不具合を指摘され、その改善に努めつつも、開発陣と軍首脳部にとっては、T-64シリーズこそ西側主力戦車をあらゆる性能で凌駕する、真の「サラブレット」として完成させなくてはならない「宿命の戦車」であった。

そうしたなかで、1960年代前半期に西側各国で共用される戦車砲になった105ミリライフル砲L-7の威力が、ソ連側にとって予想外なほどのものであることが判明する。そこで1961年末には、西側の105ミリ砲搭載戦車を完全にアウトレンジできる能力を持つ戦車砲をめざして、125ミリ滑腔砲の開発が第9工場設計局(OKB-9)で着手されることになった。

1964年に完成した125ミリ滑腔砲D-81T(2A26)は、半燃焼式薬莢を持つ分離装薬式弾薬を使用し、重量3・6キログラムの鋼製弾芯を持つAPFSDS弾(ZBM9)を使用した場合、砲口初速 秒速1800メートルを発揮し、射程2000メートル、弾着角60度で150ミリ厚の圧延鋼板を貫徹できた。弾道重量19キログラムのHEAT弾(ZBK12)は、弾着角60度で220ミリの装甲貫徹力を発揮できた。

その後も、強力な対装甲弾が開発されていき、1960年代から70年代前半期にかけて西側の主要戦車を概ね2000メートル近い射程で撃破する威力を誇った(表【125mm滑空砲弾薬の種類と装甲貫徹力】参照)。

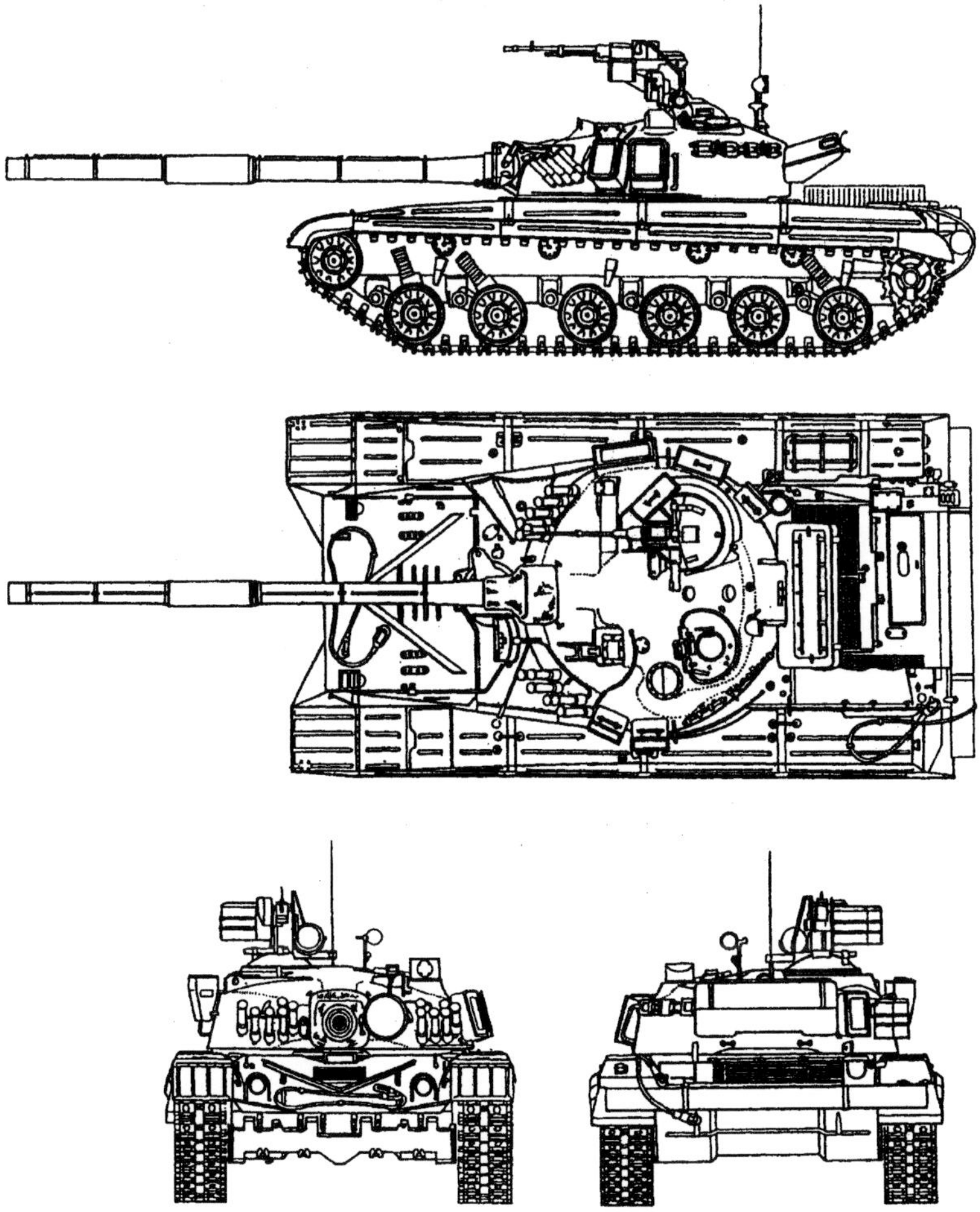

１９７９年頃に運用され始めたT-64A。破損しやすい車体側面部のエラ型可動補助装甲を廃止している。砲塔前面には、スモークディスチャージャー９０２ｂ「トゥーチャ」が取り付けられている。

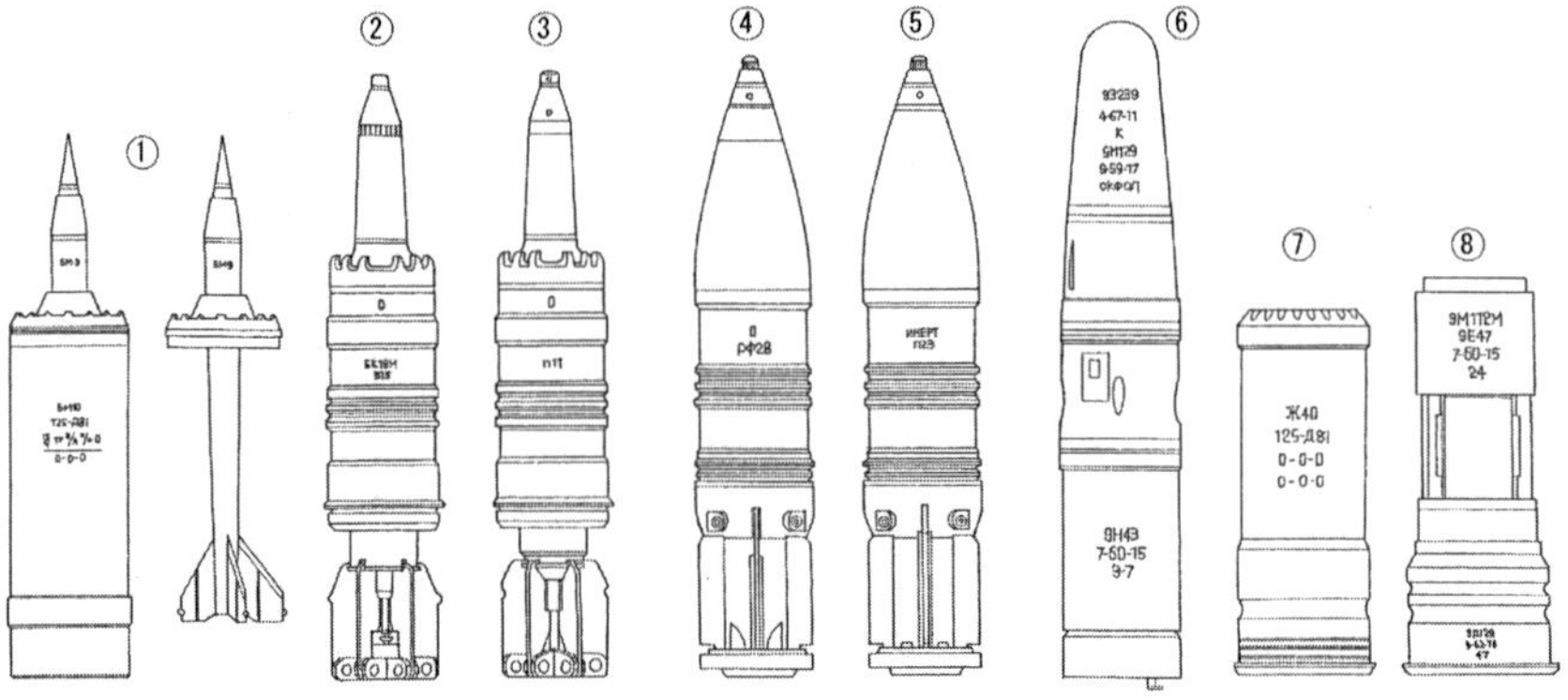

各種１２５ミリ滑腔砲用の弾頭と装薬。①ＺＢＭ９（ＡＰＦＳＤＳ）、②ＺＢＫ12（ＨＥＡＴＦＳ）、③ＺＢＫ12Ｍ（ＨＥＡＴＦＳ）、④ＺＯＦ19（高性能炸薬弾）、⑤ＺＯＦ26（高性能炸薬弾）、⑥９Ｍ１１２「コーブラ」誘導ミサイル、⑦半燃焼式発射装薬、（⑧ミサイル装填治具）。

125mm滑腔砲弾薬の種類と装甲貫徹力（射程2,000m、弾着角60度）

弾薬記号	弾頭記号	弾　種	弾薬重量（kg）	弾頭重量（kg）	貫徹力（mm）
ZVBM3	ZBM9	APFSDS（鋼弾芯）	19.5	3.5	150
ZVBM6	ZBM12	APFSDS（鋼弾芯）	19.7	3.8	150
ZVBM7	ZBM15	APFSDS（鋼弾芯）	19.7	3.8	150
ZVBM8	ZBM17	APFSDS（鋼弾芯）	19.7	3.8	150
ZVBM9	ZBM22	APFSDS（タングステン弾芯）	20.4	6.9	250
ZVBM13	ZBM32	APFSDS（タングステン弾芯）	20.4	7.1	250
ZVBM17	ZBM42	APFSDS（タングステン弾芯）	20.4	7.1	250
ZVP6	ZP6	訓練用APFSDS	18.5	5.2	
ZVBK7	ZBK12	HEATFS	28.5	19.0	220
ZVBK7	ZBK12M	HEATFS	28.5	19.0	220
ZVBK10	ZBK14M	HEATFS	28.5	19.0	220
ZVBK16	ZBK18M	HEATFS	28.5	19.0	260
ZVBK17	ZBK21B	HEATFS	29.0	19.5	260
ZBK29	?	HEATFS	28.4	18.9	300
ZVP5	ZP11	訓練用HEATFS	28.5	19.0	
9M112		誘導ミサイル	25.0		300
ZVOF22	ZOF19	高性能炸薬弾	33.0	23.0	
ZVOF36	ZOF26	高性能炸薬弾	33.2	23.2	

《コラム⑨》キーロフスキー工場で計画された「革新的主力戦車」

1950年代半ばに、当局が「革新的主力戦車」の開発を各設計局に提示した際、KVやスターリンなどの重戦車開発を行なってきたキーロフスキー工場（第100工場）も手をこまねいているわけにはいかなかった。特に、重戦車の存在意義が否定されつつあっただけに、戦時中からの悲願であった主力戦車開発分野での確固とした地位の獲得を狙い、「第二次世界大戦型戦車」をすべての面で抜本的に凌駕する車体の開発を構想した。

結局としては、設計コンセプトがあまりに斬新すぎたことと、オブイェークト-430を開発したA・A・モロゾフ率いるKB-60の「政治力」が大きくなったことなどにより、試作戦車の製作にこぎつけることすらできなかった。しかしそれでも、後にT-64の代替としてのT-80主力戦車の開発が行なわれた際には、キーロフスキー工場はその作業の中心を担うことになっている。その点で、本プランはキーロフスキー工場が主力戦車開発を継続していくための、表には出なかった重要な一里塚であったことは間違いない。

キーロフスキー工場設計局（VNII-100）が1959年から60年にかけて設計した新主力戦車プランには2つのバリエーションがあり、いずれも重量36トンで弾頭・薬莢一体式の115ミリ滑腔砲U-5TS「モロート」（T-62の主砲と同一で、「大槌《おおつち》」の意）を搭載するものであった。

その概要は、以下のとおりだ。

バリエーション-1

前部が丸みを帯びた鋳造構造の車体で、中央部に操縦手席が配置される。操縦手席の両脇には、IS-2スターリン重戦車のように砲弾ラックが配置される（燃料タンク兼）。車体後部機関室には、シリンダー水平配置式ディーゼル・エンジン（4TPDか5TD）を搭載することとし、相当に容積が小さい。

砲塔部には砲手、車長の2名が搭乗しており、後部には20発の砲弾が充填された自動装填装置が配置されている。重量軽減のため、車体前部と砲塔の一部は、鋼と防弾アルミニウム鋼からなるハイブリッド装甲が採り入れられている。

また、車体内部には対放射線ライニングが施されており、30キロトン級の核爆弾による放射線直射から内部を防御できる。

【バリエーション-1の性能諸元】
重量　36トン
全長　（砲先端含む）８・25メートル／（車体長）５・55メートル
全高　２・14メートル
接地圧　０・７kg／c㎡
路上最大速度　時速65〜70キロ
路上航続距離　500キロ
装甲　（車体前面）鋼140ミリ＋防弾アルミ60ミリ／（砲塔最厚部）280ミリ
煙幕展開装置　ＴＤＡ（Ｔ-54／55シリーズと共用で、マフラー内に燃料を噴射して白煙を発生）
乗員　３名
武装　115ミリ滑腔砲Ｕ-5ＴＳ「モロート」×１（弾薬50発、うち20発はオートローダー充填）／７・62ミリＰＫＴ機銃×１（主砲同軸）

バリエーション-2

バリエーション-1の設計ベースに、３名の乗員すべてを車体側に搭乗させ、砲塔内容積のほぼすべてを40発の弾薬が入った自動装填装置で占めさせたもの。自動装填装置はバリエーション-1とシステムが異なり、弾薬を逆さまに吊るした形で充填する。予備弾薬（10発）は砲塔底部に収納される。

砲塔部の照準装置および外部視察装置は、当時実験中だったＶＴＲカメラ式のものを装備し、車長と砲手はモニターを通じて情報を得る。

また、防御上画期的なのは、武装と弾薬を搭載した戦闘室部分（完全無人）と操縦手、車長、砲手が搭乗する車体前部の乗員区画とが分厚い装甲で分断され、被弾による火災や弾薬の誘爆の危険から保護されていることだ。

【バリエーション-2の性能諸元】
重量　36トン
全長　（砲先端含む）８・05メートル／（車体長）５・65メートル
全高　２・17メートル
接地圧　０・７kg／c㎡
路上最大速度　時速65〜70キロ
路上航続距離　500キロ
装甲　（車体前面）鋼150ミリ＋防弾アルミ65ミリ／（砲塔最厚部）350ミリ
煙幕展開装置　ＴＤＡ
乗員　３名
武装　115ミリ滑腔砲Ｕ-5ＴＳ「モロート」×１（弾

薬50発、うち40発はオートローダー充填）／7・62ミリPKT機銃×1（主砲同軸）

《コラム⑩》シリンダー水平配置型——ディーゼル・エンジンの開発

　ハリコフ市在の国営エンジン設計局（KhKBD）は、1930年代以来、外国から輸入した航空機用エンジンのライセンス生産や、それをベースにした国産エンジンの開発に従事してきた。その最大の功績は、BT-7M快速戦車からT-34中戦車、KVやISといった重戦車など、大戦中の主要戦車のすべてに搭載され、戦後もT-54／55シリーズに改良型が搭載されたV型ディーゼル・エンジンを開発したことである（しかし、これはある意味で悲劇であった。その後に続くべき新型エンジンの開発作業にとって、あまりに完成されたV型ディーゼル・エンジンが大きな壁になり続け、これを超えるエンジンの開発に長年にわたり成功しないことになったのである）。

　1950年代に入って、戦車や装甲車輌のいっそうのコンパクト化のため、航空エンジンから発達したV型ディーゼルの形態を根本的に変更した画期的な高出力ディーゼル・エンジンを開発することが課題となった。KhKBDではこの課題に取り組む上で、大戦中にアメリカからレンドリース供与を受けたフェアバックス・モース社製の蒸気機関車の水平配置シリンダー式エンジンをベースにすることにした。

　以後、3気筒の3TDから始まり、4TPD、5TDなど、5気筒までのエンジンが1960年頃までに製作されたが、いずれも高さが580ミリに納まるものであった。このうち、4TPDと5TDがT-64中戦車に連なる試作戦車オブイェークト-430やオブイェークト-435などへの搭載が図られた。生産型のT-64には、5TDの改良型5TDF（700hp）が搭載されたが、2・6立方メートルと極端に狭い機関室に押し込まれたミッション系装置とあわせ、不具合の克服がなかなかできなかったようだ。

　ソ連戦車のパワープラント関係の不具合は、スターリン政権下の極端に全体主義的・懲罰主義規律で支配されていた労働現場の規律がフルシチョフ政権以降の時代になって弛緩したことや、不良製品率の増加や労働者の流動化による熟練技能の衰退によって不良パーツが増えたこと、同じく軍内での規律弛緩などが原因となっていた。

　その点、今日ではロシア兵器は国際市場で商品としての競争を強いられるようになり、また長年の運用経験から改良が施されたため、5TDFやT-80UD主力戦車用に開発された6TD（1000hp）などのシリンダー水平配置式ディーゼル・エンジンの信頼性は向上したといわれる。

　現在、これらのエンジン・シリーズを量産しているウクライナ共和国ハリコフ市在のマールィシェフ国営企業（旧第75ハリコフ重機械工場）では、「1200hpの6TD-2エンジン（T-84他に搭載）の場合、同クラスのアメリカ製ディーゼル・エンジンであるAVDS1790シリーズよりも1000キログラムも軽量で、重量効率でイギリス製のC12Vディーゼル・エンジンよりも2倍も有利。また容積効率ではこれら西側の2エンジンに対して、6倍有利」と宣伝している。

シリンダー水平配置型ディーゼル・エンジンの諸元

名称	3TD	5TD	6TD-1	6TD-2
用途	APC用	T-64	T-80UB	T-84
出力	510hp	700hp	1,000hp	1,200hp
回転数	2,600rpm	2,800rpm		2,600rpm
最大トルク	155mkg／1,950rpm	196mkg／2,050rpm	256mkg／2,050rpm	307mkg／2,050rpm
気筒内径	120mm			
ピストンストローク	2×120mm			
気筒数	3	5	6	
全長	1,182mm	1,413mm	1,602mm	
全幅	955mm			
全高	581mm			
重量	950kg	1,040kg	1,180kg	
重量・出力比(1tあたり)	1.67	1.47	1.18	0.98

T-64シリーズのために第75重機械工場（旧エンジン工場）が開発したシリンダー水平配置型ディーゼル・エンジン６ＴＤ。この図は、機関室右側から見たもの。

６ＴＤエンジンを機関室左側から見たもの。このエンジンも、T-44以来のしきたりで横置きとなっている。T-64シリーズは、これをトランスミッションと重ねる形で搭載した。同エンジンは、T-80ＵＤでも用いられた。

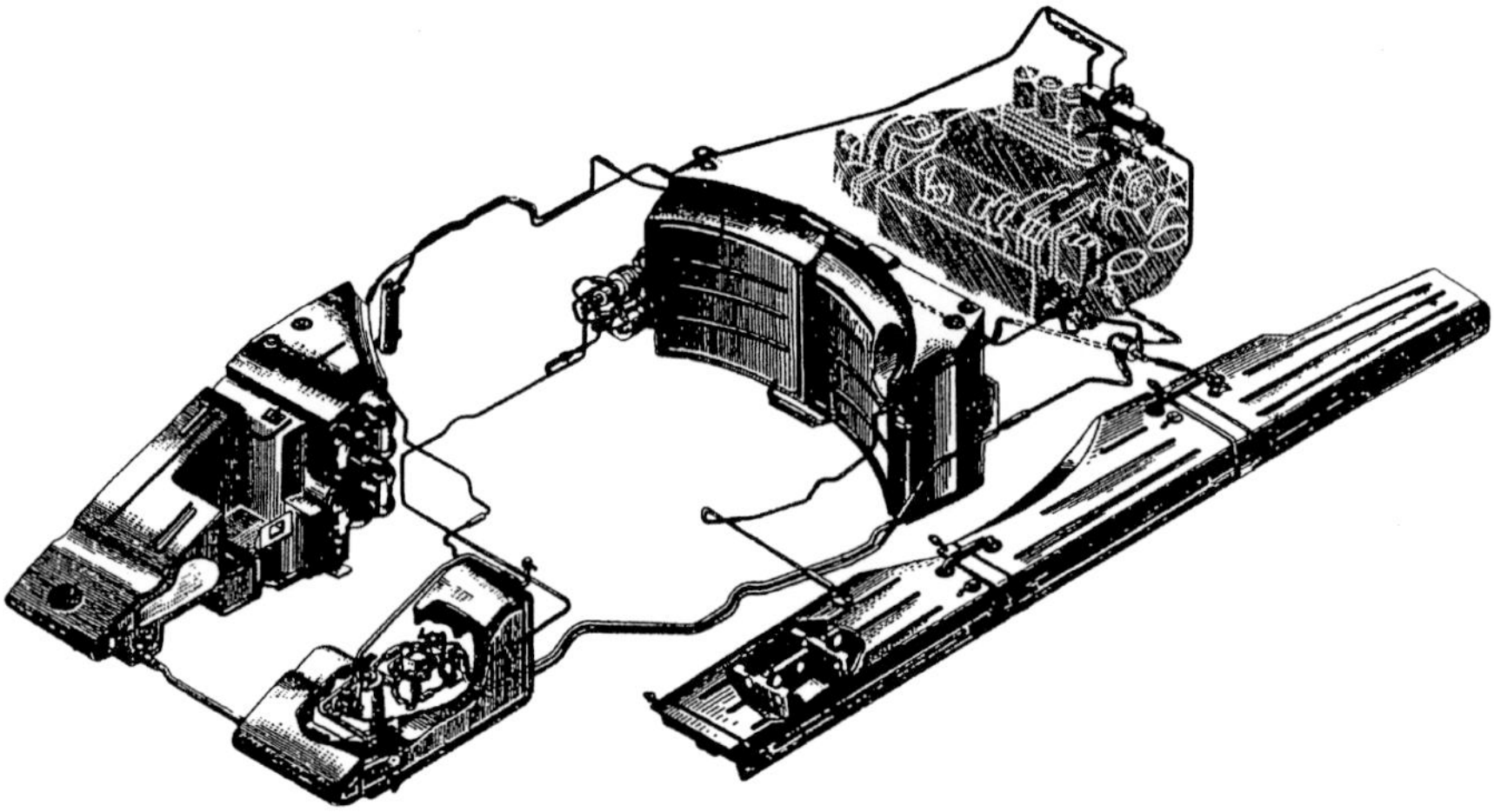

T-64中戦車の燃料系統図。操縦席の両脇、左フェンダー上、戦闘室隔壁部に燃料タンクが隙間を埋めるように配置され、それぞれがパイプでつながれ、最終的にエンジンへ燃料を導くようになっている。

▼バリエーション

125ミリ滑腔砲D-81Tを搭載してシリーズの基本型として完成されたT-64Aは、1976年にかけてさまざまな装備を追加したり改修を受けながら、バリエーションが展開された。ここで、その特徴を整理してみる。

T-64Aのバリエーション

1969年生産型

シリーズ最初の本格的量産型で、前項目で解説した特徴とともに、車体側面部に対HEAT弾用の展開式エラ型補助装甲を持つ。このエラ型補助装甲は、1974年に登場したT-72主力戦車の初期型にも装備されたもの。通常時にはたたんでおくとはいえ、野外演習時などに破損しやすく、1970年代末までに姿を消していった。以後は、代わりにスチールメッシュ入りのゴム製スカートが装着されるようになった。

車体側面部にエラ型補助装甲を取り付けたT-64A中戦車。斜め前方から飛来するHEAT弾に対してスタンドオフ効果を発揮するために採用されたもので、1970年代半ば頃にT-64AやT-72に取り付けられていた。しかし、演習などで破損しやすく、70年代末までにはもっとオーソドックスなゴム製サイドスカートにとって代わられた。

指揮車型——T-64AK

大隊指揮官以上が用いるもので、車輌間交信用のR-123M無線機に加え、長距離交信用のR-130を装着した。R-130は高さ11メートルの伸縮式ポール・アンテナを用いるが、これを砲塔上に立てる際は戦車の周囲に杭打ちをしてワイヤー固定するので、司令塔として一応腰を据えた場所で用いることになる。その他に、所在位置確認用の衛星ナビゲーション装置TNA-3を搭載している。これら装備の多くを車内に搭載するため、主砲弾薬は自動装填装置のトレイに装填される28発のみとなった。

1975年生産型

二軸式スタビライザー装置を改良型の2E28Mにし、主砲もこれに対応するD-81TMになった。主な改良点は、行進間射撃が容易にできるよう目標追随速度を高めたことだ。車体前面上部には16ミリ厚の追加装甲板が取り付けられ、他の機器の更新や追加もあいまって重量は38・5トンになった。

また、この頃より砲身の金属製のサーマルスリーブが標準装備されるようになり、その他、潜水渡渉装置OPVTを装着しなくても、機関室グリルを密閉するだけで水深1・8メートルの河川渡渉が可能になった。

１９７９年以降にはスチールメッシュ入りのゴム製サイドスカート・補助装甲（フェンダー上部に装着、対ＨＥＡＴ弾用）が順次追加されたほか、１９８３年以降は砲塔前面部の主砲基部両側に各４基ずつのスモークディスチャージャー９０２Ｂ「トゥーチャ（黒雲）」が装着されるようになった。

また、６気筒型ディーゼル・エンジン６ＴＤ（１０００ｈｐ）が開発されたことから、これへの換装も始まり、６ＴＤを搭載したものをＴ-64ＡＭ（指揮官型はＴ-64ＡＫＭ）と称した。

追加改修型の内訳はわからないが、１９６９～76年にかけてＴ-64Ａは４６００輌、Ｔ-64ＡＫは７８０輌が造られた。Ｔ-64Ａは、ワルシャワ条約機構軍の「研ぎすまされた切っ先」として東ドイツ駐留ソ連軍に１９７０年から配備された。

この頃、西側の情報筋も本車の本格的配備の動向を把握し、「Ｍ１９７０」などの呼称を与えて性能を推測するようになった。もっとも１９７０年代半ば頃まで、Ｔ-64とＴ-72、はてはＴ-80すらも区別がつけられていない状況ではあった（１９７０年代後期からは、駐東ドイツ機甲部隊はＴ-64シリーズとＴ-80シリーズの混成となっただけに、余計に区別がつきにくい状況があった）。

射統装置（ＦＣＳ）の更新と腔内発射式ミサイルの導入 ——Ｔ-64Ｂの開発

本格量産型Ｔ-64Ａを完成させる作業のかたわら、通常の対装甲弾よりもより「長い槍」である誘導ミサイルを開発する試みが１９６０年代半ばより継続されていた。特に、１２５ミリの大口径滑腔砲をＴ-64に採用することが決まった後、腔内発射式の誘導ミサイル導入が現実性を帯びた課題となった。

もともとＴ-64の試作車シリーズであるオブイェークト-４３０をベースにした２種のロケット戦車（ラケートヌィ・タンク）、オブイェークト-７７２／７７５が試作されており、オブイェークト-７７５が口径１２５ミリの低圧砲より有線誘導ミサイルを発射するものであったことから、これをベースに１２５ミリ滑腔砲用の腔内発射ミサイルを開発することは容易であると考えられた。

実際、Ｔ-64Ａをベースに腔内発射式ミサイルを搭載する試作計画は、１９７５年にオブイェークト-４４７として着手された。誘導ミサイルのコントロール装置も導入しなくてはならないことから、計画は同時にＦＣＳ機器の追加・更新も盛り込まれ、従来の基線長式測距照準器がレーザー測距照準器１Ｇ42に置き換えられた。

１２５ミリ滑腔砲用に開発された無線誘導式ミサイル９Ｍ

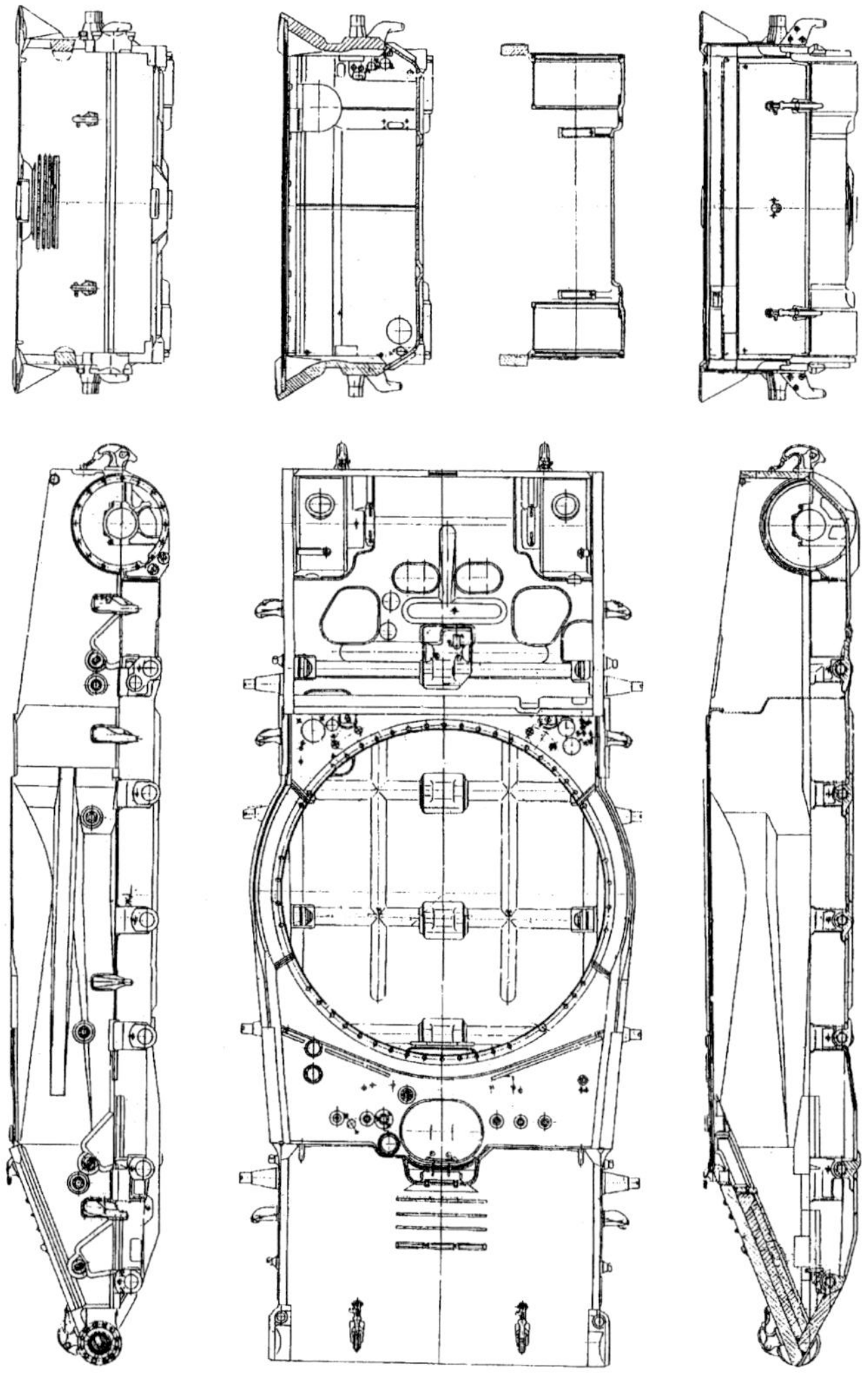

極限まで容積を切り詰めた複雑な形状が印象的な、T-64A以降の基本車体構造部。特筆に値するのは、全体の３分の１以下しか占めていない機関室部で、従来型のディーゼル・エンジン搭載戦車なら車体の４割〜半分程度の容積が機関室でとられていた。車体容積を減らせば、装甲板面積も減り、その分の重量・容積分を装甲強化などにあてることが可能となった。

112-1「コーブラ」（西側呼称「AT-8ソングスター」）は、有効射程100〜4000メートル、最大射程までの飛翔時間約10秒、装甲貫徹力300ミリ（弾着角60度）で、目標の移動速度については、最大 時速70キロまで対応できる。

後にT-72シリーズやT-80Uなどに導入された125ミリ滑腔砲用のレーザー誘導ミサイル9M119「レフレクス」に比べると飛翔速度が相当に劣るため、対ヘリコプター用としては能力が限定されてしまう。ミサイル誘導用アンテナ・ボックスは、車長キューポラ前の砲塔上に配置される。

125ミリ滑腔砲D-81T（2A26）も、腔内発射ミサイル対応型については125ミリ滑腔砲D-81TM（2A46-2）と呼称される。誘導ミサイルの完成とともに、弾道計算機をリンクした新型FCSである1A33も導入された。このシステムは目標設定から、レーザー測距照準器による射程側定、弾種選定、発射諸元セットまでを自動化したもので、後にT-80やT-90にも改良型が導入されることとなった、当時世界で最も進んだFCSであった。

また、個別車輛用の衛星ナビゲーション装置GPK-59とスモークディスチャージャー902B「トゥーチャ」の標準装備化が図られた。

以上のように狭い車内のに各種装置を追加した結果、主砲弾の搭載数は36発に落とされたほか、PKT機銃用の7・62ミリ弾も2000発から1250発に搭載弾数が落ちた。オブイェークト-447は、運用試験のなかで改良を経て、1976年にはT-64B（オブイェークト-447A）として制式採用されることになる。

シリーズ最終型T-64Bのバリエーション

T-64Bは、シリーズ最終型として、各種の兵装やFCS機器を最大限盛り込んだ「決定版」といえる。T-64シリーズが本型までの改良を経る間に、廉価版の主力戦車T-72シリーズが登場し（いかに廉価であるかは、表【T-64B各バリエーション、T-72Aの調達および維持コストの比較】を参照。T-72Aの運行キロあたりの経費は、T-64Bの約半分である）、またガスタービン機関搭載の本格的な高性能戦車T-80シリーズも生まれるなど、125ミリ滑腔砲を搭載する戦車が3つの系統で併存して量産される事態となった。

当時、ブレジネフ政権は西側に対する強硬路線をとって、軍備拡大路線をひた走っていた。その結果、国内の経済的疲弊が極限に達しつつあった政権末期において、高性能戦車を3種類も並行して量産し続けるとともに、戦力として維持していくことは、ソ連にとって国力に見合わない〝背伸び〟そのものだった。

それでも、T-64Bは以下のバリエーションを展開しながら、

1987年までにシリーズの約半数を占める5457輌が造られた。

T-64B

基本型で4200輌生産。一部の車体前面上部に16ミリ厚の追加装甲。

T-64B1

腔内発射式ミサイルの発射機構を省略した廉価版。こうしたバリエーションが登場すること自体、T-64Bが生まれた時期の苦しさを反映している。1200輌を生産。

T-64BK

指揮官型。車輌交信用のR-123Mに加えて司令部間の長距離交信用無線機R-130を追加し、大型ポールアンテナを装備。運用方法はT-64AKと同じ。

主砲搭載弾数は自動装填装置トレイ上の28発のみ。指揮官

T-64B各バリエーションとT-72Aの調達および維持コストの比較

調達価格		
	T-64B	512,737
	T-64B1	421,434
	T-64BV	536,028
	T-72A	337,247

オーバーホール運用距離 (km)		
	T-64B	11,000
	T-64B1	11,000
	T-64BV	11,000
	T-72A	11,000

点検が必要な運用距離 (km)		
	T-64B	1,500
	T-64B1	1,500
	T-64BV	1,500
	T-72A	1,500

オーバーホール必要経費		
	T-64B	59,860
	T-64B1	58,740
	T-64BV	59,860
	T-72A	74,670

運用キロあたり維持経費		
	T-64B	49.56
	T-64B1	44.75
	T-64BV	49.80
	T-72A	26.95

※価格、経費はすべてUSドルでソ連時代のもの

T-64の年度毎生産数

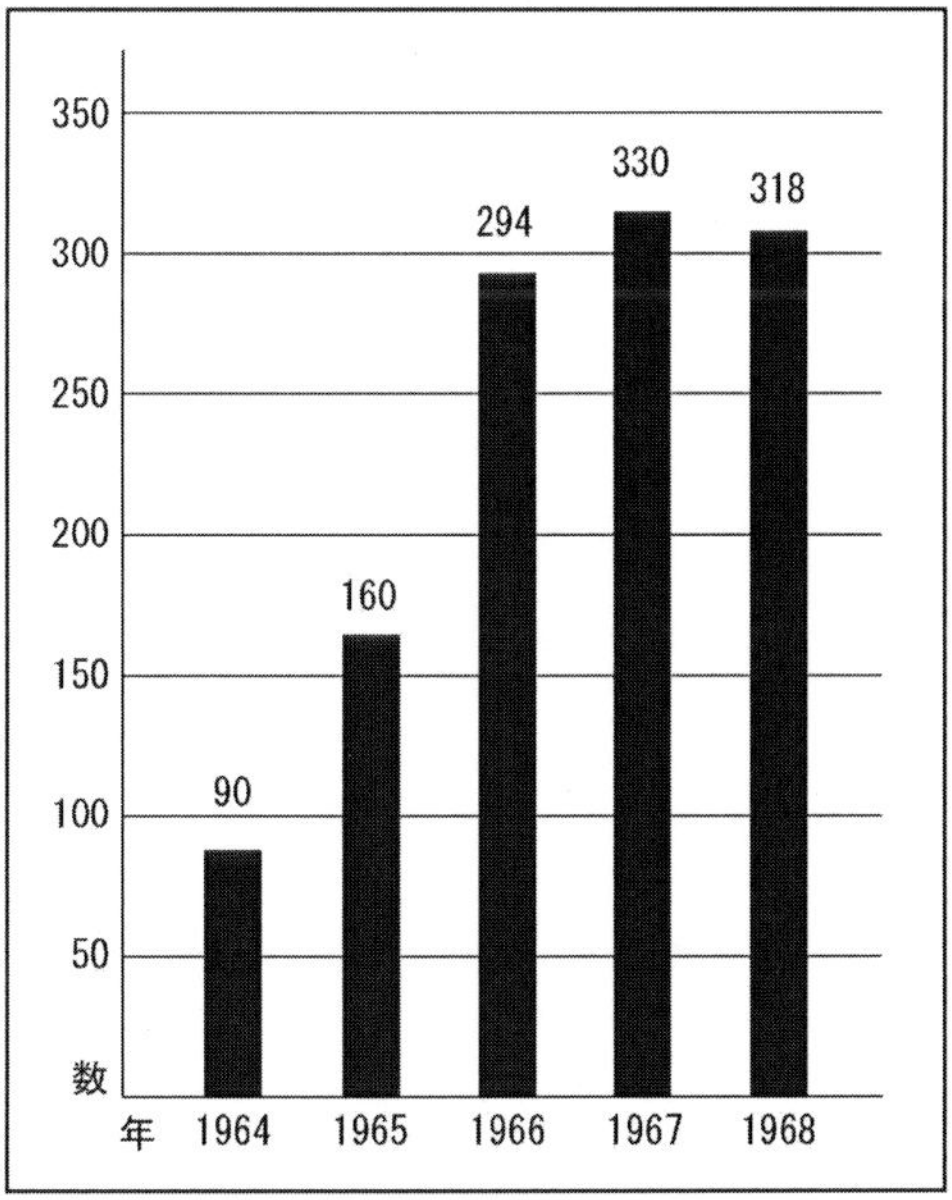

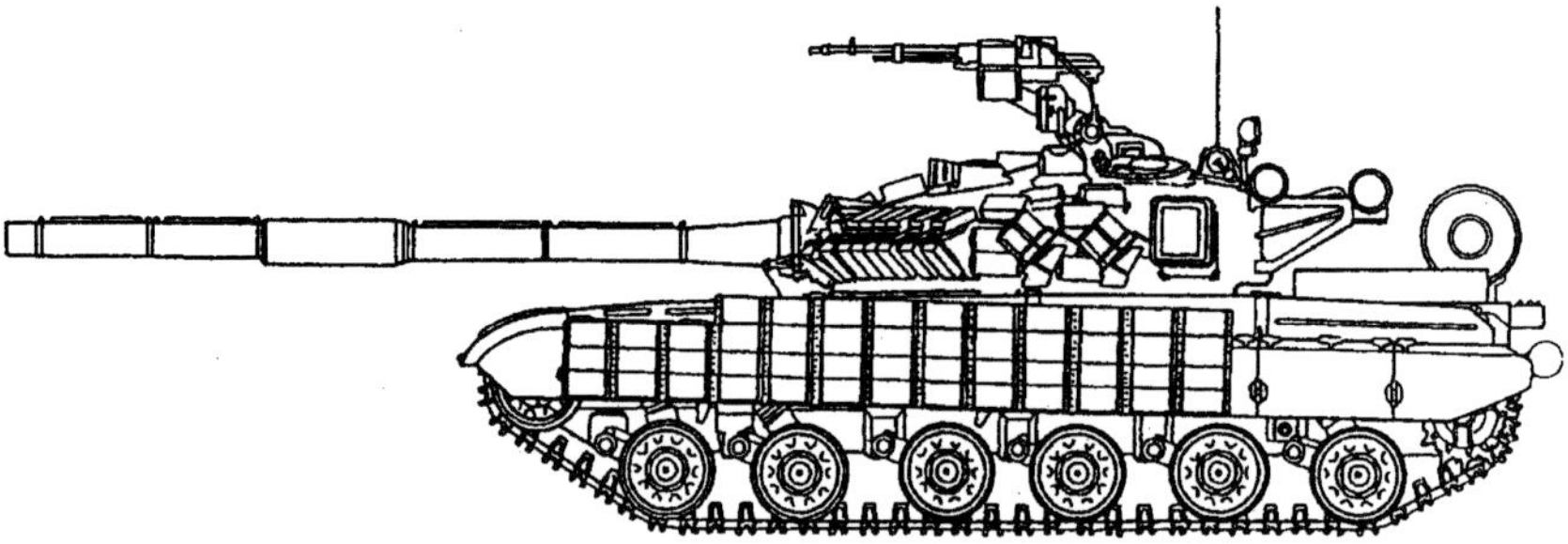

１９８０年代半ばに登場したＴ-64Ｂ１Ｖ。腔内発射式誘導ミサイル・システムを省略した廉価型のＴ-64Ｂ１にＦＤＺを追加したものだ。サイドスカート部の大部分を覆うようにＥＤＺブロックを取り付けたものは、１９９０年代半ばのチェチェン紛争当時によく見られた。

型の衛星ナビゲーション機構ＴＮＡ-４を装備した。無線機器や司令所の電力供給用としてガソリン発電機ＡＢ-１／30も搭載している。生産数はわずか57輌。

Ｔ-64ＢＶ

Ｔ-64ＢまたはＴ-64Ｂ１に爆発反応装甲ブロック（ＥＤＺ＝エレメンティ・ディナミーチェスキー・ザシーティ／爆発防護エレメントの意、別名「コンタクト」）を追加したもの。１９８３年から導入されたＥＤＺは、小型のスチール製ボックスの中に仕込まれたもので、新規生産車とオーバーホール整備時に車体と砲塔の重要部にボルト留めされた。標準の装着数は１７９個だが、二重、三重に取り付けて防御力を増やすことが可能だ。ボックス一層あたり対ＨＥＡＴ弾で１２０ミリ厚鋼板を追加した以上の効果があるという。

また１９８５年代以降、爆発反応装甲はより大型のブロックを砲塔周囲と車体前部に取り付ける新型の「コンタクト-５」システムも導入された。これは、ＡＰＦＳＤＳ弾にも効力を発揮するものとされている。「コンタクト-５」システムを追加した場合に既存車体が持つ本来の防御力に追加されて強化される防御力は、命中弾種別に装甲厚換算すると次のとおりだ。

ＡＰＦＳＤＳ……２５０～２８０ミリ
ＨＥＡＴ……５００～７００ミリ

以上のような追加装甲などにより、総重量は42～42・４トン

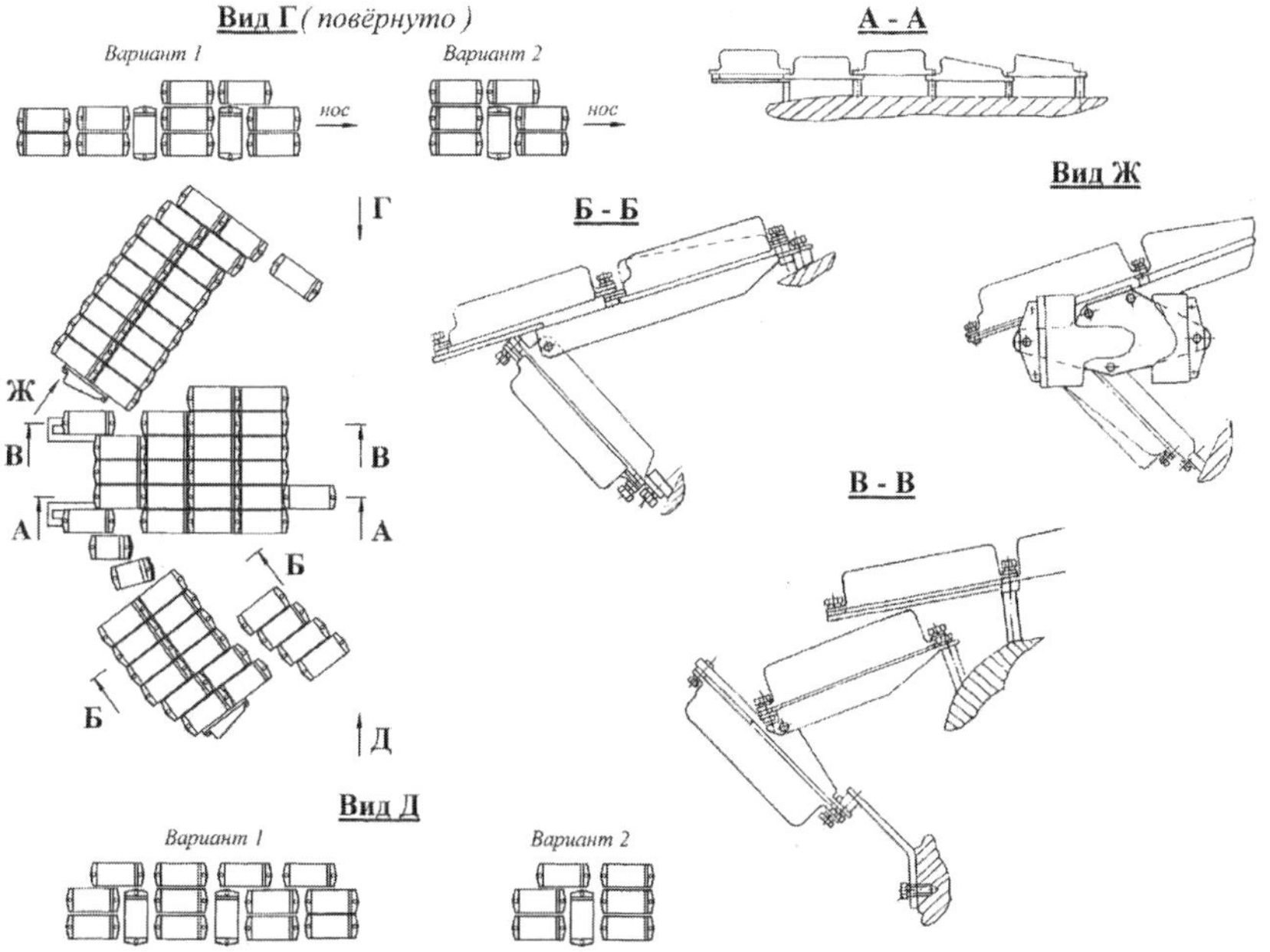

１９８０年代前半に開発された爆発反応装甲システムＥＤＺの配置概念図。ＲＰＧ無反動砲などが発射するＨＥＡＴ弾頭に抗堪するための追加装甲システムで、命中時にボックス内に仕込まれた爆薬とボックス自体の薄鋼板の変形破片により、貫徹ジェットを寸断し威力を減殺する仕組みだ。１車輌に百数十個のボックスを取り付けるが、必要に応じて増やすことも可能である。

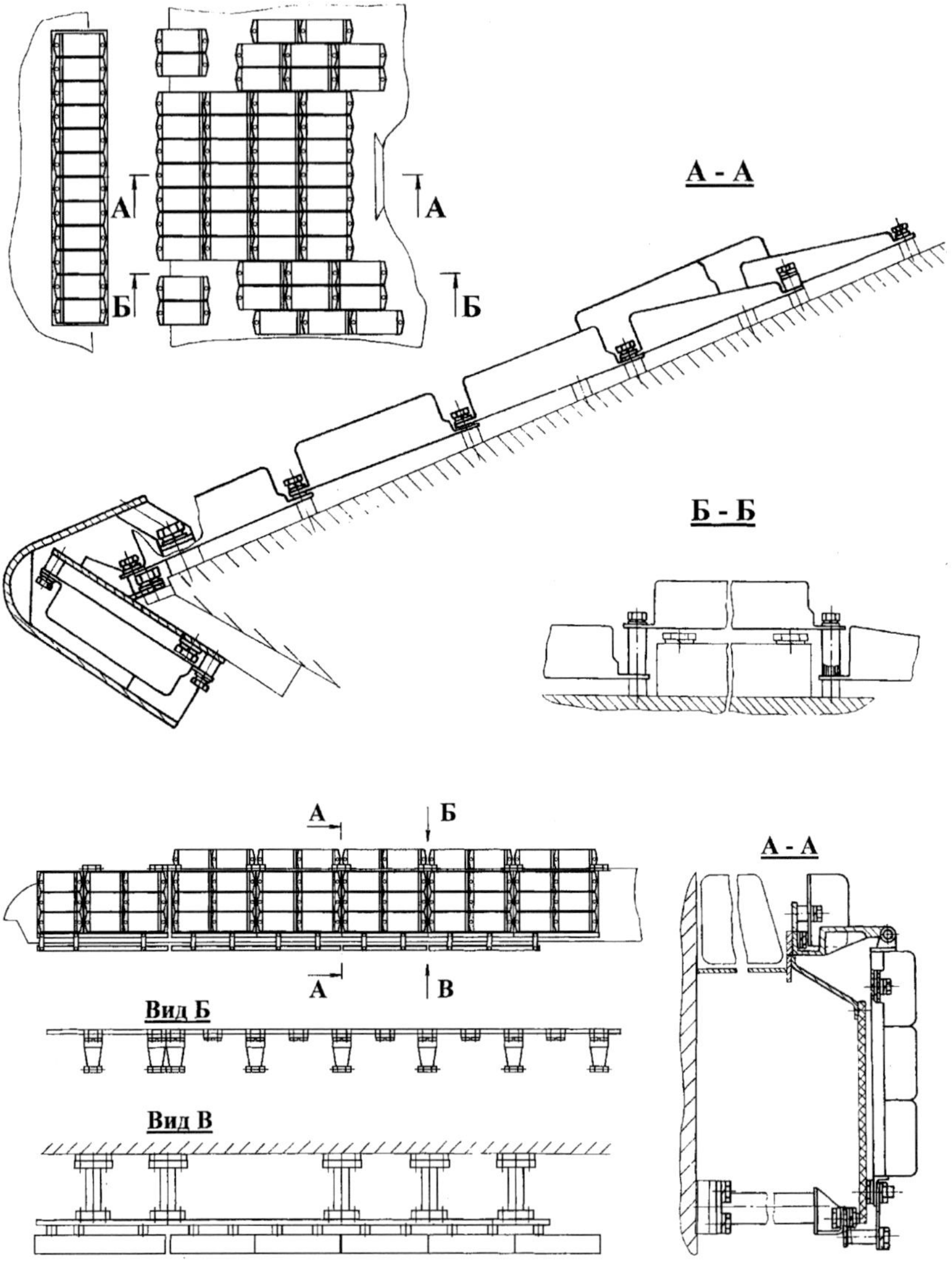

ＥＤＺブロックの取り付け概念図。このシステムは今でも広く使われており、アブハジア紛争でもこれを装着したＴ-72やＴ-55、Ｔ-62の姿がよく見られた。

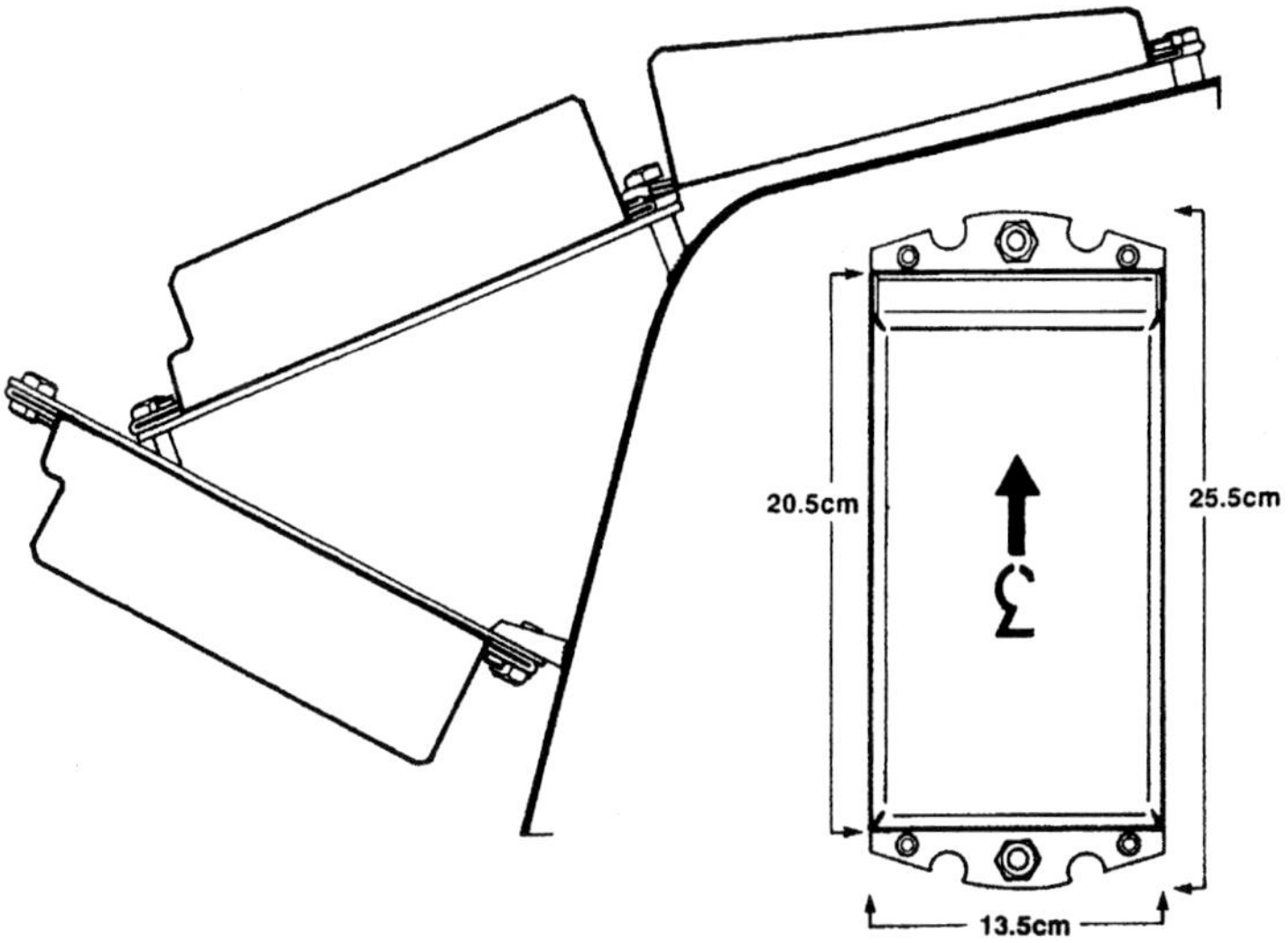

ＥＤＺブロックの拡大図。ボックスは、装備部位によって形状が異なるものとなっていて、装着位置と方向が図のようにステンシルされている。

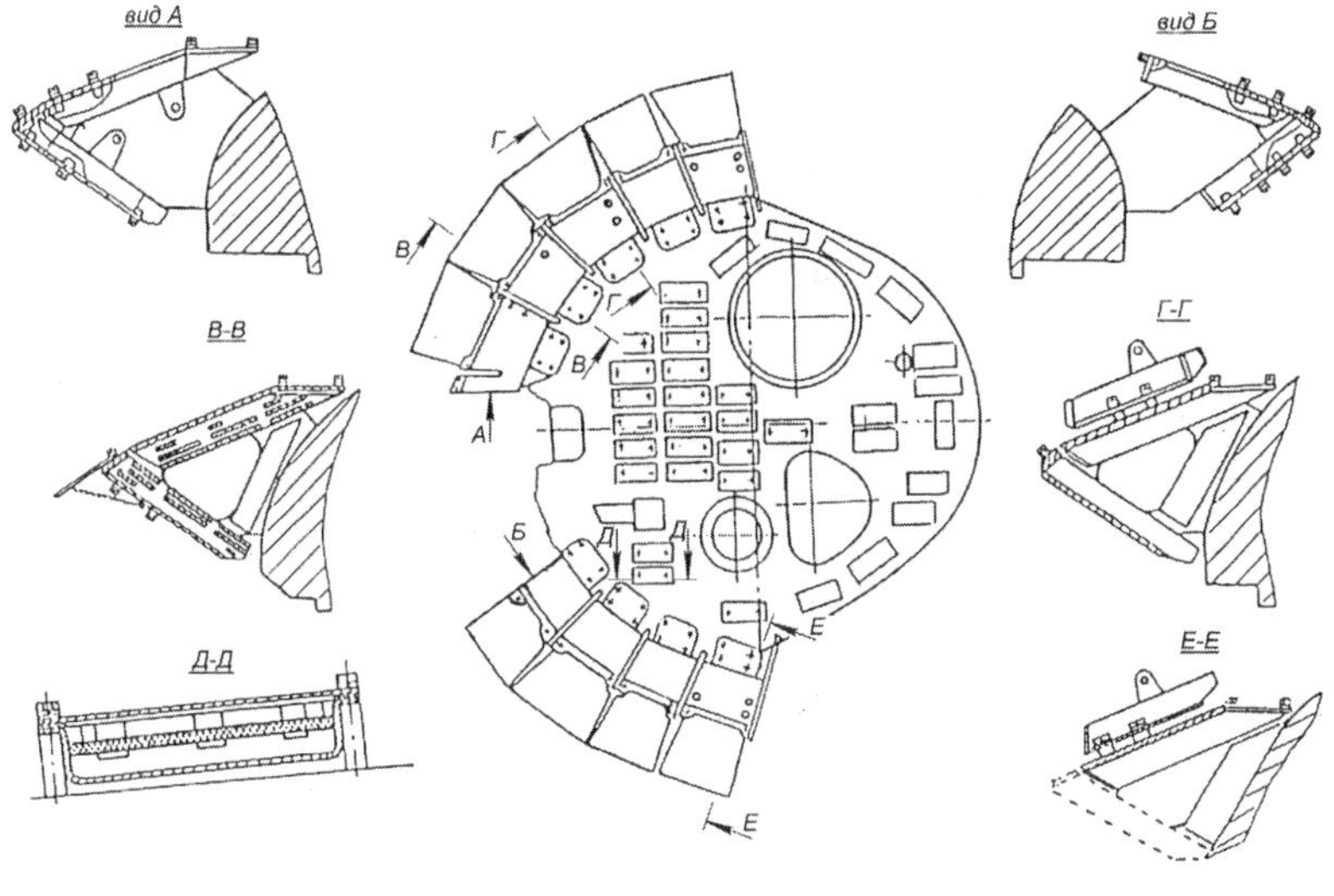

T-64Bなどに導入される爆発反応装甲システム「コンタクト-5」の取り付け概念図。「コンタクト-5」は、ＡＰＦＳＤＳ弾にもＨＥＡＴ弾にも効力を発揮する追加装甲システムで、総量で２トン程度を用いて車体前面や側面前半、砲塔周囲の装甲防御力を基本装甲厚の２倍程度まで強化できるというものだ。

に増加した。

今日、ロシア、ウクライナ、ベラルーシなどで運用中のものは、すべて「コンタクト-5」システムかその改良型を追加したT-64BVである。

T-64BVは、1980年代半ばに登場した。ゴム製サイドスカートを取り付けたため、すっきりした足回りが隠されて第二次世界大戦中の重戦車のような重厚な雰囲気のスタイルとなった。細かく組み合わされたEDZ爆発反応装甲ブロックも、中世の鎧甲冑のようで独特のものものしさを醸し出している。

T-64BV（上）とT-64A（下）。HEAT弾対策は、アフガニスタン戦争を経験してからソ連戦車にとって切実な問題となり、結果としてエラ型補助装甲よりも有効なEDZ爆発反応装甲ブロックが広く用いられるようになったのだ。旧ソ連が開発した肩撃ち式の歩兵携行型対戦車擲弾発射筒RPG-7は、最大400ミリの貫徹力を持っており、これがアフガニスタンのゲリラに普及してソ連戦車の強敵となっていた。ちょっとした装甲板などで本装甲との間にスペースをとっても威力をなかなか減殺できず、結果として爆発反応装甲のようにHEAT弾頭から発する貫徹ジェットを爆発力と破片で寸断する方式が有効とわかったのである。ソ連戦車開発陣は、自国開発の兵器に振り回されたのだ。

T-64BM

T-64Bに6気筒のシリンダー水平配置ディーゼル・エンジン6TD（1000hp）を搭載したもので、T-64B1をベースにしたものはT-64B1Mと呼ばれる。T-80UD主力戦車とエンジンを共用化したものといえる。

T-64B（主にT-64BV）は、現在、前述した3つの国で計2000輌程度が運用されている。

かつてソ連時代末期には、「T-55などの既存の戦車に比べて整備に手間がかかる」「故障や不具合が多い」といわれ、運用部隊から嫌われたT-64シリーズであるが、もともと荒れ地を

ＥＤＺ爆発反応装甲ブロックをびっしりと取り付けたＴ-64ＢＶ中戦車。「コンタクト」と呼ばれる旧ソ連の爆発反応装甲は、１９８２年にイスラエル軍がレバノンに侵攻した際、戦車に取り付けていたブレイザー爆発反応装甲ブロックをシリア軍が捕獲し、それがソ連軍事顧問に引き渡されて開発の参考にされたといわれる。ブレイザー爆発反応装甲ブロックはアメリカ軍でも採用され、１９９１年の湾岸地上戦の際にもアメリカ海兵隊所属のM60Ａ３戦車に取り付けられていた。

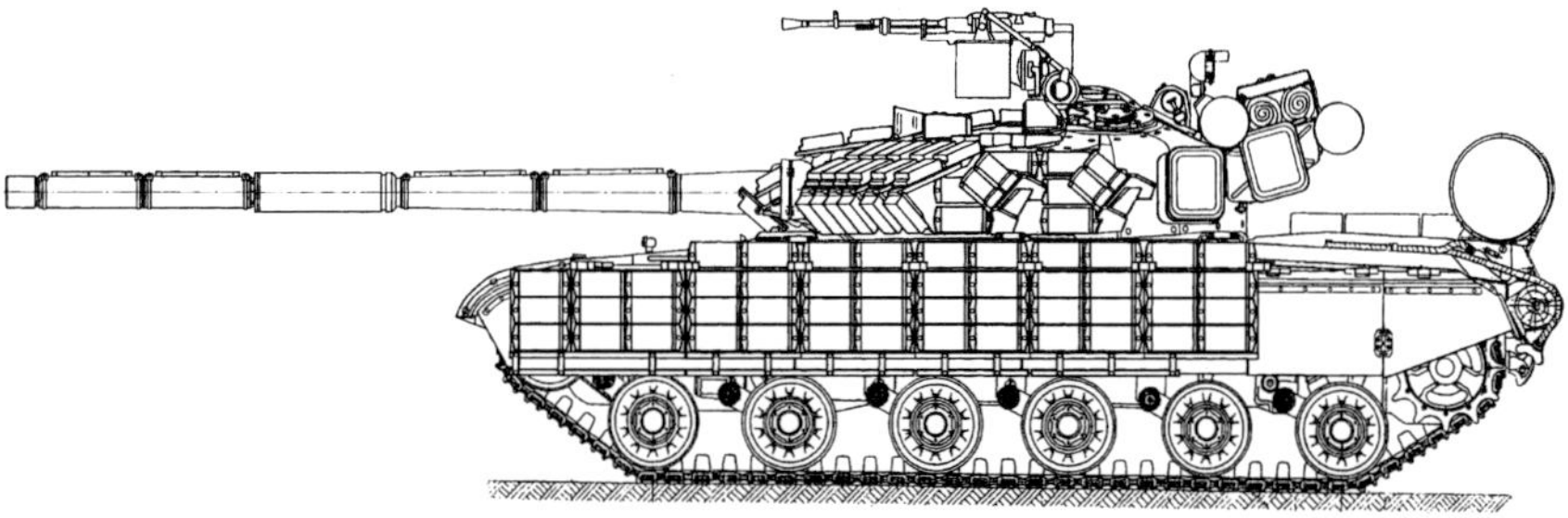

１９８０年代半ばから装備化されたＥＤＺ爆発反応装甲ブロックを側面スカートまで多数装着したＴ-64ＢＶ。性能、機能面ではＴ-80ＵＤ（ディーゼル・エンジン搭載型）に準ずる主力戦車といえた。

ハネまわり、劣悪な条件下で精密機器を搭載して運用される新型戦車には故障がつきものである。問題は、かつてのソ連が国力に見合わないほど大量の戦車を装備した機甲部隊を抱え込んだことである。本誌で紹介したT-54／55シリーズで約7万輌、T-62が2万輌もソ連国内だけで量産されて使われた上、T-64シリーズ約1万2000輌を加えた「高性能戦車」（T-72、T-80を含む）約3万6000輌を造り、装備したのである。

　戦車の整備はもともと、通常の装輪車体などに比べて3倍以上も

１９９２年に発効したヨーロッパ通常戦力条約に基づき、解体されるT-64中戦車。自動ガス切断機で断ち切られている様子を報道陣が撮影している。この条約で解体されスクラップ化された戦車の残骸は、再生鋼材として日本のある企業が大量購入したことが知られる。購入されたソ連戦車の残骸の多くは、自動車ボディに姿を変えたはずだ。

手間とコストがかかるといわれる。これだけの数を動かし、さらに手入れを行なう乗員や整備要員を養成し、維持するだけでも、人口2億人の国とはいえ、経済が疲弊していたソ連において大変なことである。少なくとも、乗員・整備を合わせた戦車要員だけで、我が国の自衛隊の総兵力26万をはるかに超える計算になるのだ。そのため、常時実戦配備部隊以外、各師団の配備人員は定員を大きく下回り、多くの戦車が「モスボール（保存措置）」されていたのだが……。

搭載機器が増え、またパワープラントも高性能になるがゆえ、整備コストもかさむ。これらの大量の「高性能戦車」は、ソ連社会の経済的停滞を背景にした軍の規律弛緩や能力の低下によって、日常の維持すらままならなくなっていったというのが本質であろう。T-64各型の多くは解体され、溶鉱炉に消えた。

しかし、大幅に減らされた後は、T-64シリーズについて「整備コスト」が問題にされたことはない。T-64シリーズは旧ソ連諸国の外に出ることはなく、実戦への投入もモルドバ共和国やコーカサス地方共和国における１９９０年代の騒乱など、わずかにとどまっている。

《コラム⑪》西側戦車の脅威から生まれた125ミリ滑腔砲

ワルシャワ条約機構軍の「最前線」である西部ヨーロッパに1950年代末から60年代初頭にかけて配備が開始されたアメリカのM60とイギリスのチーフテンの両戦車は、ソ連首脳部に大きな脅威として受け止められた。重装甲の車体に105ミリライフル砲L-7を搭載したM60戦車、さらにいっそう重装甲の上に120ミリライフル砲を搭載したチーフテン戦車に対して、東側が主力にしていた100ミリ砲搭載のT-54／55中戦車はもとより、115ミリ滑腔砲を搭載した新型戦車T-62やT-64ですら、火力・装甲を総合した威力面で劣るのではないかと思われたのである。

早くも1961年6月15日、当局（軍科学技術会議）から砲口初速 秒速1800メートル以上、有効射程2100メートルにおいてこれら西側戦車を撃破し得る滑腔砲の開発が発注され、同年7月、第9工場設計局（OKB-9）において、次の表【125mm滑空砲開発仕様】のような開発仕様がまとめられた。

この計画で製作される滑腔砲は、125ミリ滑腔砲D-81（2A26）と命名され、当初T-62とオブイェークト-432試作戦車（T-64）に搭載されるものとされていた。また、この滑腔砲の〝保険〟として、従来の戦車砲と同様に腔内にライフリングを切った122ミリ戦車砲D-83（2A27）の試作も発注されている。

125mm滑腔砲開発仕様

APFSDS弾頭重量	5.7kg
同砲口初速	1,800m／s
高さ2mの目標に対する有効射程	2,100m
射程2,000mでの装甲貫徹力（弾着角0/30度）	350mm／150mm
HEATFS弾頭重量	18kg
同砲口初速	950m／s
装甲貫徹力	450mm
HEFS弾頭重量	24.4kg
同砲口初速	740m／s
同最大射程	10km以上

射撃試験など運用実験では、D-81とD-83のデータ比較が行なわれた。D-81の方はほぼ要求仕様どおりの性能を発揮したが、D-83は炸薬弾の重量が大きいことを除き、対装甲威力がD-81より劣ることが確認された（D-83の砲口初速は時速1610メートル、APDS弾頭重量6・5キログラム）。

1964年4月、第9工場は5門のD-81を製作し、オブイェークト-432搭載用として2門をハリコフの第75マールィシェフ記念工場へ、さらに2門をオブイェークト-167（T-62をベースにした試作車で、後のT-72の先駆《せんく》）搭載用として二ジニ・タギルのウラル戦車工場に送った。
以後、それぞれで125ミリ滑腔砲搭載型のT-64A、T-72が1960年代末から1970年代はじめにかけて完成されることとなる。125ミリ滑腔砲の完成によって、ソ連機甲部隊は1970年代いっぱいにかけてNATO側に対し、戦車火力面での優位をかちとることができたのである。

この強力な戦車砲に、一部複合装甲を導入したT-64の装甲防護力（砲塔部分は若干強化され、圧延鋼板に換算すればAP、APDS、APFSDSなどの実体弾に対して250ミリ厚、HEAT弾に対しては450ミリ厚に等しい）を組み合わせれば、NATOが装備するすべての主力戦車に対してアウトレンジできるものと信じられた。

125ミリ滑腔砲D-81TをT-64に搭載する試作計画オブイェークト-434は、滑腔砲そのものの開発と並行して着手された。そして滑腔砲の完成と同時に、T-64の増加試作車オブイェークト-432のうちの20輌に、115ミリ滑腔砲の代わりにD-81が搭載された。さらに、125ミリ滑腔砲搭載にあわせて自動装填装置も改修されたが、回転トレイに充填される弾薬数は30発から28発に減った。予備弾薬を含めた搭載弾数は37発である。

またFCSについては、当初は115ミリ砲用と同じ基線長式測距照準器TPD-43Bを用いたが、有効射程が延びたことから、基線長を伸ばしたTPD-2-49と換えられた。暗視照準装置は、T-54／55シリーズ以来採用されてきた赤外線投射ライト「ルナ」と組み合わせたTPN-1-49-23（暗視距離800メートル）を装備した。

以上の改修によって重量が2トンほど重くなり、ミッション関係の改良も行なったことで、最大速度がやや低められた。

125ミリ滑腔砲D-81搭載型は、1969年に主力戦車T-64A（オブイェークト-434）として制式採用され、同年より量産に入った（T-64まで使用されていた中戦車＝スレドニー・タンクという概念は、以後、主力戦車＝オスノブノイ・タンクに置き換えられた。これは、T-72やT-80でも同様の概念を採用した）。

なお、この当時、激戦が繰り広げられていたベトナム戦争や1967年の第三次中東戦争の戦訓から、一部の車体には車長用キューポラに12・7ミリDShKM重機関銃が取り付けられた。さらに1974年からは、車内よりリモートコントロールで地上掃射可能なマウントとともに、新型の12・7ミリNSVT重機関銃（別名「ウチョース（巌）」が装備されるようになった。12・7ミリNSVT重機関銃は、対空射高1500メートル、地上目標に対する有効射程2000メートルである。

T-72

――T-64の不調を受け、より廉価で信頼性のある戦車として開発された新鋭戦車。その登場は西側に衝撃を与え、ベストセラーとなったが、湾岸地上戦では一方的な敗北を喫した。

20世紀末におけるベストセラー戦車

「世界30ヵ国で採用された、20世紀の最後の四半期における最も著名かつ有力なソ連戦車」――T-72主力戦車について書かれた最近のロシア資料には、このような書き出しで始まっているものがある。

T-72主力戦車が西側に公開され、広く知られるようになったのは1977年秋にフランス国防相がソ連を訪問した際と、同年11月7日にモスクワで挙行された「十月社会主義大革命60周年記念軍事パレード」に登場して以降である。

先行量産は1972年に開始され、その後1973年8月13日、ソ連国防省命令No.0148で制式採用が決定され、1974年から92年にかけて、ウラル戦車工場（またの名をウラル運輸車輌工場＝UVZ）で本格的に量産が行なわれた。約20年にわたって生産されたことになるが、実際、発展型のT-90主力戦車は今日も国際武器市場で売り出しが行なわれており、海外を含め、今日も生産が継続されている。

1970年代にシリアやリビア、インドなどに輸出され、ポーランドやチェコスロバキアでのライセンス生産が開始されるなど、新型戦車の割にソ連外への引き渡しが早期に始まったことで西側を大いに驚かせた。

82年のイスラエル軍によるレバノン侵攻で、シリア軍のT-72がイスラエル機甲部隊と対決。このとき、最終的にはイスラエル側の空陸共同した反撃で撃退されたものの、新鋭メルカバ戦車を撃破するなど、相当な損失を与えたといわれる。

1977年11月7日のロシア社会主義革命60周年記念軍事パレードで赤の広場を軽快に走りぬけたT-72ウラル主力戦車の集団は、我が国を含む西側諸国でもテレビ放映されて大きな国際的衝撃を広げた。125ミリと実用戦車砲最大の口径を持つ長大な主砲とコンパクトな車体が醸し出す強力なイメージは、ロシア戦車が追い求めてきたスタイルの極致だ。 (c) ITAR-TASS Photo Agency

しかし、本シリーズへの評価は西側諸国では概して高いものとはいえない。T-72シリーズの西側での評判を一般的に決定させてしまったのは、1991年の湾岸地上戦であった。前年8月、T-72主力戦車を装備したイラク機甲部隊は電撃的にペルシャ湾岸のクウェートを攻略したものの、半年の準備を経て反撃を開始したアメリカ軍を中心とする多国籍軍の機甲部隊に、一方的敗北を喫してしまったのである。

東側にとって、いまだ「最新鋭戦車」の一つであったにもかかわらず、T-72は120ミリ滑腔砲を装備したM1A1エイブラムス戦車に対して、防御、火力および射撃精度（特にこれを裏打ちする暗視装置の性能）が著しく劣っていた。多国籍軍側のとった圧倒的なエアランド・バトル戦術にあいまって、ワンサイド・ゲームを現出してしまったのである。

湾岸地上戦闘の結果、T-72には「こけおどしの旧式戦車」との評価がマスコミを含めて広く一般に定着するに至ったのだ（イラク戦争では、ほとんど組織だったT-72の運用は見られなかった。バグダッドからの報道映像では、市街で実働するイラク軍のT-72の姿や戦闘後の残骸が散見された。報道でも、生き残りのT-72は新生イラク軍で使用されている模様だった。

しかし、それでもなお、図（【T-72シリーズの装備国と数量】参照）のとおりT-72シリーズは30ヵ国が使用を継続しているとともに、湾岸地上戦後の1992年から2000年にかけて、国際武器市場で最も多数の売買取引が行なわれた「世界のベストセラー戦車」であることが事実なのである。

特に売買実績の同表からは、興味深い現象が推察できる。おそらく補修の上、他国に転売していることだ。世界の戦車市場をめぐるバーゲン品の新たな動向を示すものといえよう。

ちなみに現在の装備実数の統計は1万8148輛、92～00年取引実績数は1484輛にのぼる（『ジェーン年鑑　2002～2003版』による）。これは、西側戦車に比べて、引き続きコストパフォーマンスが優れていることや、導入する国の多くが何らかの事情で西側装備を購入できないのはとにかく、そうでない国にとってもアメリカのような「世界最強国」と対決するのでない限り、T-72シリーズ程度の性能を持つ戦車があれば十分に軍事的プレゼンスとして期待できるとみられていることを示すものだ。

これらの採用国にとって、T-72シリーズは魅力ある戦車であり続けている。だからこそ、ロシア以外の生産各国においても次々にモデルチェンジやバージョンアップが図られ、改修キット販売も熱心に継続されているのである。

▼開発史

T-72誕生の出発点となった「試作戦車オブイェークト-167」

戦後、ソ連の主力戦車開発の設計拠点はA・A・モロゾフ主任技師率いる第60設計局（KB-60、ハリコフの第75マールィシェフ記念工場在）とL・N・カルツェフ主任技師率いる第520設計局（OKB-520、ニジニ・タギルのウラル戦車工場在、別名「ヴァゴンカ設計局」）、それに大戦中に重戦車シリーズを開発してきたレニングラードの第100キーロフスキー工場設計局（VNII-100）であった。

これら3つの設計局のうち、最後のものは1970年代半ば以降まで結局鳴かず飛ばずで、1950～60年代にかけて前2者が戦後型高性能戦車の開発を争うこととなった。1961年に開発着手された本車は、アルミニウム製の中型転輪を車体各側6個ずつと3個のリターンローラーを組み合わせた足回りをT-62の車体に取り付けたものだ。

エンジンは、チャリャビンスク・トラクター工場のエンジン設計局技師L・A・ヴァイスブルクが開発したV型エンジンの馬力向上型V-26（700hp）に換装されている。1963年には、ガスタービン・エンジンGTD-3T（800hp）を搭載したオブイェークト-167Tも試作されているが、これはエンジンそのものが完成の域に達せず成功しなかった。

オブイェークト-167は、T-62の基本構造を引き継ぎ、エンジンも既存タイプをベースとした改良型であったため、低コストで量産化が可能と見られた。そのため、通常兵器の増強に国家予算をあまり割きたがらなかったN・S・フルシチェフ首相が強く関心を示し、また開発者側も彼の気に入るように試作車の武装に有線誘導ミサイル9M14Mマリュートカを導入(砲塔後部に6発を入れた開閉式発射架を装備)する試みまで行なった。

しかし、1964年にフルシチェフ首相が失脚して、彼の後釜を通常軍備強化論者のL・I・ブレジネフ共産党書記長が襲うと、地味なオブイェークト-167は嫌われ、より革新的設計を盛り込んだKB-60の手によるオブイェークト-432の方が脚光を浴びることとなった。

オブイェークト-432はシリンダー水平配置型ディーゼル・エンジンを搭載した新規設計のコンパクトな車体や、精度の高いFCSとともに自動装填装置を導入した火力性能(戦車砲自体は、威力の同じ115ミリ滑腔砲）などの面でオブイェークト-167に比べて高価であったが、「高性能戦車」の名にいっそう値するものと考えられたのである。

結局、KB-60のオブイェークト-432が新型主力戦車が本命として開発のベースとなる地位を獲得し、ヴァゴンカ設計局はKB-60の後塵を拝することになった。1964年以降、オブイェークト-432はT-64中戦車として先行量産が始まり、1967年にかけて部隊配備と試験的運用が行なわれていったのである。

オブイェークト-432の開発難航によって再浮上

しかし、ここでヴァゴンカ設計局にもチャンスがめぐってくることとなる。T-64の先行量産型は運用試験にあたった部隊のなかで「故障や不具合が多く、整備に手間がかかりすぎる」との批判を集め、これがなかなか克服できない見通しとなってきたのである。

あわせて、アメリカがヨーロッパ地区の大量配備を進めていた105ミリ砲搭載のM60A1戦車の性能が予想を上回るものであることが判明した。その結果、T-64には125ミリ滑腔砲D-81Tの搭載が図られ、1969年にはT-64A（オブイェークト-434）として制式採用されることとなった。

しかしT-64Aは1964年の試験運用開始以来、故障の多発で部隊から不評を買ったり、生産現場においても複雑な構造であるがゆえに計画数の調達が容易でない見通しが出てきたことから、当局（軍事技術運用検討委員会＝ＶＰＫ）はヴァゴンカ設計局にも、改めて「信頼性と強力な火力を兼ね備えた新型主力戦車の開発」を発令。ヴァゴンカ設計局は、新型戦車開発の土俵にＫＢ-60とともにのることが再度できた。

この課題を果たす上で、既存技術のベースに立ったオブイェークト-167を開発していたことは、ヴァゴンカ設計局にとって有利な条件を形成することとなった(ヴァゴンカ設計局に再度新戦車開発が発令された背景には、ＶＰＫの委員長に元ウラル戦車工場支配人のＩ・Ｖ・オクーネフが就任していて、彼のテコ入れがあったものと思われる)。

125ミリ滑腔砲搭載のオブイェークト-172として開発

ヴァゴンカ設計局で1967年より取り組まれることとなった戦車開発プランは、オブイェークト-172と呼称されることとなった。

主任技師がカルツェフからＶ・Ｎ・ヴェネディクトフに交代したヴァゴンカ設計局は、まず125ミリ滑腔砲Ｄ-81ＴをＴ-62戦車の砲塔に搭載する試みを行なった。ひいてはオブイェークト-167試作戦車への搭載を狙って捲《けん》土《ど》重来《ちょうらい》を図ったものであったが、砲塔設計上、内部容積が不足して自動装填装置を含めて搭載することは難しかった。

結局、発想を根本から変えることとなり、すでに1968年の時点でＴ-64の125ミリ滑腔砲搭載型として試作戦車が完成していたオブイェークト-434の車体の改良に取り組むこととした（ライバル設計局のＫＢ-60が引き渡しに難色を示したようだが、どうもウラル戦車工場に試験用として1965年に引き渡されていた115ミリ滑腔砲搭載型のオブイェークト-432をベースに125ミリ滑腔砲搭載仕様の改修したものを用いたようである）。ヴァゴンカ設計局としては、これに改良型のＶ型ディーゼル・エンジンを搭載してみることにしたのである。

新たなエンジンは、チェリャビンスク・トラクター工場のエンジン設計局で引き続きＢＴ-7ＭやＴ-34中戦車以来の名エンジンであるＶ-2をベースに開発されたＶ-46で、780ｈｐまでパワーアップされたものだった。

ヴェネディクトフ技師は、オブイェークト-434の機関室を拡大してエンジン換装をするとともに、運用部隊から「機構が複雑」と批判を集めていた「コルジナ」自動装填装置を改め、単純な機構の「カセトカ」自動装填装置を開発して交換した。

「コルジナ」は、トレイに水平配置された弾頭と別に、垂直に立てられた装薬をそれぞれブリーチ後部まで可動アームで拾い上げる方式だったが、「カセトカ」は一緒に重なる形で水平配置された弾道と装薬をワイヤーで作動させるウィンチで引き上げ、動力ランマーでブリーチに装填する方式だった。弾頭と分離装薬（半焼尽式薬莢）を載せた回転トレイを砲塔底部に配置するスタイルは共通だったが、弾薬充填数は「コルジナ」の28発に対し、「カセトカ」は22発に減っている。

長期の運用試験を経て制式採用される

こうしてオブイェークト-172の最初の試作戦車は1968年夏に完成したが、その姿は機関部分が拡大されている以外、T-64Aそのもののようだった（そのため、同じ125ミリ滑腔砲搭載戦車であるT-64Aと区別するため、オブイェークト-172は初期において一般的な呼称にもなった）。

ヴァゴンカ設計局は、さらに自分たちが開発してきたオブイェークト-167の足回りを導入することとし、試作車は1968年末までに完成した。完成したオブイェークト-172の試作車は、クビンカ実験場において国家試験が実施される運びとなり、また翌1969年夏には、旧ソ連中央アジア地区の酷暑地帯での運用試験も実施された。

T-64シリーズの運用開始後における不具合続出で難渋したことに懲りてか、当局の運用試験は慎重かつ長期にわたって行なわれ、1971年には、極東ザバイカル軍管区の中ソ国境間近の地区で運用試験が重ねられていた。そして3年越しの運用試験の末、ようやく1972年に先行量産がウラル戦車工場で始められることとなった。

先行量産型はいくつかの軍管区の親衛戦車師団に中隊分程度ずつ配置され、試験運用された（先行量産型は、後のT-72に比べると、赤外線暗視用サーチライト・ルナAGの装備位置が主砲の左側にあることが特徴である）。こうした慎重な試験的運用と不具合部分の改修や最小限の装備追加を経た後の1974年、T-72主力戦車（オブイェークト-172M）として制式採用が決定され、量産が本格的に始められることとなった。

《コラム⑫》「ソ連新鋭戦車」出現当初の西側の認識

1970年代末から1980年代前半まで、西側では複数の種類が確認された125ミリ滑腔砲搭載の「ソ連新鋭戦車」について、T-64やT-72といった呼称の他に、T-80やT-74といったさまざまな呼称が与えられていた（T-62の改良型として、T-67やT-68などの呼称まであった）。

ほぼ同様の仕様を持つ主力戦車を同時期に複数も開発することは明らかに財政的リスクが大きく、また無駄そのものである。そのため、「まさかそこまで……」と考えた西側ではさまざまな憶測を呼ぶことになった。これにソ連側の

演習場を闊歩するT-72A主力戦車。ソ連時代にも計２万輌以上が作られ友好諸国にもばら撒かれた本車本来のスマートな姿をよく映し出している。 (c) ITAR-TASS Photo Agency

誇張を交えた公式発表によるデータもあって、名称とともに、T-72シリーズに対する西側の性能推測は混乱することとなった。たとえば、１９８３年の邦訳で出たスティーブン・ザガロ氏の著書『最新ソ連の装甲戦闘車輌』（ダイナミックセラーズ刊）では、次のような記述がある。

「ＮＡＴＯの専門家たちは、新規開発の主力戦車は1種類だけである、と予想していたが、短期間に同種ではあるが相当異なった2種類のタイプが採用されたので驚いた。もし、これらが同時に開発されたものでないとすれば、T-64は１９７５年よりも相当以前からヨーロッパ・ロシア軍に装備されていたと見なされる。

その場合、新しくT-72を開発して交代させなければならないほど、T-64は大きな欠陥を持っていたことになるのに、なぜ駐独ソ連軍が多数のT-64を装備していたのか、その理由が不明である」

「T-64／72型は、ソ連戦車の大部分がそうであるように、低姿勢で恰好が良く、車体は避弾経始が良好である。これら戦車はT-62同様、内部は極めて狭いが、自動装填装置と昇圧走行統制装置の配置が適切であるため、狭小さによる影響は少ない。

外観的にはレオパルトまたはM1に見るようなチョーバム装甲を使った側板は取り付けられていない。……最終的にはソ連地上軍がある種の合成装甲を持ったT-72の改良型を採用することは想像できる。ある筋では、この新型戦車を臨時にT-80と呼んで区別している」

そして「推定資料」とことわりながら、「T-72中戦車」（主力戦車としていない）の性能諸元について次のように示している。

重量　41トン
乗員　3名（砲手、操縦手、車長）
全長　9・24メートル
車体長　6・95メートル
全幅　3・375メートル
高さ　2・37メートル
地上高　420ミリ
航続距離　500キロ
最大速度　時速100キロエンジン（750hpディーゼル）
武装（主砲）　125ミリ滑腔砲（発射速度：毎分4発）
携行弾薬数　APFSDS12発、HEAT6発、HE22発
弾速　APFSDS　秒速1615メートル、HEAT　詳細不明、HE　詳細不明
補助武装　同軸7・62ミリ機関銃、12・7ミリ対空機関銃
装甲　（正面）100ミリ、（車体上部側面）70ミリ

以上のように、T-72について最大速度が時速100キロ（！）であることや、装甲がT-55やT-62と同様の通常の鋼板を使ったものであるとしていることなど、今日から見ればまったく誤解した点が多い。自動装填装置の導入などについては正確に述べているが、これらは1977年10月に訪ソしたフランス国防相に対するソ連側の説明で述べられたものだ。

「欠陥戦車であるT-64がなぜ駐独部隊にあるか」についても、T-64がすでに腔内発射式誘導ミサイルを導入して西側戦車をアウトレンジする能力を持っていたこと、T-72との関係でいえば「高級バージョン」と「廉価版」の違いがあったことなどを考えれば説明のつくことであるが、冷戦時代における東側兵器の情報獲得と分析の難しさが以上の記述に示されている。

▼基本性能

質的な側面で西側を凌駕しようとした精鋭兵器

１９７４年のウラル戦車工場で量産が開始されたT-72ウラル主力戦車は、車輌の全体的な外観はT-64Aに大体共通するデザインである。パワープラントと足回りはT-54／55以来のものを発展させて延長線上にあるものを用いており、信頼性が高い上にスマートで、力強さを増していた。

車体

車体外部の装備形態や乗員配置からくる車体前面形状などから見て、T-64のものによく似ているが、機関室容積はV型ディーゼル・エンジンを横向きにするT-44以来の形式を踏襲しており、T-64よりも相当に大きなものとなっている。

操縦席は車体前部中央にあり、その両側に車内燃料タンクが配置されている。燃料タンクはその他に、車体右側フェンダー上および戦闘室後部の隔壁部分にあり、それぞれ操縦席からリモコン操作されるコックの開閉によって、機関室内燃料系統への接続が連結パイプを通じて行なわれる。これらの燃料搭載

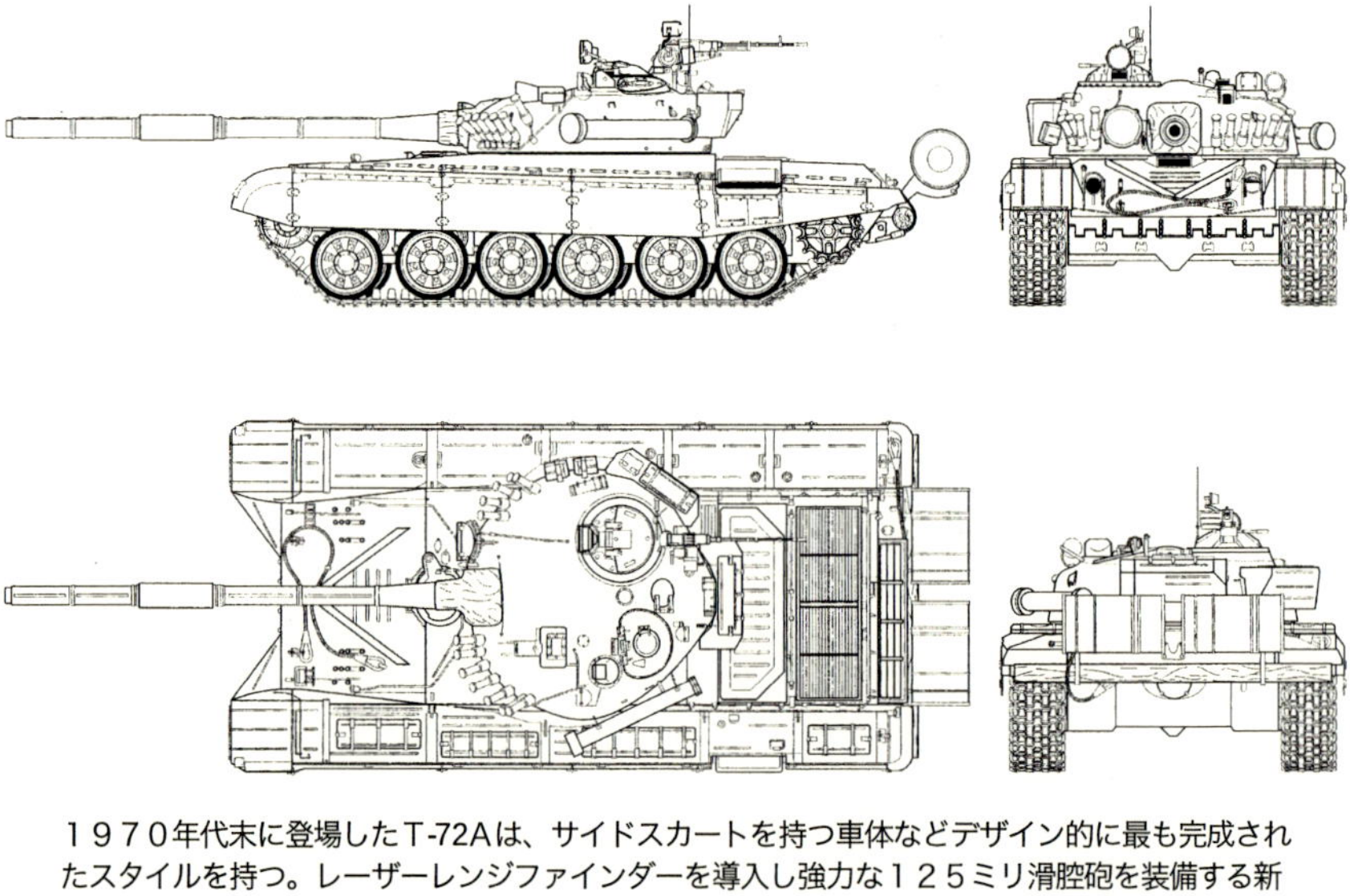

１９７０年代末に登場したT-72Aは、サイドスカートを持つ車体などデザイン的に最も完成されたスタイルを持つ。レーザーレンジファインダーを導入し強力な１２５ミリ滑腔砲を装備する新鋭戦車ながら、エンジンや基本構造は旧来のT-54／55シリーズで積み重ねてきた実績のあるシステムをベースにした信頼性に富む実用戦車だった。

総量は1000リットルであるが、その他に機関室後部に200リットル入りドラム缶を2個、外部装備できる。

車体前面上部は3層の複合装甲となっている。具体的には、60ミリ厚鋼板＋105ミリ厚グラスファイバー樹脂成形板＋50ミリ厚鋼板で、対装甲弾に対する抗堪力は実体弾（APFSDSなど）に対しては410ミリ、成形炸薬弾（HEAT）に対しては450ミリである。

車体側面部は80ミリ厚、後面は40ミリ厚、上・下面は20〜30ミリの圧延鋼板で構成されている。パワープラントはT-44〜T-62に至るソ連中戦車のものの発展型で、心臓たるエンジンはV-46スーパーチャージャー付きディーゼル・エンジン（780hp）、操向・変速機構はT-62までのものの改良型である。

足回りは、アルミ製の中型転輪を片側6個と上部のリターンローラー3個、後部の歯車型スプロケット、前部の誘導輪を組み合わせた西側の標準的主力戦車と同様のものとなった。各転輪はトーションバーで懸架され、前部の1、2軸目と最後部の転輪にはアーム油気圧式ダンパーが連結されている。

履帯はシングルピン式ながら、ゴムブッシュ付きのウェットライブピン式RMShで、旧来のドライピン式に比べて運用寿命が大幅に延伸されている（走行距離7000キロ）。なお、この履帯は1960年代半ばに開発され、T-54／55やT-62にも共用できるものとなっている。

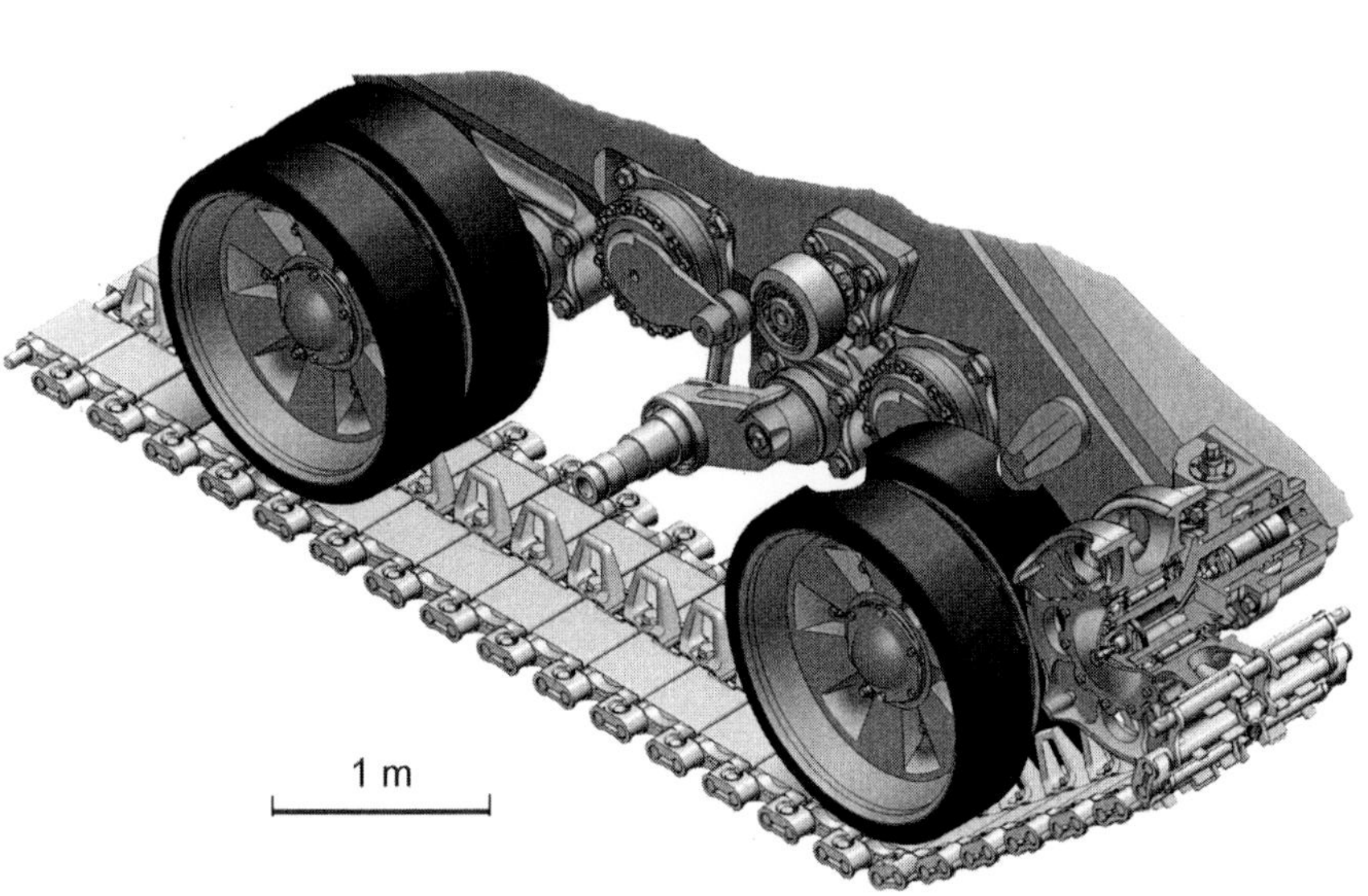

トーションバー・サスペンションで独立懸架線されたT-72の足回り。転輪ハブ部などは、ほとんどアルミ製のものである。

車体側面の左側フェンダーは雑具箱が配置されているが、右側の燃料タンクともども一体的に成形されたようなスマートなデザインとなっている。そして、フェンダー前部には間隔をあけて各側4枚ずつのエラ型補助装甲が配置されている。これは、バネで45度の角度に展開できるもので、戦闘時に斜め前から発射されるＨＥＡＴ弾に対して側面部を防御するためのスタンドオフ効果を期待したものである。のちにこれら各装甲板は、ごく薄い鋼板と上下部分のスチールメッシュ内蔵のゴム製スカートに取って代わられることになった。

砲塔

砲塔は一見するとソ連戦車で標準だった通常の鋳造構造に思えるもので、Ｔ-72が西側の目の前に現れた頃は、「相変わらず避弾経始を防御力構成の主眼に置いた、旧来型の発想」と評価した向きもあった。しかし、実際は砲塔前半部の周囲に複合装甲を採り入れており、防弾鋳鋼＋アルミナ（酸化アルミニウム）系セラミック層＋防弾鋳鋼というサンドイッチ構造になっている（それぞれの厚みの詳細は不明）。

複合装甲としての数字的データを示しておく。このサンドイッチ構造の砲塔部装甲の効果は、実体弾に対しては４１０ミリ、成形炸薬弾に対しては５００ミリである。砲塔後半部についての厚みは、80～１００ミリ程度である。

シベリア地方特有のタイガ（針葉樹林帯）を行動中のＴ-72A。機関室後部には、予備燃料を充填した２００リットル入りドラム缶２個が取り付けられている。こうした装備は、Ｔ-54／55以来、ロシア戦車の特徴となっている。（c）ITAR-TASS Photo Agency

演習場内の未舗装路を走るT-72A群。車体前部中央から操縦手が顔を出して運転するため、邪魔にならぬよう125ミリ主砲はそれぞれ斜めに指向されている。車長席には、本シリーズ独特の防風シールドが取り付けられている。 (c) ITAR-TASS Photo Agency

砲塔部は乗員が従来型の3名から2名に減らされた分、その空いた容積を巨大な125ミリ滑腔砲のブリーチ部や駐退機構、それにFCS関連機器にあてているほか、内部に向けて装甲厚を増やしていく形になっている。

そのため、砲塔部右側に車長、左側部に砲手が搭乗するが、そのスペースは大変に狭い。まして砲塔底部には、22発分の弾頭と分離装薬がぐるりと二重に並べられた自動装填装置の装弾トレイが存在しており、車長と砲手はその上に配置された座席に足を伸ばして、各種機器の間に挟み込まれるような形で乗らざるを得ない状況である。

また車長の武装はすべて砲塔部に搭載されている。主砲はT-64Aと同じ125ミリ滑空砲D-81TM（2A46）で、諸元については本誌「T-64」の項（【125ミリ滑腔砲搭載型T-64Aの登場】（114頁）参照）で触れたとおりである。

主砲には二軸式スタビライザーが装備されているが、これは自動装填装置があってこそ本来の威力を発揮するものといえよう。T-72に導入された「カセトカ」自動装填装置は、砲手が操作ボタンで選んだ弾種をトレイの回転でブリーチの後方まで移動させ、それをワイヤーで引き上げて動力ラマーで装填する仕組みである。

理論上の発射速度は1分あたり8発で、搭載弾薬は装填装置のトレイの22発と予備弾を合計して39発分である。ちなみに予備弾を乗員の手で装填する場合の発射速度は、1分あたり2発とされている。

本車のFCSの最大の特徴は、T-64シリーズ同様の基線長式測遠照準器TPD-2-49を導入していることだ。これは、アメリカ戦車ではM-47以来導入されてきたもので、T-62までソ連戦車で使われていたレチクル内の目盛りでおおよそ射程距離を読み取るスタジアメトリック式に比べて、1500メートル以上の射程においても相当に正確な測定が可能だった。この西側戦車並みの高精度と、125ミリという大口径戦車砲の威力で105ミリ砲搭載型の西側戦車を大きくアウトレンジしようというのが、T-64AやT-72の真価を構成するものだったといえる。

副武装は、同軸の7・62ミリPKT機銃（弾薬2000発）と車長キューポラに取り付けられた12・7ミリNSVT重機関銃「ウチョース」（弾薬300発）で、「ウチョース」は、旋回式キューポラに後ろ向きに取り付けられている。なお、NSVTは先行量産型には装備されておらず、1973年以降、ソ連戦車全体で対空機銃装備を復活した際に装備されるようになった。

以上のように、1974年からソ連軍に本格的装備が始まったT-72（オブイェークト-172M）は、T-64AとともにNATO機甲部隊を量的な側面のみならず、質的な側面でも凌駕し

演習場を進むT-72A主力戦車の群れ。堅実な設計の本車は、他の新鋭戦車に比べて運用コストも低く、信頼性に富む戦車である。（c）ITAR-TASS Photo Agency

訓練用に掘られた水壕で潜水渡渉を実施中のT-72A。ＯＰＶＴ装置のシュノーケルを砲手ハッチ部に立てているが、訓練ではよく使われる車長キューポラ取り付けのカニングタワー（外部視察・脱出用）は取り付けられていない。実戦時に近い状況での訓練だ。（c）ITAR-TASS Photo Agency

ようという1950年代以来のソ連装甲部隊の切実な課題に応える精鋭兵器だった。そしてヴァゴンカ設計局にとっては、T-34中戦車以来、ソ連における戦車開発の大御所だったハリコフのKB-60を乗り越えた金字塔でもあったのである。T-72（オブイェークト-172M）は、1974～75年にかけて量産された。

▼バリエーション

早期から始まったバリエーション展開

1974年からソ連戦車師団への配備が開始されたT-72は、程なくソ連政府が外交戦略上重視し軍事援助面で優遇している友好国リビアやシリアなどへ輸出型が供与されることとなった（T-72輸出型の量産は1975年より開始）。

早くも1978年には、基線長式測距・照準器を持つT-72主力戦車がリビア軍の編成の中に確認されている。これらは型式分類上、「エクスポールトゥイ（輸出）」あるいは「1975年型（M1975）」との呼称が追加されただけであるが、装甲は複合装甲を用いておらず、砲塔部は防弾鋳鋼で、車体前面部も圧延鋼板を重ねただけのものに変えられている。

T-72輸出型は、1977年にライセンス生産権がポーランド・チェコスロバキアに委譲され、両国でも1978~80年に生産された。輸出型がリリースされる一方、新たに開発されたレーザー測距・照準器を導入することを軸にした改修型の製作が着手された。1976年末に開発が始まったオブイェークト-174は、レーザー測距儀TPD-K1をそれまでの基線長式測距儀TPD-2-49に代えて装備するとともに、砲塔前半部の装甲が強化された。

砲弾鋳鋼とアルミナ(酸化アルミニウム)系セラミックをサンドイッチしたと思われる「Tip-K(K型)複合装甲を採用したため、耐弾力は実体弾に対して500ミリ、成形炸薬弾に対しては560ミリ(いずれもRHA=均質圧延鋼板圧に換算)まで向上しており、また、車体前上面には16ミリ厚の追加装甲が取り付けられている。

これらの改修措置は、1973年の第四次中東戦車における戦訓と、その後の情報で西側の主力戦車砲である105ミリL7がAPDS弾に代わるAPFSDS弾を用いるようになったことが判明したことによる。ソ連軍に装備された他の戦車兵力ストックにも後付けでレーザー測距装置が追加され、西側戦車が優勢を誇った中~大射程における主砲命中精度の差を縮め、装甲防御力面でも対抗し得るようにすることが全体として努力された。

その他に、主砲搭載弾数が39発から44発に増やされている

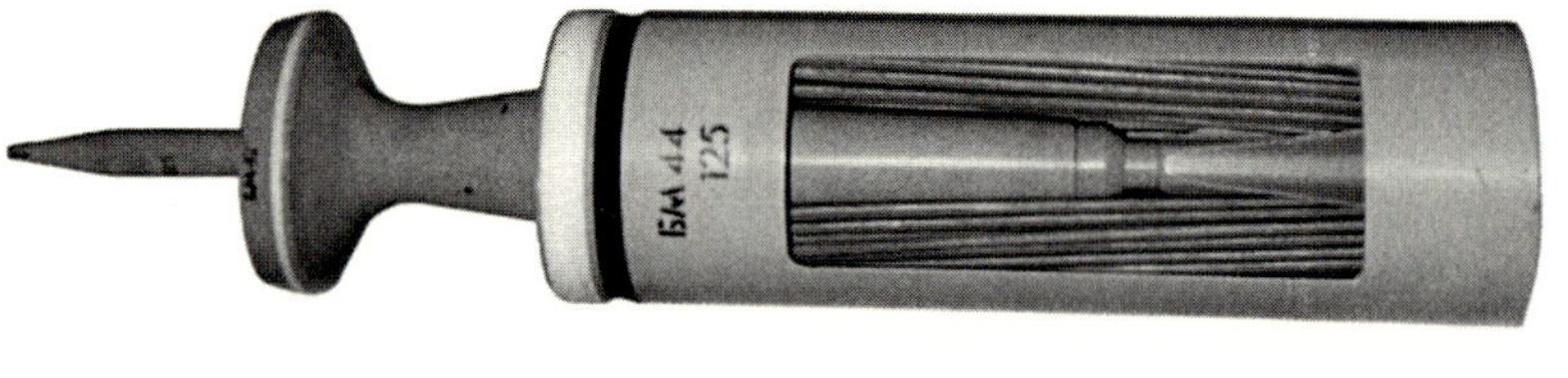

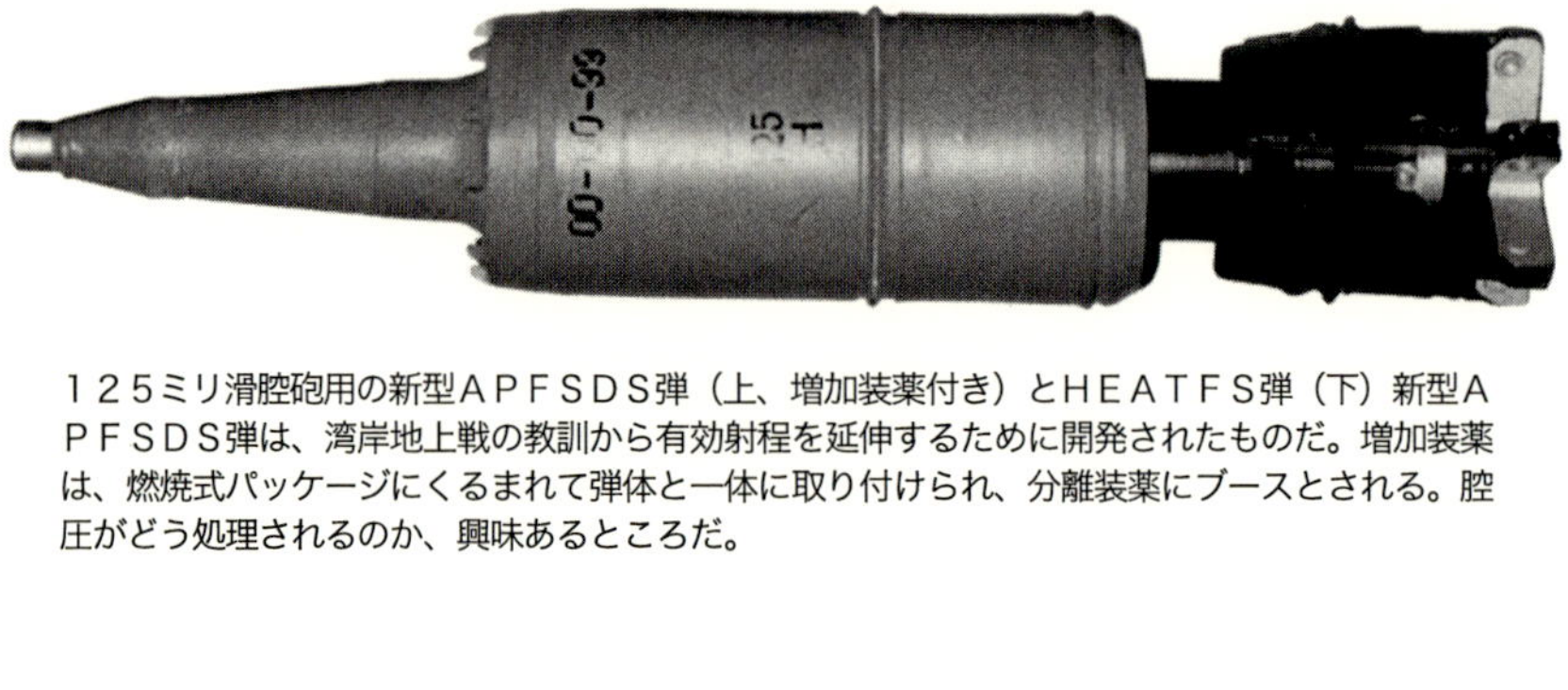

125ミリ滑腔砲用の新型APFSDS弾(上、増加装薬付き)とHEATFS弾(下)新型APFSDS弾は、湾岸地上戦の教訓から有効射程を延伸するために開発されたものだ。増加装薬は、燃焼式パッケージにくるまれて弾体と一体に取り付けられ、分離装薬にブースとされる。腔圧がどう処理されるのか、興味あるところだ。

（自動装填装置のトレイ上に充填される弾薬は22発分のまま）。

照射装置などもアップデート

オブイェークト-174は1978年にT-72Aとして制式採用され、1979年から1985年のかけてウラル戦車工場で量産された。同時に、T-72の砲塔部装甲強化型（オブイェークト-172M1、「ウラル-1」とも呼称）も製作されたが、このタイプは既存の車体の改修によるもの（砲塔前半部に装甲を追加）と新規生産のものがあった。いずれも砲塔上面に基線長式測距儀が装備されているように見えるが、実際はレーザー測距儀TPD-K1に換装されており、砲塔上面右側のレンズ用開口部が鋼板で塞がれている。

あわせて暗視システムも改善が図られた。夜間戦闘用システムは赤外線／パッシブ両用の夜間照準装置TPN-3-49が導入され、主砲右脇に装備される赤外線照射装置も強化されたL-4A「ルナ-4」に換えられた。これによって、赤外線照射による戦闘可能距離は従来の800メートルから1300メートルに延伸され、パッシブによる可視距離は500メートルとなった。操縦手用暗視装置も赤外線／パッシブ両用のTVNE-4Bとされた。

1980年以降、煙幕展開システムとしてエンジン排気マフラーを利用したTDAに加え、西側で使われているものと同様のスモークディスチャージャーである902B「トゥーチャ」を砲塔前半部周囲に各側6基ずつ計12基装備した。その他に、ジャイロ式ナビゲーション・システムGPK-59が標準装備された。

ちなみに、1992年時点におけるT-72Aの調達価格（売買価格）は、120～180万ドルである。西側（NATO＝アメリカ・イギリスを主軸にした北大西洋条約機構）では「ウラル-1」およびT-72Aの存在を1980年に確認したため、それぞれをSMT M1980、SMT M1980／1またはSMT M1981と呼称した。SMTとは、Soviet Main-battle Tank＝ソ連主力戦車の略である。

あるいは後者については、開発計画呼称であるオブイェークト-174を把握したことから、T-74とも呼ばれたことがある（ちなみにT-80主力戦車のことはSMT M1980／2と称したそうで、T-72シリーズ系統の戦車と見なされていたようだ。T-72Aで砲塔上面などに対放射線クラッド装甲を施したものは、SMT M1980／3と呼称されていた。なお輸出型については、T-72Aタイプに照応するものがT-72M1である。

輸出型の生産と普及

これとは別に、初期のT-72輸出型と同様の砲塔形状（つま

T-72 ウラル

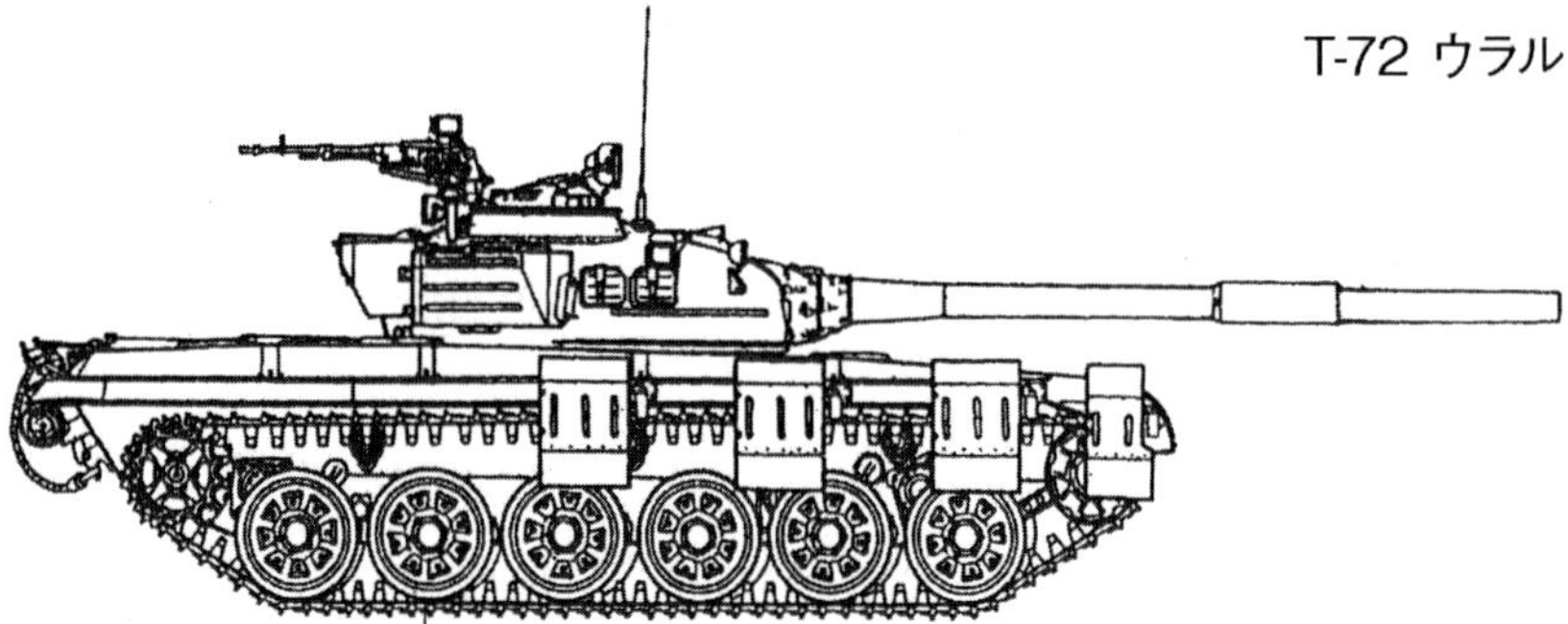

T-72 ウラル-1

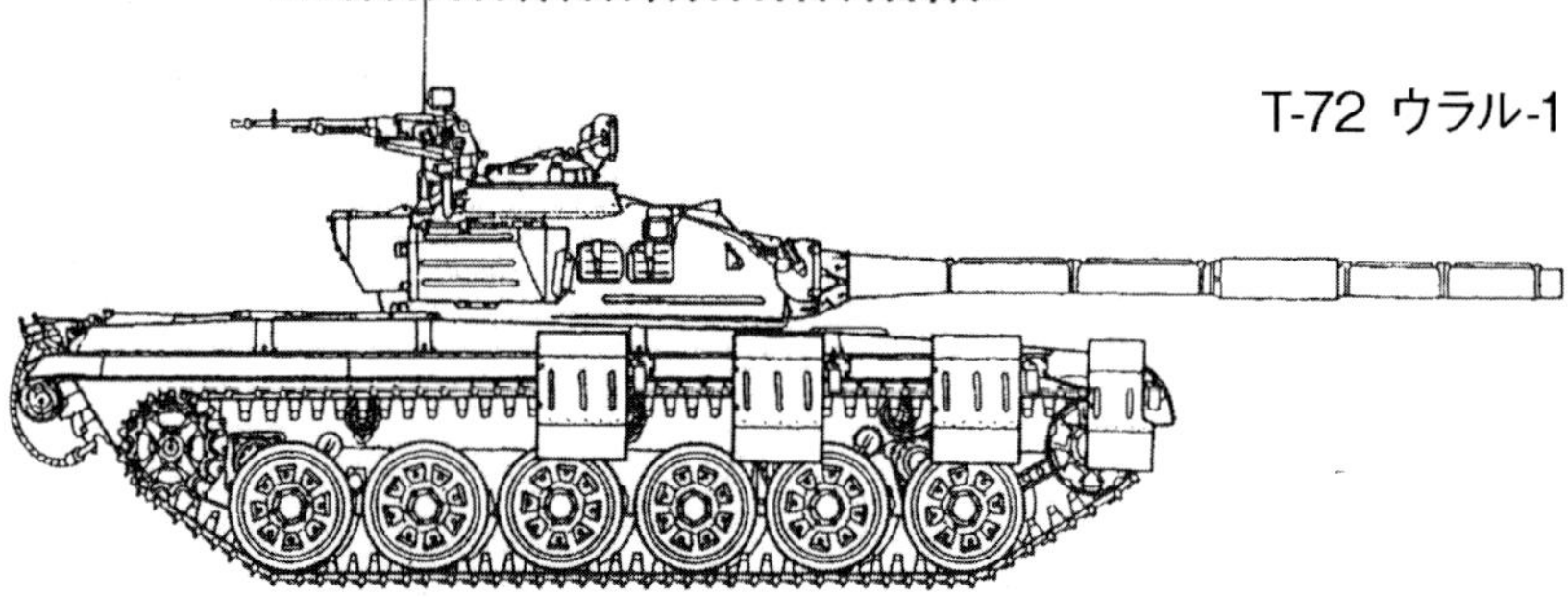

T-72A

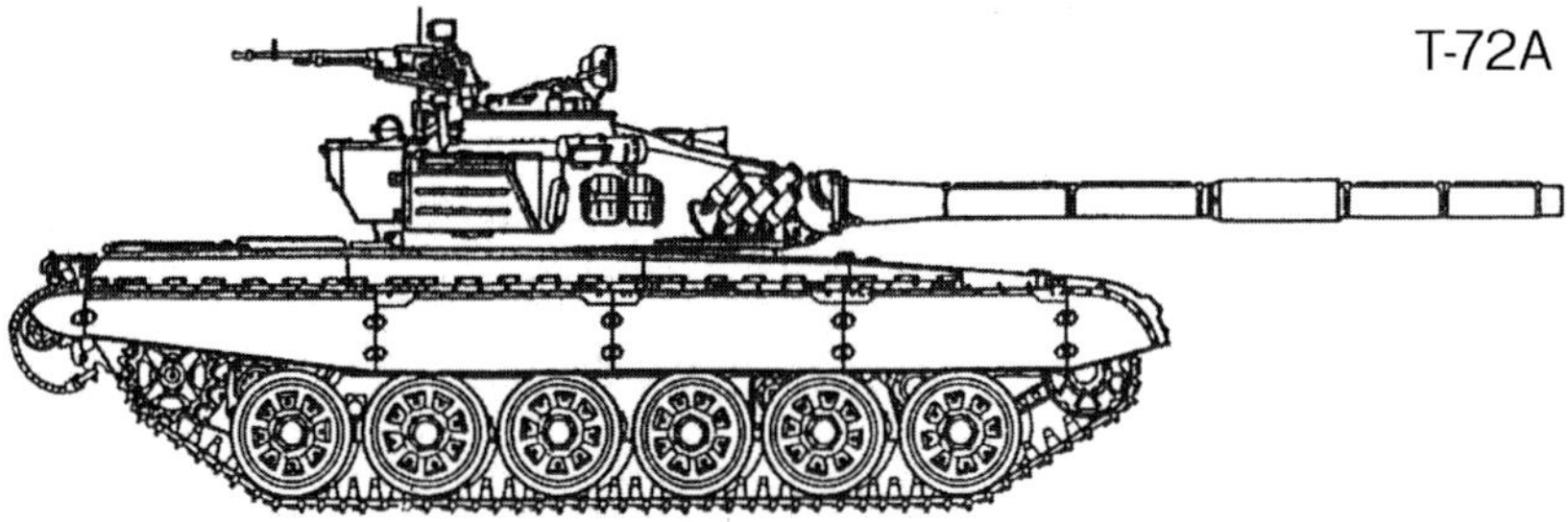

【T-72ウラル】１９７４年から75年にかけて作られた初期型のT-72ウラル主力戦車。１２５ミリ主砲には、金属製サーマルスリーブが取り付けられていない。【T-72ウラル-１】１９７５年から79年に作られたT-72ウラル-１主力戦車。途中からレーザーレンジファインダーが導入されたもので、車体前面や砲塔前半部の装甲厚も増している。【T-72A】１９７９年から量産に入ったT-72A主力戦車。９０２Ｂ「トゥーチャ」発煙擲弾システムを砲塔前面部両側に取り付けているほか、砲塔前面の装甲厚を増している。

り装甲厚が同じ）のまま、測距儀がレーザー式のTPD-K1に代えられた輸出型のT-72Mも存在する。これは、1980年からウラル戦車工場で量産が開始されたほか、チェコスロバキアおよびポーランドでライセンス生産されるようになった普及型だ。1980年代半ばからは、チェコスロバキアとポーランドでもT-72M1の量産が始められた。これが、後にこれらのベースとなったのである。

ちなみに、ユーゴスラビアは1979年にソ連からT-72のライセンス生産権を獲得し、1982年までに自国製試作車を完成させた後、1984年からM-84の名称の下に生産を行なっている。その他に、インドもT-72M1のライセンス生産を1980年代半ば以降から始めたほか、ルーマニアも1984年にライセンス生産権を獲得して独自改修したTR-125の開発を進めてきた。

本国型でT-72Aに対応するまでの各輸出タイプは複合装甲を採用しておらず、砲塔は防弾鋳鋼、車体は均質圧延鋼板（車体前面上部は重層してある）でできている。各型の最大装甲厚は表【T-72シリーズ輸出型の最大装甲厚】のとおりだ。

「ソ連邦崩壊」以前におけるT-72輸出タイプ各型の生産および普及の概要は、次のようなものである。

輸出タイプ最大の生産国はチェコスロバキアとポーランドだ。両国はT-72、T-72M、T-72M1を自国軍用の他に東ドイツなどのワルシャワ条約機構諸国軍に供与したほか、中近東諸国にも計1700輛以上も輸出した（これらはT-72Gと呼称されたことがある）。

T-72シリーズ各型呼称とNATO呼称

本国型	輸出型	指揮官型	NATO呼称
T-72	T-72	T-72K	T-72
T-72［ウラル1］	—	—	—
—	T-72M	T-72MK	SMT M1980
T-72A	T-72M1	T-72AK T-72M1K	SMT M1980/1 SMT M1981
T-72B1	T-72M1M	T-72B1K	SMT M1986
T-72B	T-72S	T-72BK	SMT M1988 FST-1
T-72BM	T-90E（S）	—	SMT M1990

チェコスロバキアでは、以前よりT-54A、T-55、T-62の各中戦車のライセンス生産も行なってきたスロバキア・マルティン市在のZTS（Zavod Turcanske Strojane）で量産され、自国軍用として897輛が供与された。ポーランドでは同じくT-54、T-55をライセンス生産してきたグリヴィッツァ市のBumbar-Labedy工場で量産され、自国軍用としては757輛が供与されている。

この両国が生産したT-72、T-72M、T-72M1は、1991年までに東ドイツに549輛、ハンガリーに138輛、ブルガリアに334輛が供与された。

T-72シリーズ輸出型の最大装甲厚

	砲塔部	車体前部
T-72	410mm	205mm
T-72M	450mm	215mm（60+105+50）
T-72M1	530mm	231mm（16+60+105+50）

西側戦車のアウトレンジする腔内ミサイルを導入したT-72B

1980年代半ばに入ると、アメリカで70年代から開発されてきたM1エイブラムス戦車の大量調達が確実なものとなり、強力な装甲防御力と優れたFCSにバックアップされた火力を持つ同戦車に対抗するため、実質的な主力戦車となりつつあったT-72シリーズも、抜本的な性能向上を求められた。そこで、T-72Aを上回る防御力とT-64やT-80シリーズで採用されていた腔内発射式の長射程誘導ミサイルを導入したオブイェークト-184の開発が企図された。

開発作業は、すでに誘導ミサイル・システムと優れたFCSを導入していたT-64シリーズやT-80シリーズの要素を採り入れることを基本にして行なわれ、1985年にはT-72Bとして制式採用された。腔内発射式ミサイルには、レーザー誘導式の9M120「スヴィリ」（NATOコード名「AT-11スナイパー」）を導入した。これは、有効射程100～4000メートル、成形炸薬弾頭の貫徹性能は均質圧延鋼板に対して700ミリに達するもので、1980年代において最強の対戦車誘導弾といえた。

ちなみに、同じ125ミリ滑腔砲から発射するものであるが、T-80U主力戦車は有効射程が5000メートルに達する9M119「レフレクス」を同じ時期に導入している。これら戦車主砲腔内発射ミサイルは、ソ連にとって西側戦車をアウトレンジして質的優勢を維持するための決め手として位置づけられたもので、「高級主力戦車」のT-64／T-80シリーズに加えて、普及型の主力戦車であるT-72シリーズへの導入が決定されたものだ。腔内発射式ミサイルは、誘導レーザー照射兼測距装置1K-13によってコントロールされる。

誘導ミサイル・システムの導入と同時に、FCSも新機器を採用してバージョンアップが図られた。総合射統装置1A-40はレーザー測距装置のデータ、腔内および装薬温度などの数値を自動的に弾道計算機に入力し、射撃データを提供するもので、これにより命中精度が高められることとなった。FCSの更新とともに、砲塔・主砲の二軸式スタビライザーも目標追随能力を向上させた新型の2E42-2に換えられている。

これらの措置により、自動装填装置の機能も全面的に生かされることとなり、実質的な発射速度が向上したほか、時速30キロ程度で走行中でも、精度面で停止射撃と比べて遜色ない射撃が可能となった。主砲用弾薬の搭載数も45発に増やされた(自動装填装置トレイ上に22発、砲塔・車内各所に23発)。9M120誘導弾は、このうち4~6発程度が定数として搭載されることになっていた。

複合装甲部の増大と爆発反応装甲の導入

なお、他の仕様はそのままに、誘導ミサイル発射機構のみ省略した低コストバージョンのT-72B1も1985年に採用され、並行して量産されてきた。装甲防御力においては、1982年のイスラエル軍によるレバノン侵攻作戦で生起したシリア軍装備のT-72とイスラエル機甲部隊との戦闘の教訓をふまえ、装甲防御面においてもいくつかの改善要素が盛り込まれた。

装甲防御力の強化は、複合装甲部の厚さの増大と、爆発反応装甲の導入の二方向で図られた。車体前面部は圧延鋼板の厚みを増したほか、砲塔前半部のアルミナ系セラミック封入部分は飛躍的に厚さが増加され、結果として、この部分が大きく張り出す形となった。

爆発反応装甲は、1970年代より開発されてきたコンタクト・システムまたはEDZ(エレメントゥイ・ディナミーチェスキー・ザシーティ=爆発防御構成物)と呼ばれるもので、鉄鋼科学研究所(NII STALI)において1983年に完成した。これは、日本人的感覚でいえば「弁当箱大」の薄い鋼板製ボックス内に板状に加工された炸薬と一緒に2枚のスチールプレートを組み合わせて収めたものである。HEAT弾や実体弾が命中すると、炸薬の爆発とそれにともなって吹き飛ばされるスチールプレートがメタルジェットや貫徹体を斜めに遮り、これらのエネルギーを奪って(貫徹体に対しては、その後部を寸断することを含めて)貫徹を妨げる仕組みである。

コンタクト・システムのよる追加的な装甲防御効果は、RHA換算で120ミリ(対APFSDS)といわれる。EDZは1984年からT-80A主力戦車への装着が始まり、次いでT-72シリーズにも導入されていったが、供給数が間に合わず、T-72Bもごく初期の生産分は装着されないまま部隊への引き渡しが行なわれた。1985年以降、順次新規生産分の

マインプラウ（地雷除去のための鋤［すき］）を車体前部の履帯前に取り付けたT-72BV。1980年代半ばに登場したこの型は、爆発反応装甲ブロックEDZを導入し、腔内発射式誘導ミサイルの発射も可能にしたT-72の最強バージョンといえた。（c）ITAR-TASS Photo Agency

T-72Bに装着されるとともに、既存のT-72Aへの取り付けもオーバーホール時に実施されていった。

EDZを取り付けたT-72Aは、ロシア語で爆発を意味する「vzruiv」の頭文字Vを型式呼称に付け加えて、T-72AVと呼ばれるようになった。T-72Bについては、当初から標準装備することを予定していたこともあり、EDZを装着したタイプについて型式呼称にVを付け加えることはない。

T-72AVおよびT-72BへのEDZブロックの標準的な取り付け数は、砲塔と車体で計227個程度であるが、必要に応じて取り付け面積を拡大したり、重要箇所に二重三重に取り付けることも可能である。EDZブロックを227個取り付けた場合に増大する重量は、概ね2・5トン程度である。

その他に、装甲厚の増大や各種装置、EDZの追加装備によって重量が増大したT-72Bは、機動性能を低下させないよう、出力を向上させたV-84-1ディーゼル・エンジン（840hp）を搭載するようになった。

T-72Bは、これまで記したことからわかるように、それまでのT-72シリーズとは明らかに一線を画した1980年代の時点において画期的性能を持つ主力戦車に成長したものといえた。

1987年からは輸出型のT-72Sの量産が開始されたが、こちらは装甲などについては以前の輸出型のように通常型に〝格落ち〟させず、複合装甲が用いられた上にEDZすら装着された。しかし、総合射統装置や誘導ミサイル・システムが省略されるなど、総合的性能の面でソ連本国型に比べて一段、落とされているのは相変わらずだった。

緑濃き夏の演習場を行動中のT-72AV主力戦車。手前の戦車は、履帯の前にKMTマインプラウ（地雷除去のための鋤）を取り付けている。車長用キューポラ部には、風防シールドが取り付けられている。

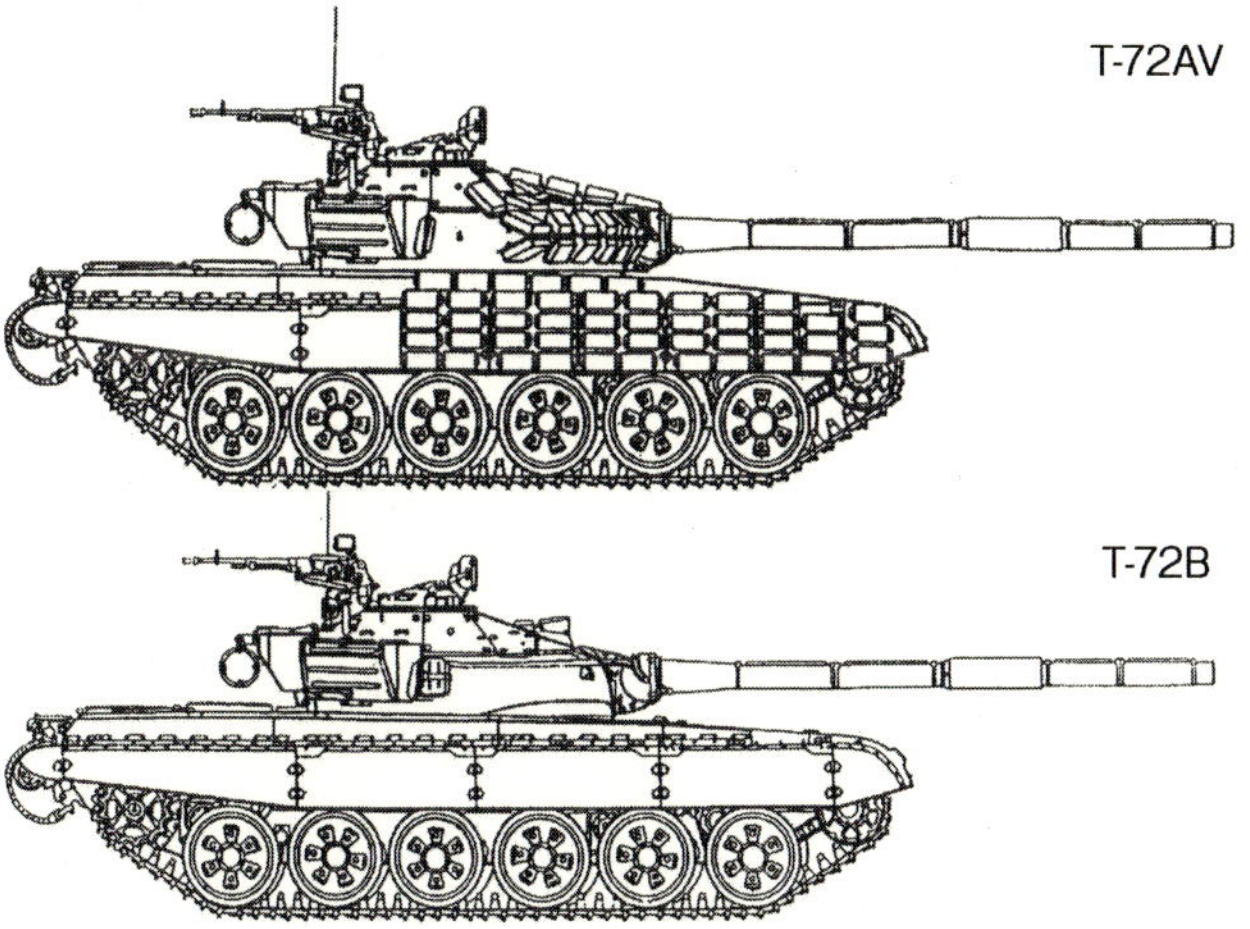

【T-72AV】１９８０年代前半より導入された爆発反応装甲ブロックＥＤＺを取り付けたT-72AV主力戦車。この頃は、アメリカが開発した中性子爆弾に対抗するための鉛含有クラッド装甲を砲塔上面や操縦席上面などに導入していた。【T-72B】１９８５年より作られたT-72B主力戦車。砲塔前面部装甲を大幅に増強し、１２５ミリ滑腔砲からは誘導ミサイルを発射できるようになった。このミサイル発射機構を省略したT-72B１も量産されたほか、ＥＤＺを取り入れたT-72BＶも登場した。

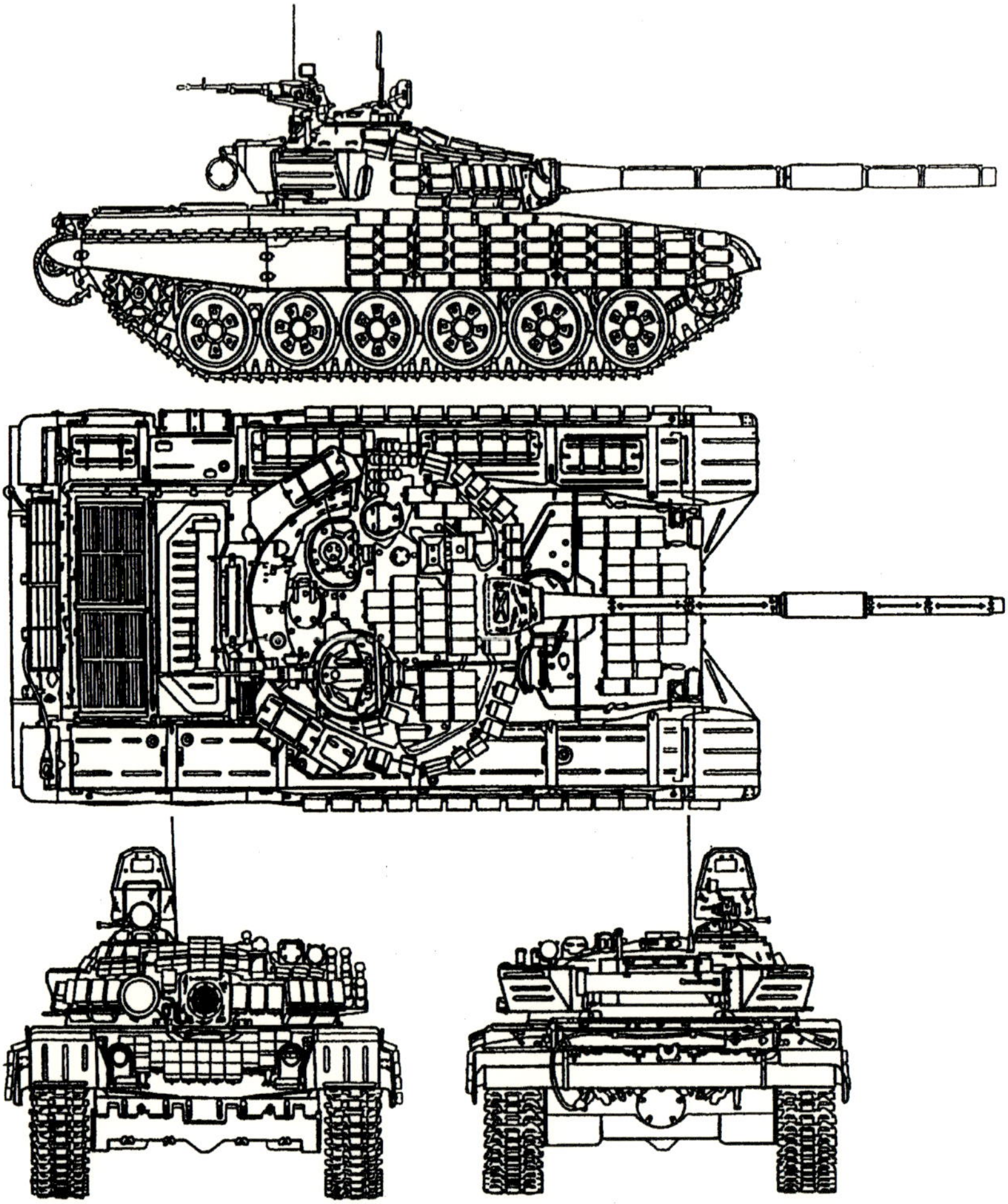

T-72BVの4面図。EDZをびっしり取り付けたT-72BV。後に新型の爆発反応装甲システム「コンタクト-5」が導入されたが、鎧甲冑をきたような姿は、小さなEDZを用いたことで醸し出されるイメージだ。

《コラム⑬》ロシア国外でのT-72派生型の展開（1）

T-72シリーズは国外でライセンス生産されるとともに、それぞれの生産国独自の改修も実施されて独特のバリエーション展開をしている。代表的なライセンス生産国は旧チェコスロバキア、ポーランド、旧ユーゴスラビア、インドなどで、さらにT-72のエッセンスを採り入れた主力戦車の開発と生産が中国やパキスタンで行なわれている。

本欄で各国が独自に改修、展開したバリエーションの概要を紹介してみよう。

M-84（ユーゴスラビア）

M-84は、ソ連からユーゴスラビアがT-72のライセンス権を購入して生産を始めたもので、1984年に量産に入った。1992年までに600輌が造られ、200輌がクウェートに輸出されている（その一部は、1991年の湾岸地上戦に多国籍軍側で作戦に参加している）。ソ連・ロシアで使用しているT-72シリーズとの違いは、砲塔部のFCS機器関係である。外見では、砲塔前部中央にFCS用環境センサーのポールが配置されていることが識別点である。

他に、独自のレーザー測距照準器や弾道計算機を搭載しているが、これらはドイツなど西側諸国からの技術導入が図られている。またディーゼル・エンジンを1000hpのものに換装したM-84Aが生産後期に開発されており、クウェートに輸出されたタイプはさらにFCSのバージョンアップを図ったM-84ABと呼称されている。

M-84ABは、スロベニアでもほぼ同仕様で生産され、M-84A4スナイパーと呼ばれている。スロベニアは、同車を36輌装備している。

その他に、圧延鋼板の溶接構造を持つ砲塔と独自開発の爆発反応装甲を装備したM-84の派生型として、M-95デグマンがクロアチアで開発されている。

PT-91トワルディ（ポーランド）

ワルシャワ条約機構時代からT-72M（輸出型）をライセンス生産してきたポーランドは、非社会主義化以降も自国軍装備用と国際兵器市場への輸出用を兼ねて、これをベースに新機構を導入したPT-91トワルディ戦車をリリースした。最初の試作車は1992年に完成し、以後98年までにポーランド軍用として60輌が引き渡され、輸出市場からのオファーを持っている。

主な改良点は、ポーランドが独自に開発したERAWA-1（またはERAWA-2）リアクティブ・アーマーとパッシブ（微光増幅）式暗視装置を導入するとともに、精度を向上させたFCS、対地雷防御システムの導入、スモークディスチャージャ

T-72シリーズの装備国と数量（総計18,148輌／2002年現在）

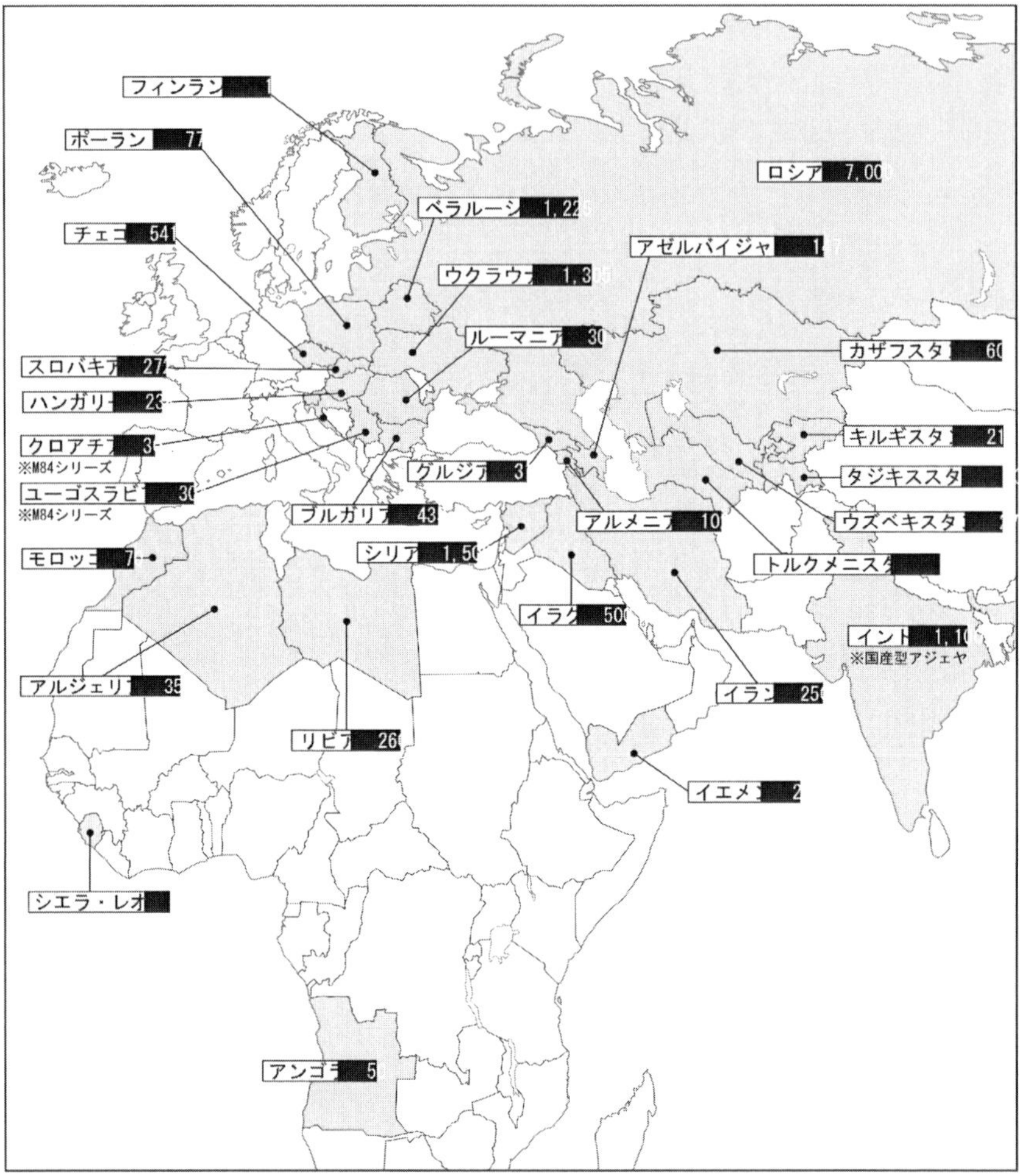

T-72シリーズの売買実績（総計1,484輌／1992～2000年）

販売国	購入国	購入数	取引年
ベラルーシ	ハンガリー	100	1996
	イラン	8	2000
	モロッコ	70	2000
	イエメン	27	2000
チェコ	シリア	81	1992
ドイツ	フィンランド	97	1992
	スウェーデン	5	1992
	アメリカ	27	1993
カザフスタン	ベラルーシ	53	2000
ポーランド	イラン	34	1994
		70	1994

販売国	購入国	購入数	取引年
ロシア	インド	100	1992
	イラン	100	1993
		20	1994
		2	1996
		4	1998
	ブルガリア	100	1999
トルクメニスタン	ロシア	530	1996
ウクライナ	シエラ・レオネ	2	1994
	アルジェリア	27	1998
		27	1999

ーの増設（砲塔両側に計24基）などだ。

また、エンジンも850hpのS-12Uスーパーチャージャー付き多燃料ディーゼル・エンジンに換装されている。ポーランドは生産車体の引き渡しとともに、既存のT-72戦車からの改修もキット化し、輸出商談を展開している。1995年頃ポーランド軍はT-72輸出型を777輌、PT-91を20輌運用していた。

T-72CZM4（チェコ）

現在、チェコとスロバキアに分離した旧チェコスロバキアもワルシャワ条約機構時代よりT-72M1戦車のライセンス生産を行なってきた。非社会主義化のなかで、チェコも武器輸出を外貨獲得の重要な手段にしようとしていたが、91年の湾岸地上戦においてイラク軍のT-72が多国籍軍のM1A1やチャレンジャーなどの西側戦車に一方的敗北を喫したことはT-72輸出型を有力商品としているチェコにとって打撃となった。

そこでチェコ政府は、1995年よりT-72M1のアップデート計画について競争発注を行ない、軍の整備工場VOP025が提案したプランが採用された。その4番目のバージョンであるT-72CZM4について現在、輸出型として売り込みが展開されている。

主な改善点は、FCSをイタリアのオフィシネ・ガリレオTURMS-T総合システムに換装し、複合装甲と爆発反応装甲を組み合わせた新型モジュール装甲の採用、イギリス製CV-12ディーゼル・エンジン（1000hp）とアメリカ製アリソンXTG-441-6ミッションを組み合わせたパワーパックの導入などである。

《コラム⑭》湾岸戦争でM1A1を撃破したイラク軍のT-72

「ソ連製高性能戦車T-72」の神話を終焉させたのが、1991年の湾岸地上戦での多国籍軍に対するイラク軍の一方的敗退であることはよく知られている。1990年代から、筆者はこの問題について取り上げ、詳しく論じたことがある。

よく、アメリカのM1A1エイブラムス戦車と比較して「T-72は旧式戦車にすぎなかった」といわれるが、戦車同士を比較する場合、それがどのような状況下で要求される能力をどのように発揮したかについて具体的に検討し、結論を出すべきだろう。

その点でM1A1と比較して、T-72はFCSの性能も戦車砲自体の火力性能も劣り、戦車戦闘において決定的に不利だったのは明確であるが、そうしたなかでも、イラク側が有効な運用を行なって何輌かのM1A1を撃破したことは明らかになっている。

その実相については、「軍事研究」編集スタッフとしても活躍されている河津幸英氏がまとめられた『戦場のＩＴ革命　湾岸戦争データファイル』（アリアドネ企画、２００１年５月刊）で詳しく紹介されているので、ぜひ参照していただきたい。河津氏は、「73イースティングの戦い」について、イラク大統領警護隊司令官アル・ラワイ将軍の采配でＴ-72戦車が反斜面戦法で活用され、多大な損失を出しつつも有効射程まで引きつけたＭ１Ａ１を狙い撃ちして撃破したケースを取り上げている。

Ｍ１Ａ１の１２０ミリ滑腔砲は、ＡＰＦＳＤＳ弾の有効射程が３５００メートルに及ぶ一方、Ｔ-72の１２５ミリ滑腔砲はそれが２０００メートル前後にしかならず、しかも悪天候下や夜間に行なわれた戦闘のなかでＭ１Ａ１がサーマル映像暗視装置を使用したため、多くの場合、イラク戦車が目標を視認しないうちに一方的に命中弾を浴びせられたというケースが多かった（Ｔ-72の暗視交戦距離が１３００メートル程度に対して、Ｍ１Ａ１のそれは２０００メートルに達した）。

この実情を看破したアル・ラワイ将軍は、ワジ（砂漠の中の渇き河で帯状の窪地を形成）の反対斜面にＴ-72を布陣させ、ワジの向こうから攻めてくるアメリカ機甲部隊をワジに入りかける崖線上、そして反対側下り斜面に進行させる途上で狙い撃ちする戦術をとった。結果として、強力なエアランド・バトル戦術を展開するアメリカ機甲部隊の突破を防ぐことはできなかったが、同地を突破するなかで数輌のＭ１Ａ１が１２５ミリ滑腔砲の餌食になった。やられたＭ１Ａ１は、砲塔基部を貫徹されたり、砲塔後部バッスル（車内空間がつながっている、砲塔の後ろについている張り出し）の弾庫や機関室側面に命中弾を受けて撃破されたケースが明らかになっている。

死者が出なかったのは、乗員の安全性を最優先した設計の面目躍如であるが、この例はＭ１Ａ１とて「不死身の無敵戦車」ではないことを示している。ちなみに、湾岸地上戦に備えて一部のブロック内に劣化ウラン（ＤＵ）のプレートを追加し、重装甲タイプのＭ１Ａ１戦車の前面装甲を均質圧延鋼板（ＲＨＡ）の厚さに換算した実体弾に対する防御力は３５０ミリにすぎなかった（Ｍ１Ａ１ＨＡは６００ミリ）。

これなら、ワジの地勢を活用して１０００～１５００メートルの範囲に持ち込んだ交戦で旧式な鋼製ペネトレイターを使用したイラク軍のＴ-72主砲でもＭ１Ａ１に損失を与えることは可能だ。

使用したＴ-72戦車を含め、地上戦でのイラク軍の敗北は、多国籍軍が徹底して繰り広げたエアランド・バトルにより制空権を失い、各部隊が分断されたことによる要素の方が戦車の性能の大きな格差以上のものがあったと思われる。

射撃訓練中のT-72A。１９９１年の湾岸地上戦では、油井火災による黒煙が戦場に漂ったり多国籍軍の戦闘行動が夜間にも中断されなかったりと、空間の透視条件が悪い中、サーマルビジョンをＦＣＳに組み込んだＭ１Ａ１ＨＡエイブラムス主力戦車が射撃戦で一方的勝利を得た。しかしT-72の１２５ミリ滑腔砲も決して低威力な戦車砲ではなく、数輌のエイブラムスを撃破している。（c）ITAR-TASS Photo Agency

《コラム⑮》ロシア国外でのT-72派生型の展開（２）

T-72Ｍ２ MODERNA

スロバキア共和国も、93年のチェコとの分離後にT-72シリーズの独自改修に手をつけた。

スロバキアのマルティン工場は、T-72Ｍに独自開発の爆発反応装甲システム・ダイナや新型のＦＣＳを追加するとともに、対空・対地用のエリコン20ミリ機関砲ＫＡＡ-００１を２門、または30ミリ機関砲２Ａ42（ＢＭＰ-２のものと同一）を1門、砲塔後部に装備するものとした。当初、これはT-72アンタレスと呼ばれたが、後にT-72Ｍモデルナと改称された。

ＦＣＳは、車長用ＣＡＴＶサイトおよび砲手用照準装置などを含め、ベルギーのＳＡＢＣＡ社製のものに更新している。これらの装備更新は、改修キット化され、T-72シリーズの運用国のオファーを持っているという。あわせて、２７２輌装備されたスロバキア陸軍のT-72シリーズも順次、モデルナ仕様に改修されていく。

T-72BANAN/T-72AG

ソ連邦崩壊後、独立したウクライナ共和国にはハリコフ市の旧第75マールシェフ記念工場（現マールシェフ・プラント、T-34中戦車を開発した伝統的戦車企業）が残されたこともあり、独自にT-72戦車バージョンアップが企画された。

最初に企画されたのは、エンジンをより強力なシリンダー水平配置型ディーゼル・エンジン6TD-1、または6TD-2（1200hp）に換装するとともに、爆発反応装甲システム（EDZ）を追加した改修キット「バナン（バナナ）」である。EDZは、1980年代半ばより旧ソ連軍で用いられた小さなコンテナに爆発パネルを収めたタイプであるが、ウクライナのドネツキー化学工場はこれの性能向上を図り、4S14、4S20、4S22の3タイプがあるという。

新規開発した1V528弾道計算機を組み合わせ、新型125ミリ弾頭の導入とあわせて有効射程を3000メートルまで延伸、射程2000メートルの移動中の敵戦車に対して85％の命中精度を発揮できるという。

また、車長用キューポラに装備される12・7ミリNSVT重機関銃は、T-64シリーズやT-80シリーズ同様に車内からリモコン操作で発射するシステムを導入している。

防御面では、T-80UやT-90同様にHEAT弾とともにAPFSDS弾にも効果があるとされている爆発反応装甲コンタクト-5を導入した。HEAT弾に対するウィークポイントであった砲塔後部両サイドには、上面がブローオフできるようになった大型の装甲ボックス（雑具入れ）が追加される。

ウクライナは、T-72AGをベースにFCSをフランスのSAGEMのものに換えたT-72MPや、NATOと砲弾を共有できる120ミリ滑腔砲を搭載したT-72-120も開発し、改修キット化して売り出しを図っている。

《コラム⑯》T-72ベースの新型架橋戦車MTU-72

T-72主力戦車をベースにした架橋戦車MTU-72の新型で、架橋部分が従来の両端折り畳み式のものから、全体が半分に折り畳まれるものに更新されている。車体は、複合装甲を省いたT-72輸出型並みのもの（圧延鋼板を何枚か重ねたもので、合計200ミリ）だが、前面部に「コンタクト-5」爆発反応装甲ブロックを追加している。写真はオムスク兵器ショーのデモンストレーションで公開されたものだ。

架橋戦車ＭＴU-72（c）ITAR-TASS Photo Agency

T-80

――世界初のガスタービン・エンジン搭載の実用戦車。運用当初こそ高コストが問題視されたが、精密なFCSなどを装備し「ロシア最強の主力戦車」となった。

▼開発史

苦闘の連続だったガスタービン・エンジンの開発

「世界で初めてガスタービン・エンジンを搭載した実用量産戦車」――ロシアで出ているT-80シリーズ主力戦車の解説に、ほぼ必ず登場する一文だ。実際、T-80は1976年に量産が開始されているので、1980年に量産が始まったアメリカのM1エイブラムスに4年ほど先立っていることは確かだ。

しかし、1976年のT-80主力戦車量産開始に至るまで約30年間にわたって、旧ソ連では戦車用ガスタービン・エンジンの開発に向けた苦闘の歴史を経なければならなかった。

ソ連でガスタービン・エンジンを戦車に搭載する試みが開始されたのは1948年である。ソ連軍機甲総局（GBTU）は、戦時中に開発されたスターリン重戦車を上回る強力な火力と装甲防御力をもった重戦車が試作されつつあったことから、そのパワーソースとして出力／重量比率のよいガスタービン・エンジンに着目したのである（戦争末期、ドイツにおいても戦車用ガスタービン・エンジンの開発が着手されており、あるいはこれにヒントを得たことも十分にあり得ることだ）。

この当時、戦車用ガスタービン・エンジンの開発に取り組んでいたのは、レニングラード市（現サンクト・ペテルスブルグ市）在のレニングラード・キーロフスキー工場（LKZ）で、ここでは独ソ戦で活躍したKV、IS重戦車を開発したZh・Ya・コーチン主任技師率いる設計集団（第二特別設計局＝SKB-2）が引き続きオブイェークト-277などの試作を進めていたのである。

エンジンそのものの開発は、1948年より工場内に設けられたガスタービン生産部でA・S・スタロスチェンコ主任技師の統括下に進められた（1955年以降の主任技師は、G・A・オグロブリン）。彼らは、T-10をベースにした試作重戦車に搭載するための1000馬力級ガスタービン・エンジンの開

オムスク兵器ショーでのデモンストレーションでジャンプするT-80UM。１２５０ｈｐのガスタービン・エンジンによるダッシュ力なら、おやすい御用だろう。ロシアの兵器ショーは、もともとサーカス好きの国民性を反映してか、戦車を飛んだりはねたりさせるのが好きだ。ジャンプさせながら、空中発砲させて標的に命中、なんてデモもT-80UMで披露されている。

発に取り組んだ。

しかし、１９６０年代初めのフルシチョフ政権の決定により重戦車の開発が中断されたため、ＬＫＺでのガスタービン・エンジンの戦車搭載計画もいったん終焉を迎えることとなった。

重戦車用から中戦車・主力戦車用に変更される

１９６０年代には、中戦車あるいは主力戦車にガスタービン・エンジンを搭載する試みが行なわれることとなった。これは、当時の戦車用ディーゼル・エンジンが重量１キログラムあたり０・７〜１馬力を発揮させることが限界であったのに対して、ガスタービン・エンジンは理論上、１・５〜１・７馬力と倍近くまで効率を高められると見られ、戦車のコンパクト化と火力・防御力増強を両立させる上で理想的なパワーソースになり得ると考えられたからだ。

中戦車用のガスタービン・エンジンの開発は、航空機用エンジンを手がけてきたＶ・クリモフ記念レニングラード研究生産共同体（ＬＮＰＯ）が取り組むこととなった。同共同体のＳ・イゾートフ主任技師の統括の下に１９６３年、ＧＴＤ-３Ｔ（８００ｈｐ）が完成し、ニジニ・タギルのウラル戦車工場のヴァゴンカ設計局でＬ・Ｎ・カルツェフ主任技師の統括下で試作開発が進められていたオブイェークト-１６７Ｔに搭載された（ＧＴＤとは、「ガゾトゥルビンノヴァ・ドゥビガチェリャ（ロシア語のガスタービン・エンジン)」の略。以下、本文では簡略化のためガスタービン・エンジンについてGTDとの表記も併用する)。

同じエンジンはチェリャビンスクで試作されたオブイェークト-775TやLKZのオブイェークト-288にも搭載され、運用試験が行なわれた。オブイェークト-288には、350hpのGTD-350を2基搭載する試みも行なわれた(GTD-350は、Mi-2ヘリコプターに搭載されていたものを転用した)。

またその後、改良型のGTD-3TL(700hp)がハリコフの第60設計局(旧SKB-1、KB-60で主任技師はA・A・モロゾフ)が開発中だったオブイェークト-434T(T-64中戦車試作型のガスタービン・エンジン搭載バージョン、T-64T)に用いられ、1965年まで運用試験に付された。

ブレジネフ政権下で開発がより強く推進されることに

以上の意欲的なGTD搭載戦車開発計画では、その運用試験のなかでGTD搭載が戦車の機動性能を画期的に向上させることが確認されたが、ディーゼル・エンジンに比べて極端に悪い燃費や、高い整備コスト、低い信頼性といった問題を克服できず、実用化にこぎつける見通しが出てこなかった。

特に、GTDの稼動に要する大量の吸気を通すエアクリーナ

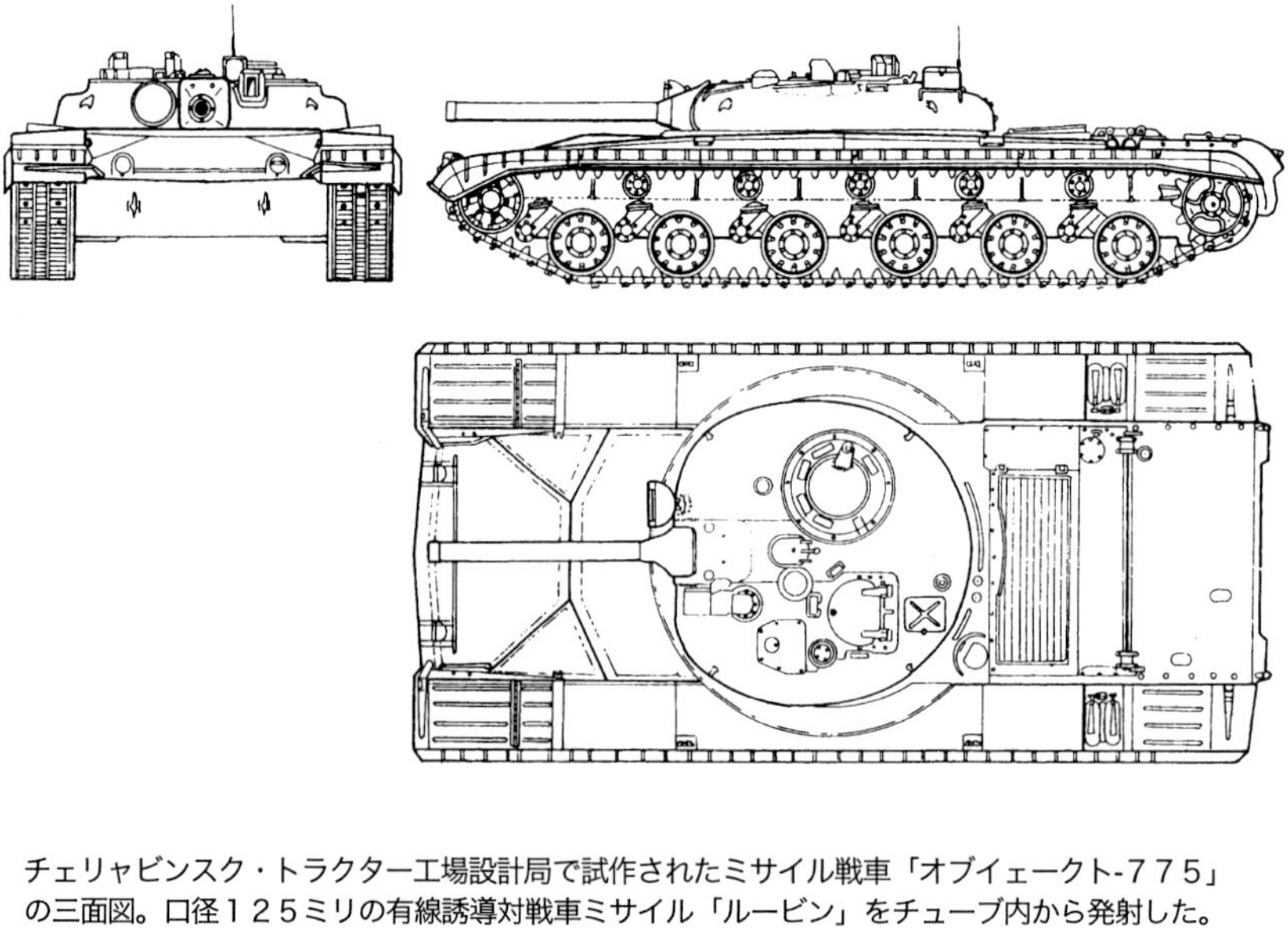

チェリャビンスク・トラクター工場設計局で試作されたミサイル戦車「オブイェークト-775」の三面図。口径125ミリの有線誘導対戦車ミサイル「ルービン」をチューブ内から発射した。腔内発射式誘導ミサイルは、フルシチョフ時代に開発された発射チューブ式のミサイル戦車の武装から発展したものであった。

ーについて、地上で運用する際に砂塵などに対して頻繁な交換なしに十分に対応できる性能を持つものを製造することが、当時のソ連工業の技術水準においては難しい課題だった。

あわせて、これらの設計局で試作戦車に用いられたGTDは、ディーゼル・エンジン搭載の従来型ソ連戦車と同等の行動距離を確保しようとすると、これらの2倍程度の量の燃料を積み込む必要があると見られた。コンパクト化を重要な開発コンセプトとして堅持してきたソ連戦車にとっては設計上、克服しがたい障害に思われた。

しかし、戦車を含む通常兵器の抜本的な性能向上をポリシーに掲げた「ネオ・スターリニスト」＝L・I・ブレジネフ共産党書記長の政治路線の下、1968年4月16日付のソ連邦共産党中央委員会およびソ連邦閣僚会議決定によって、速やかにGTD搭載戦車の実用化を図ることが戦車開発陣・軍に発令された。これを受けて、LNPOは1000hpのGTD-1000Tの開発を行ない、LKZの第3設計局（KB3＝旧SKB-2、主任技師N・S・ポポフ）はこれを搭載する主力戦車の開発に着手することとなった。

なお、LKZの設計局（KB-3）は1960年代初めに、それまでの「売り物」だった重戦車の開発が取り止められていたため、GTD搭載戦車の開発に他の設計局以上に執念を燃やしていたようだ。

コーカサスの紛争地帯におけるT-80BV主力戦車。ブラックグリーン、オリーブグリーン、サンドアースからなる三色迷彩が施されているのが珍しい。手前には、125ミリ滑腔砲の発射装薬部分の撃ち殻が転がっている。固定目標に砲撃を行なった直後だろうか。

T-80戦車の開発

KB-3は、当時の最新鋭戦車T-64AにGTD-1000Tを搭載したオブイェークト-219SP1を1969年に製作した。T-64シリーズにGTDを搭載する点では、T-64Tと同じコンセプトであるが、エンジンそのものの完成度とパワーはオブイェークト-219SP1の方が高いものであった。

しかし、LKZのスタッフたちはT-64の上下作動ストロークの短いトーションバー・サスペンション（重量軽減のためにトーションバーの長さを車体幅の半分程度にとどめたため、その分捩《ね》じれの余裕がとれず固かった）と整備のやっかいなスチールリムのサイレントブロック転輪に満足せず、車体底部の幅いっぱいに這わせる長いトーションバーをサスペンションに採用し、西側戦車で用いられるものによく似た鋳造アルミ合金製のゴムタイヤ付き転輪を導入した。

オブイェークト-219SP2と称された二番目のタイプの試作戦車は、その他にもT-64A以上の性能を持つ射撃統制装置の導入や自動装填装置の改良、装甲防御面の強化などの改修措置が図られた。KB-3のスタッフは、当時ウラル戦車工場のヴァゴンカ設計局が開発中だった廉価版の高性能主力戦車T-72を意識し、GTD導入で明確に高価になる自分たちの試作主力戦車にさまざまな「付加価値」をつけようと考えたのである。

ディーゼル・エンジン搭載戦車よりも大量に消費する燃料の容量を確保するために、車体内部区画に生ずる隙間を余すところなく活用して、小型の燃料タンクが設置された。これらはフェンダー上に配置した車外タンク（5個）と合わせて、全部で13個のタンクに分けられているのだが、これにより、予備タンクを除いた燃料搭載量は1840リットルに達した。ちなみに、T-64Aの燃料搭載量は815リットル、T-72Aは1200リットルである。

つまり、開発のベースになったT-64Aよりも2倍の容量の燃料搭載を可能にしたわけである（それでも、それまでのソ連戦車の路上行動距離が400~500キロであるのに対して、オブイェークト-219SP2は335キロにすぎなかった）。

オブイェークト-219SP2は、運用試験において従来試作されてきたGTD搭載戦車よりも優れた実用性を示し、特に改良された足回りや戦車砲関連機構も洗練されて良好な性能を持っていた。

しかし心臓であるGTD-1000Tがまだまだ完成の域にあるとはいえず、その運用寿命はわずか500時間で、製造コストとともに整備コストも従来型戦車をはるかに上回るものとなることが確実視された。

また、大量の吸気を必要とするための特殊エアフィルターそ

小さな川で渡渉訓練中のT-80BV。ボートに乗った兵士たちがコースを示しながら見守っている。T-80シリーズ用の潜水渡渉装置OPVTは、T-72などよりも大量の吸気が必要なことから、太いパイプで構成されている。（c）ITAR-TASS Photo Agency

の他のGTD特有の関連装置はもちろん、戦後のソ連戦車で標準装備されてきた潜水渡渉装置OPVTも特別に大ぶりなものを製造せねばならなかった。そのスケールは、戦車に搭載した場合も、小型な車体に比べてあまりにめだつ上に、邪魔な装備になってしまう始末だった。

それでも、ベトナム戦争末期から終結に至る時期、アメリカを中心としたNATOおよび西側諸国とソ連を盟主とする東側諸国の軍事衝突の危機・緊張が高まっており、ソ連政府指導部のより高性能な兵器の実用化にかける熱意はどの時代よりも強かった。こうした時代背景のもと、疲弊したソ連経済の実態も省みられずに、オブイェークト-219SP2は1976年7月6日、T-80主力戦車として制式採用が決定された。

▼基本性能

T-80の基本構造と性能

制式採用されたとはいうものの、T-80の量産と運用には多大なコストと手間がかかることが明白であり、実用上も改良が必要な箇所もあった。このため、1976年から78年にかけて生産されたT-80は、数的にも性能的にも実質的には増加試作

T-80の心臓である１０００ｈｐのガスタービン･エンジンＧＴＤ-１０００。強力なダッシュ力を実現する小型・高馬力エンジンで、旧ソ連は戦車用ガスタービン機関実用化に30年の歳月を要した。複雑そうな機構が縦横に這わされた配管やコード類からうかがえる。

大きな吸排気用ダクトが取り付けられたＧＴＤ-１０００エンジン。ガスタービン･エンジンの特徴として挙げられるのは、大量の吸排気が必要なことだ。特に吸気については砂塵などの侵入を防ぐための微細な穴を持つフィルター装着が必須で、そうした予備構成品を低コストで製造することが旧ソ連工業界には困難だった。

型というべきものだった。

T-80は完成後、T-64シリーズと混成されて駐東独ソ連軍所属の第1親衛戦車軍と第8親衛軍(両軍は1945年春のベルリン攻防戦に投入された部隊がルーツ)に試験的運用を兼ねて配備されるようになった。東ドイツは東西対峙の最前線で、両陣営が「鵜《う》の目鷹の目」でそれぞれの軍部隊や装備の状況を偵察していたため、T-80の配備は比較的早期にNATO側に把握された。

しかし、「装備の単純化、共用化」をポリシーにしていると思われるソ連軍が、125ミリ滑腔砲搭載で、一見するとほとんどコンセプトが同一の主力戦車を3種類(T-64、T-72、T-80)も平行して量産、配備することは〝常識外〟に思われたために、T-80はしばらくの間、西側でT-72主力戦車の新しい派生型と考えられていた。本来は、すでに述べているように、実質上はT-64Aをベースにした発展型というべきものである。その基本的な構造と性能を見てみよう。

車体

車体形状と構造は、基本的にT-64シリーズのものを踏襲している。

圧延鋼板の溶接組み立て構造で、車体前面の上部装甲部のみ圧延鋼板+グラスファイバー積層樹脂板+圧延鋼板の複合装甲を採用しており、前方から、操縦区画、戦闘室、機関室の三区画に分けられている。車体前面の装甲板は68度の傾斜角がつけられており、下部装甲板にはT-64やT-72同様の簡易な折り畳み式ドーザーブレードが取り付けられている。車体前部中央に操縦席が配置されているのはT-64やT-72シリーズと同様だ。

操縦装置はT-34以来のスタイルで、座席の両側の操向レバーを用いた機械式のものだが、動作を容易にするためブレーキとレバーの操作は油圧シフト機構が導入された。

操縦手の外部視察用にはハッチ前方に三方向に向けたペリスコープが装備されるが、そのうちの中央のものはアクティブ暗視用のものに交換できる。これは、車体前部右側のライトにフィルターを付けて照射する赤外線を活用するもので、暗視距離は60メートル程度である。

操縦席の両側には燃料タンクが配置されており、操縦席右横の燃料タンクは6発分の主砲弾薬の収納ケースも兼ねている。燃料タンクはその他に戦闘室と機関室の隔壁部隅や車体側面内壁などの細かな空きスペースを使って車内に計6ヵ所配置されており、右フェンダー後部上に2個、左フェンダー上に3個の車外燃料タンクが配置されている。

T-80の乗員は、ソ連戦車特有の狭い車内に文字どおり1840リットルに及ぶ莫大な燃料と半燃焼式装薬を含む弾薬に挟み込まれたような状態に置かれることとなる。T-64Aと同様に狭い機関室には、周辺機器をパック化したGTD-1000Tがギッシリと詰め込まれており、これらの下にメインクラッチ、トランスミッションが配置されている。

戦闘室と隔壁近くの上面部には、大量の吸気を確保するためのグリルが開口し、エアフィルターを通してGTDに供給される。GTDは圧縮機、燃焼室、タービンの3つの基本部分からなり、大量の吸気は燃料と混合されて圧縮され、燃焼エネルギーはタービンによって回転エネルギーに転化させられる。

排気は、車体後面に設けられたグリルから排出される。なお、排気グリルには従来型のソ連戦車と同様に、マフラー内で燃料を噴射して煙幕を展開するTDA装置も備えられている。

運動性能

GTDはピストン・エンジンと異なり、単純な回転運動でエネルギーを生み出すため急速にパワーを発揮させるのに好都合で、T-80も従来のソ連戦車では見られない画期的な加速性能を持つようになった。

反面、これは湾岸戦争時におけるM1A1エイブラムス戦車でも指摘されたことだが、アイドリング運転時も巡航速度で走行している際と同じだけの燃料消費があり、これがただでさえ悪い燃費効率に輪をかけることになった。

この特性は、そのまま兵站の問題にも直結することになり、「圧倒的兵力で敵を突破」を戦術ドクトリンにしたために、正面装備が過重で補給システムがギリギリであったソ連軍にとって、運用上大きな困難をもたらすものといえた。

なお、予備燃料として、各側フェンダー後端に200リットル入りドラム缶を各1個取り付けることができる。

足回り

足回りについては、トーションバー・サスペンションで懸架されたアルミ鋳造製の転輪（ソリッドゴムタイヤ付き、片側6個）とリターン・ローラー、誘導輪、星型駆動輪を組み合わせたもので、T-64と同じダブルピン・ウェット式の組み立て履帯（片側80組）を採用している。各側第1、第2、第6転輪のアームには、油気圧式伸縮式の緩衝ダンパーが接続されている。

T-80の足回りはT-64シリーズを踏襲しているとはいえ、大幅に改良されて耐久性が増し、高速走行にも十分に耐えるものになっている。

いずれにしろ、1970年代後半期に至っては、優れた加速性能を持ち最高速度70キロ（路上）を発揮できるT-80が登場したことで、東側は西ドイツのレオパルト2を上回る機動性能を持つ戦車を戦力化できたことになる。

砲塔と武装

砲塔と武装の基本形態は、T-64Aとほぼ同一である。砲塔は鋳造だが、前半部にはセラミック層をサンドイッチした複合装甲になっている。武装はすべて砲塔部に集中させてあり、主砲は125ミリ滑腔砲2A46-1、同軸機銃に7・62ミリPKT、砲塔右側の車長キューポラに対空用の12・7ミリNSVT重機関銃が装備されている。

砲塔部には、主砲の砲尾右側に車長席、左側に砲手席が設けられており、この2名の乗員が搭乗することもT-64やT-72と同様である。車長、砲手ともに座席の下には主砲自動装填装置の回転トレイ、周囲には通信機器や操砲関連の装置が多数配置され、まるでこれらに挟み込まれるような窮屈なスペースに置かれることを甘受しなければならない。

これは、後にFCS関連機器が充実され、装甲防御力が改善されるにつれて一層顕著なものとなった。これもT-72シリーズなど旧ソ連新鋭戦車に共通した問題といえた。

LKZの技師たちが手をつけたのは、砲塔底部から砲尾部に配置された主砲弾薬の自動装填装置である。「コルジナ（籠）」と呼ばれたT-64シリーズの自動装填装置は、採用以来、装填不良や乗員を巻き込む事故などのトラブル、あるいはカタログ上の性能を発揮できない（発射速度=8発／分）という問題が指摘されており、LKZではこれの改良に取り組んだ。そして、砲塔底部の回転トレイ部で発射装薬は水平に、弾頭部は立てた形で28発分を充填する「カルセール（回転木馬）」というシステムが完成された。この自動装填装置によって、7〜8発／分の安定した発射速度を発揮できるようになったという。

125ミリ滑腔砲の火器管制システムは、当初はT-64Aと同様のもので、基線長式測距・照準器TPD-2-49と、主砲基部左側に取り付けられた赤外線照射灯「ルナ-2」を組み合わせて使用されるアクティブ暗視照準装置TPN-1-49-23が採用されていた。やがてTPD-2-49は廃止されて、T-72Aと同様のレーザー測距・照準器TPD-K1が採用された。

125ミリ滑腔砲2A46-1の有効射程は、APFSDS弾で2100メートル（高さ2メートルの目標に対して）、高性能炸薬弾で4000メートルまでである。また、アクティブ暗視装置を用いた夜間交戦距離は1300メートルとなる。目標追随用の二軸式スタビライザーは、T-64シリーズと同様の2E28M2（電気・油圧式）が装備されている。

車長キューポラの中央視察装置上のマウントに取り付けられた12・7ミリNSVT重機関銃は、車内からリモコン操作される。車長席内部のキューポラ前面には、昼夜兼用の視察・照準装置PKN-4Sとその右側に対空用サイトが取り付けられている。搭載弾薬は、125ミリ弾薬が自動装填装置のトレイ上の28発も含めて40発、12・7ミリ機銃弾300発（50発連結の給弾ベルト入り弾薬箱６個)、７・６２ミリ機銃弾２０００発である。

以上のように、Ｔ-80はＧＴＤ搭載を目玉とした新鋭主力戦車といえるものだ。当時、ソ連で最新鋭だったこれら三種の主力戦車と諸元で比較すると、表【Ｔ-64、Ｔ-72、Ｔ-80の諸元比較】のようなものとなる（１９７７年当時）。

T-64A、T-72A、T-80の諸元比較

型式		T-64A	T-72A	T-80
重量（t）		38.5	41	42
搭載燃料（ℓ）		815	1.200	1.840
出力／重量比（hp／t）		18	19	24
接地圧（kg／cm²）		0.84	0.83	0.83
路上最高速度（km／h）		60	65	70
路上航続距離（km）	搭載燃料のみ	350	500	335
	予備燃料使用	550	700	450
kmあたり燃費（ℓ）		2.08	2.4	5.49

１２５ミリ滑腔砲２Ａ46-1を搭載するという点では、Ｔ-80もＴ-64Ａ、Ｔ-72Ａと何ら変わりがなく、カタログ・スペック面を比較するだけでは「機動性能はやや上回るが、燃費は2～3倍も悪い戦車」ということになりかねない。

おまけに、ブレジネフ政権末期を迎えたソ連では軍事最優先で民生をあまりに軽視した「社会主義計画経済」の積年のツケが覆いがたい財政難をあらゆる分野にもたらしていた。軍も膨大な正面装備をかかえながら、その整備に十分な予算を確保することが困難になってきていた。

「手間とカネだけがかかるＴ-80」との印象は、第一線部隊で拭いがたいものだったことは想像に難くない。こうした事情から、Ｔ-80シリーズはその後、ＦＣＳ面や装甲防御面でさまざまな新機軸が真っ先に導入され、次々に改良型が生み出されていくことになったのである。それは、「戦車王国ソ連」の威信をかけた、必死の取り組みであった。

▼バリエーション

腔内発射式の誘導ミサイルを搭載したT-80B

多大なコストをかけて実用化したＴ-80であったが、前項で述べたようにＧＴＤを搭載しただけで「Ｔ-64、Ｔ-72と変わりばえのしない戦車」との印象が拭えない状況だった。それ以上にＧＴＤの運用寿命が５００時間程度で、頻繁なエアフィルターの交換など日常整備にも手間がかかるため、運用部隊での評価は芳しいものではなかった。

この状況を打破しなければ、重戦車開発の中断以後にようやくつかんだ主力戦車の開発の足がかりをＬＫＺは失いかねなかった。そこで同工場設計局は、Ｔ-64シリーズに導入されようとしていた腔内発射式の無線誘導ミサイル・システム９Ｋ１

12「コーブラ」をT-80にも採用することとし、オブイエークト-219R（Rは「ラケータ（ロケット＝ミサイル）の略」）計画を進めた。

9K112は射程4000メートルの「コーブラ」誘導ミサイルを発射するシステムで、総合射統装置1A33や誘導電波発信装置を用いて目標まで半自動的に誘導される。装甲貫徹力はRHA換算で600ミリ程度とされ、地上目標だけでなく時速300キロ程度で低高度域を飛行するヘリコプターなどに対しても用いることができる。なお、腔内発射式ミサイルを導入した125ミリ滑腔砲の製造記号は2A46M-1となる。

誘導ミサイル導入によってFCS関連機器はほとんど更新され、レーザー測距・照準器も新型の1G42となり、アクティブ暗視照準器はTPN-3-49に換えられた上に、赤外線照射灯も主砲基部の左側から右側に移された。

総合射統装置1A33は構成機器に弾道計算機1V517も導入され、通常の対装甲弾の命中精度も高められたが、これらの機器を搭載するスペースを確保するため、7・62ミリ弾の搭載数が1250発に減らされている。また、煙幕展開システムについてはTDAに加え、砲塔前半部の主砲を挟んだ両側に煙幕擲弾を発射するスモークディスチャージャー902Bトゥーチャを4基ずつ装備するようになった。

1978年、オブイエークト-219RはT-80Bとして制式採用され、1985年までシリーズの本格量産型として生産が継続された。1980年以降に生産された車体は、GTDも1100馬力にパワーアップされたGTD-1000TFを搭載するようになり、これで、出力／重量比は25・8hp／tまで向上した。本型でT-80シリーズの根幹がようやく確立され、数もそろうようになったので、1980年代に入ってから西側に公表される写真にもT-80Bの姿が頻繁に登場し始めている。

T-80Bはその後のすべての改良型のベースとなったが、1985年以降に既存のものはオーバーホール時に爆発反応装甲ブロック「コンタクト」が取り付けられることとなった。このタイプは、T-80BV（オブイエークト-219RV）と呼称される。

略称でEDZ（Elementy Dinamicheskoy Zaschitoy＝爆発防御ユニット）とも称される「コンタクト」は、薄いプレス鋼板製のコンテナ内に炸薬とともにスチールプレート2枚が組み合わされている。対装甲弾の命中時に内蔵炸薬が爆発してスチールプレートをはね飛ばし、これが貫徹体を遮って毀損させたり、HEATのジェットを遮断するなどの効果を発揮するものだ。

演習地内の野道を走行中のＴ-80ＢＶ主力戦車群。１９８０年代半ばから普及したＥＤＺ爆発反応装甲システムを装着しており、車長用キューポラにはリモコン操作式の12・７ミリＮＳＶＴ機銃に加え、風防シールドが装着されている。車体前下部にはスチールメッシュが入ったゴム製スカートが垂らされている。これはＨＥＡＴ弾対策とともに車体形状を幻惑する効果も狙ったものだ。 (c) ITAR-TASS Photo Agency

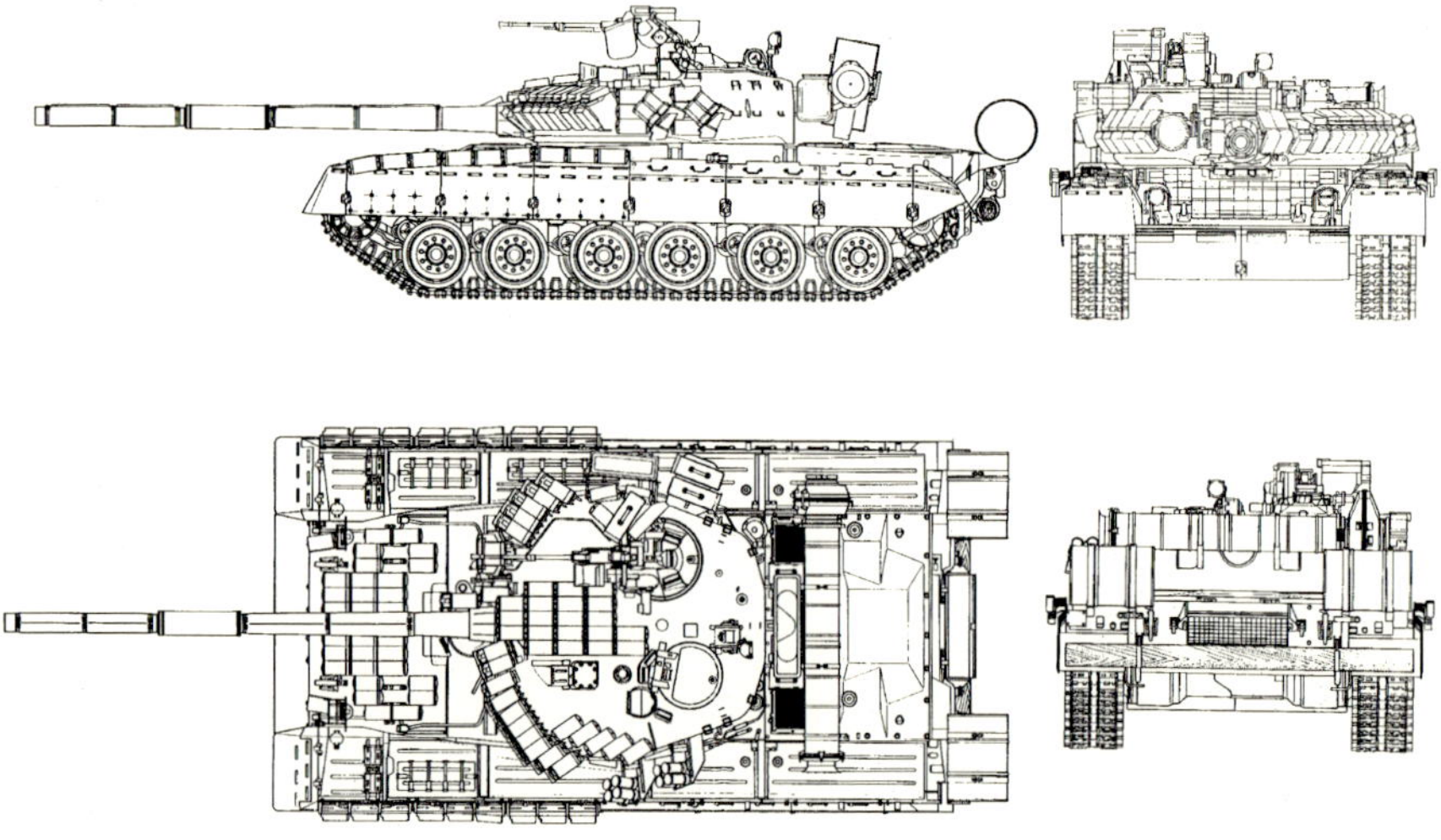

１２５ミリ砲から強力な誘導ミサイルを発射できるようになったＴ-80ＢＶの四面図。Ｔ-80ＢＶは、多数のＥＤＺブロックを装着しており、必要に応じてさらに装着数を増やすことができる。１８０個くらい取り付けても、重量増加は２トン程度である。

兵器ショーで公開展示中のT-80UM主力戦車。「コンタクト-5」爆発反応装甲システムを装着し、最新のFCSを標準装備するロシア最強の戦車で、開発陣は「アメリカのM1A2エイブラムスに勝利できる」と主張する。 (c) ITAR-TASS Photo Agency

シリーズ決定版T-80U

T-80Bで基本型がほぼ確立したとはいえ、T-80シリーズは引き続き当時のソ連における戦車技術の粋がつぎ込まれ、試作・改良が続いた。この流れは、およそ二つの方向で進められた。

一つは、引き続き運用部隊から批判を集めていたGTDの燃費効率と整備性の悪さについて抜本的な対策をとることだった。これに対する回答は、GTDをディーゼル・エンジンに換装しようというもので、ハリコフの第75工場が担当した。

もう一つは、FCSや誘導ミサイル・システムの性能の抜本的な向上を図り、攻撃力の強化を徹底して追求することと、新型の防御システムを導入して、西側戦車に劣らない生残性を実現することだった。この方向については、LKZが各種武装関係の開発者たちの協力を得て、懸命な取り組みを行なった。

LKZでは、1982～83年にかけて2種の試作戦車を製作した。82年に完成したのが、T-80A（オブイェークト-219A）で、1200hpまでパワーアップしたGTD-1000Mを搭載するとともに、新型の腔内発射式誘導ミサイル9M119「レフレクス」を導入していた。

T-80Aはクビンカ試験場で運用試験されるなかで、1984年には「コンタクト」爆発反応装甲を装着する試みのベースにも使われている。83年に完成したのが、新型の「イルトゥーシ」総合射統システムを導入したオブイエークト‐219Vである。こちらは、エンジンについてはT‐80Bと同じGTD‐1000TF（1100hp）を搭載していた。

これら2種の試作戦車をベースに、1985年に完成し制式採用されたのが、シリーズの決定版というべきT‐80U（オブイエークト‐219AS）である。本型はLKZに加え、オムスク運輸車輌工場（OZTM）でも量産が始められた。

オムスクの戦車工場内で展示されたT‐80の砲塔システム。通常、このような架台に置くのは訓練教材として用いる場合や砲塔のみを整備する場合になる。この場合は商談時の説明用といったところか。(c) ITAR-TASS Photo Agency

T‐80Uの基本的な特徴は、以下のとおりである。

(1)レーザー誘導ミサイル9M119とともに新型の総合射統システム1A42などを導入し、火力性能を高めた。9M119「レフレクス」は、レーザー測距・照準器兼誘導装置1G46で誘導され、最大有効射程は5000メートル、装甲貫徹力はRHA換算で700メートルに達する。その他に、主砲弾と対空機銃弾の搭載数を増やした。

(2)エンジンの信頼性とパワーを向上させた。当初はGTD‐1000TF（1100hp）、1990年以降はGTD‐1250（1250hp）を搭載し、後者の場合は馬力・重量比が27・2hp／トンに達した。

(3)複合装甲部を中心に装甲防御力を強化した。砲塔前半部に作られた鋳造装甲部ポケットに厚いセラミック装甲層を封入した。また、車体前面上部の複合装甲厚を増加させたほか、1980年代後半からは新型の爆発反応装甲「コンタクト‐5」を導入した。この爆発反応装甲システムについては、T‐72の項（【複合装甲部の増大と爆発反応装甲の導入】（157頁）参照）で解説したが、車体および砲塔に取り付けるセット全部で約3トンの重量がある。

T‐80Uはソ連邦崩壊後の現在、OZTMで生産体制が維持されており、その後も数々の改良が施されてきた。たとえば、

走行デモ中のT-80UM。爆発反応装甲やゴム製スカート（補助装甲）、各種装備をゴテゴテ取り付けた車体は、鎧甲冑をまとった中世の騎士を彷彿とさせる。（c）ITAR-TASS Photo Agency

125ミリ滑腔砲用の劣化ウラン弾芯APFSDS弾（RHA換算での装甲貫徹力は、600ミリ／2000メートル）の導入や、取り付けが容易なボックス型OPVT（潜水渡渉システム）「ブロードＭ」の採用、各種アクティブ防御システムの装備化（誘導ミサイル破壊用の「ドローズド」、「アレナ」システムや誘導撹乱のための「シラート-1」システムなど）がそれである。

また、1991年の湾岸地上戦後に、T-72主力戦車の貧弱な暗視装置が敗北の要因の一つになったことが明らかになると、M1A1エイブラムス戦車と同様のサーマル映像暗視装置「ブーランPA」を導入したT-80U（M）を登場させ、1992年から量産している。

ディーゼル・エンジン搭載型T-80UD

1987年には、ディーゼル・エンジン搭載型のT-80UDが採用され、ハリコフ運輸車輌工場（KhZTM）で生産が開始された。T-80シリーズへのディーゼル・エンジン搭載の試みは、1975年からKhZTMやLKZで行なわれてきた。LKZでは、新開発のA-53-2ディーゼル・エンジン（1000hp）を搭載したオブイェークト-219RD（T-80Bベース）が製作され、KhZTMではT-64中戦車用のシリンダー水平配置式の6TDディーゼル・エンジン（1000hp）を搭載したオブイェークト-478が造られた。

結局、伝統的にディーゼル・エンジンの製作に長けており、実用中のエンジンを搭載した後者の方が運用試験の成績が良好だったため、最後にT-80Uをベースにしたオブイェークト-478Bが1985年に製作された上で、これがT-80UDとして制式採用された。

T-80UDはGTD搭載型よりもダッシュ力がなく、路上最高速度も時速60キロに落ちたが、実用はそれほど遜色がないといえた。むしろ、燃費が良いため、燃料搭載量を30%減らして1300リットルにしたにもかかわらず、航続距離は560キロと約100キロ延伸された上、整備の手間も軽減された。当然こちらの方が運用部隊に好まれたし、製造コストも下がったので、生産・配備はGTD搭載のT-80Uを上回っていった。

▼運用国

ソ連崩壊後、西側諸国に輸出されたT-80Uシリーズ

1991年末にソ連邦が崩壊してから、その財政的混乱もあって旧ソ連諸国から各種兵器が国外に売り渡された。ソ連時代には、事実上秘密兵器に位置づけられていたT-80Uシリーズも〝背に腹は代えられない〟事情から、買い取り先をあまり選ばずに国外への引き渡しが行なわれている。

国外輸出されたT-80Uシリーズは、新品の場合と中古をオーバーホールしたものの両方があった。後者は、膨大な兵力維持が財政上困難になった旧ソ連諸国（特にウクライナ）が流出したもので、後には1992年発効のヨーロッパ通常戦力条約批准の影響で、さかんに軍装備車がアジア方面に売り込まれるようになった（これは、T-80シリーズに限らず、T-54／55シリーズや近代化改修型戦車のT-55MBも含まれた）。

T-80Uシリーズを購入した目的は国によってさまざまで、試験（イギリスとアメリカ）、戦力化（パキスタン、キプロス、アラブ首長国連邦［UAE］、韓国）、その両方（中国）とされる。

〝冷戦終結〟後、いち早くテストのために購入したイギリス

イギリスは、ソ連邦崩壊翌年の1992年に、早くも数輌のT-80UMを購入して性能テストのために運用した。このテストにはアメリカも協力し、メリーランド州にある米陸軍アバディーン試験場に少なくとも1輌が持ち込まれてテストされている。

実は、この輸入については多少脱法的な側面があり、イギリスがダミーの民間会社を設立してモロッコ政府に協力を仰ぎ、モロッコ軍の要請でロシアからT-80Uを販売させ、これをダミー会社経由でイギリスに転売させたものである。もちろん、こうしたやり方にロシア側は憤慨し、以後の消耗パーツ供給は拒否した模様である。

英米共同のテストでは、T-80UM主力戦車の弱点を徹底して調査された。ここで得られたデータは、将来戦を想定するというより、国際的な兵器商戦の材料として活用されたという。要するに「ロシアのT-80UMは、こんな弱点があるのでお買い得品ではないですよ」などという英米にとっての商売仇を貶める材料にされたのだ。

結果として、少なくとも数年はT-80UMの販売実績は上がらなかったといわれる。ちなみに、ロシアは１９９３年にアラブ首長国連邦の首都アブ・ダビで開催された国際兵器見本市でT-80UMを初出品している。

アメリカは２００３年、独自にウクライナから中古のT-80UMを４輛、試験運用や教育用として購入している。

通常兵器削減の潮流で流されてきた中古戦車を受け止めたパキスタン

１９９２年発効のヨーロッパ通常戦力条約のスキームでは、旧ソ連諸国を含む東西ヨーロッパの国々の、兵員、火砲、装甲車輛、艦船の保有数が決定された。そのため、それを超えて余剰になった装備は廃棄処分するか、条約適用地域外の海外へ輸出しなくてはならなくなった。

そこでウクライナは、大量に余剰となる戦車の輸出先として、インドと緊張関係にあるパキスタンに目をつけた。そして、１９９３年から95年にかけてパキスタンにT-80UD主力戦車（ディーゼル・エンジン搭載型）を持ち込んでデモンストレーションを実施しながら売り込みをかけ、96年に３２０輛のT-80UDを総額65億米ドルでパキスタンが購入する契約が成立した。

ウクライナからパキスタンが購入するT-80UDはすべてロシア製（T-80は、シベリアのオムスクで製造されていた）の中古で、１９９７年から供与が始まった。しかし、この取引にロシアがクレームをつけ、結局、パキスタンに引き渡される総数は２８５輛に引き下げられた（２００２年までに供与完了）。

これは、ソ連解体にともなう旧軍機構や装備供給体系の奪い合いをウクライナとロシアが展開したことの煽《あお》りで、国際的には旧ソ連海軍の黒海艦隊の帰属問題がよく知られている。このトラブル以後、ウクライナはハリコフ市のモロゾフ記念プラントで自国オリジナルの構造を取り入れたT-80の改良型T-84を量産するようになった。

パキスタンがT-80UDの大量導入に踏み切った背景には、

しばしばカシミール地方の帰属問題で武力衝突を重ねてきたインドが、ロシアからライセンス生産権を得て125ミリ砲装備のT-72主力戦車の国産化に踏み出していたことや、それをさらにバージョンアップしたT-90主力戦車の導入を決定しつつあったことがあった。

当時、パキスタンは中国との共同開発でロシア製125ミリ滑腔砲を装備する新型主力戦車（90式Ⅱ）を実用化しつつあったが、製造コスト面で大量装備化を早期に実現することが難しく、手っ取り早く実働戦車を中古で安く購入することに魅力を感じたのである。

こうした一連の経過で、パキスタンは旧ソ連諸国以外ではT-80Uシリーズ最大のユーザー国となった。

試験的運用のために購入した中国

中国は1989年6月4日の第二次天安門事件を契機に、アメリカなど西側諸国からの軍事技術導入が困難になったことから、新兵器導入についてロシアに傾斜する方向をとった。そのなかで、1970年代半ば以降に西側から導入したビッカーズ製105ミリ戦車砲L7（中国でライセンス生産）を超える戦車主砲として、ロシアの125ミリ滑腔砲に着目した。

1993年、中国はロシアに対して200輌のT-80UMを導入する方針を打診した。しかし、実際には50輌のみの導入にとどまり、これらは内蒙古地区の戦車師団で試験運用された。

中国がT-80UM導入を中断したのは、整備運用コスト面で見合わないと考えたからである。そして、代替措置としてT-72主力戦車のライセンス生産権を購入した上で、中国流T-72というべき125ミリ滑腔砲装備の98式主戦担克（98式主力戦車）や、T-54／55シリーズの発展型の延長にある96式主戦担克の実用化を図った。

これら中国の新戦車は、イスラエルを経由して西側の新技術（フランス製FCSやドイツ製エンジンなど）が導入されており、ロシア製オリジナルよりも高性能と見られている。

西側戦車代替のために購入したキプロスと戦力化した韓国

T-80Uシリーズを純粋に戦力として導入したのは、キプロスと韓国である。

北部地域の領有権問題をトルコと長年争ってきた地中海の小国キプロスは、NATO加盟国でもある地域軍事大国トルコの脅威に常にさらされてきた。1970年代には、規模の大きな武力衝突も起きている。

キプロス陸軍は、長らくフランス製のANX30B2主力戦車を用いてきたが、1990年代に入り、ロシア兵器の輸出が大々的に始まるなかでT-80Uシリーズの導入を検討した。そして、1996年にT-80UMを27輌、97年にT-80UK（指揮

韓国陸軍機甲学校に所属するT-80UM主力戦車。おもしろいことにロシアで使用しているものとは若干異なる特徴がある。一番わかりやすいのは、マニュアル操作式に変更された12・7ミリ重機関銃で、写真のように車長用キューポラから離された砲塔上のピントルマウントに装備されている。同国で使用するアメリカ製戦車のスタイルである。韓国軍は、T-80UMの他にBMP-3歩兵戦闘車もロシアから導入しており、こちらは機械化歩兵大隊に装備されている。

型）を14輌ロシアから総額17億4000万米ドルで購入した。

一方、いまだに崩壊しない専制主義的共産主義国家・北朝鮮と対峙する韓国は、旧共産圏の精鋭兵器が購入できるという事態に対応し、積極的にT-80Uシリーズなどの導入を進めた。実力面でT-80UMは北朝鮮軍（朝鮮人民軍）が装備する最新型戦車（115ミリ滑腔砲装備のT-62とその改良型）を凌駕しており、また仮想敵にとって本来の装備供給元から新規装備を導入することによる政治的効果も大きく、このあたりが韓国軍のT-80UM戦力化の動機になったと思われる。

韓国軍は、1996年から2005年にかけてT-80UMを33輌とT-80UKを2輌、ロシアから購入した。これらは、韓国陸軍の全羅南道にある機甲学校実験隊に配備され、仮想敵部隊などを演じながら、実戦力としても位置づけられている。

ちなみに韓国陸軍はT-80Uシリーズとあわせ、新型歩兵戦闘車BMP-3×40輌もロシアから導入しており、こちらは機械化歩兵大隊として編成されている。これらロシア製戦闘車輌の購入代金は、韓国による対ロシア経済協力の見返りという扱いにされている。ロシアから借金の現物償還というわけだ。

《コラム⑰》アクティブ防御システム「アレナ」と「ドローズド」

１９９０年代半ば以降、ロシアはT-80Ｕなどと組み合わせて各種のアクティブ防御システムを公表し、商品としての売り込みを図っている。これらは、いずれも１９７０年代のソ連時代から極秘裏に開発されてきたものだが、今日ではあけすけに、その特殊な能力が披瀝されている状況だ。

そのうちの一つである「アレナ（円形闘技場）」システムは、およそ西側では思いつきもしなかったような奇想天外なシステムである。

砲塔上に設けられたレーダーマストで自車に向かって飛翔する誘導ミサイルを発見すると、その速度を自動的に計算した上で砲塔周囲のマウントにぐるりと装着された散弾入りのボックスを打ち出して、適当な高さで爆発させることによりミサイルを破壊するというものだ。戦車の周囲３００度の範囲で防御システムは効力を発揮できる。本システムは、１９９７年に実用段階に達したという。

アクティブ防御システム図

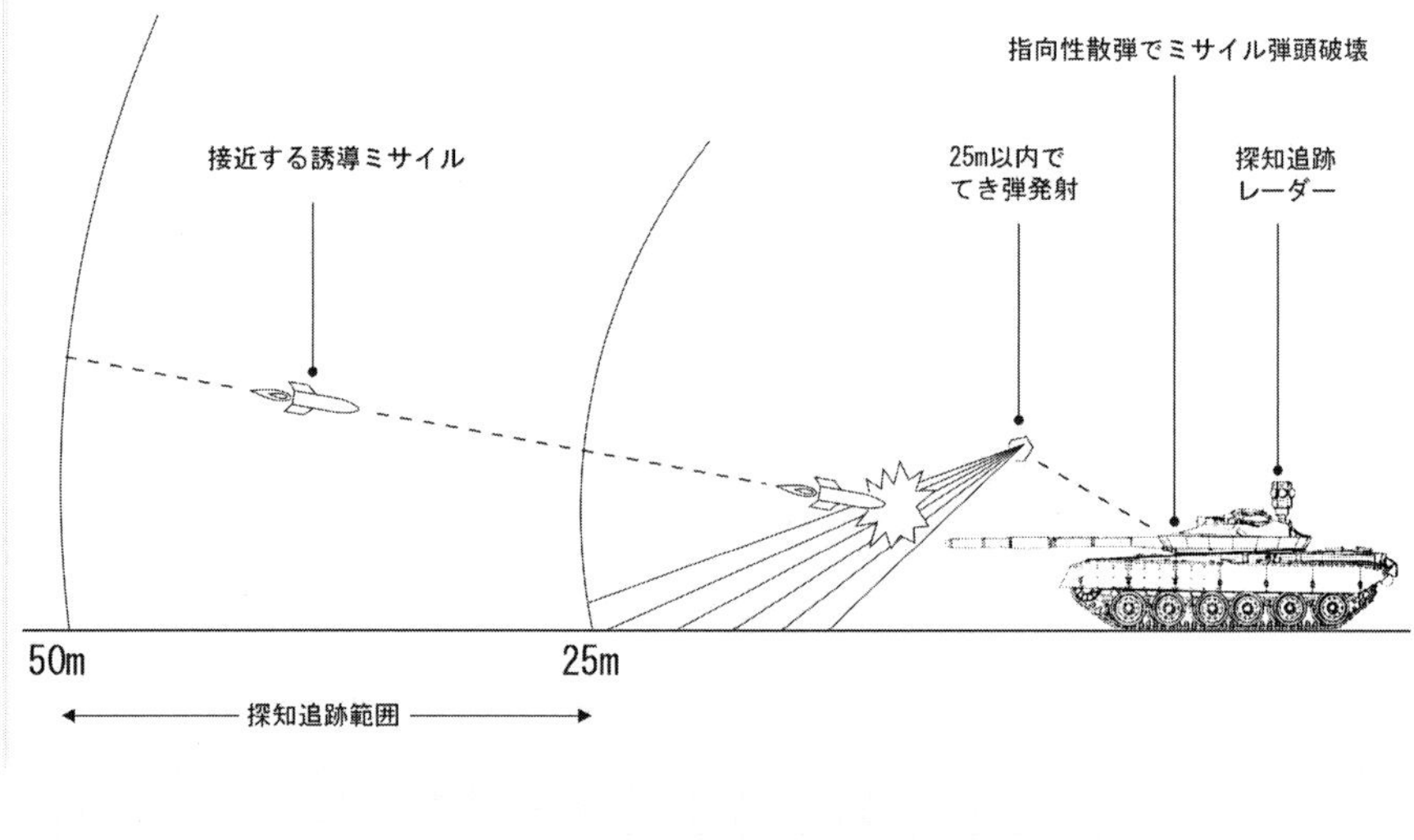

本システムを装着したT-80UM-1「バルス」が輸出用戦車として売り込みが図られているところだが、ロシア兵器輸出公団の説明では「西側の既存戦車にも導入が可能なシステム」であるという。システムだけの輸出価格は30万ドルというから、安価とはいえない。

コンセプト的に似ているもう一つが「ドローズド（ツグミ）」である。

これは、砲塔両サイド後部に斜め方向に向けて装着された口径107ミリのZUOF14ミサイルによって、前方より飛翔してくる誘導ミサイルを破壊するというもので、各ランチャー上部に取り付けられたレーダーで目標をとらえる点は「アレナ」と共通だ。各側4発ずつ装備されたミサイルの弾頭は、目標に近接したところで爆発するようになっている。

本システムを装着したのがT-80UM-2であるが、すでにこのシステムは1980年代半ばからT-55改修型（T-55AD）にも導入されてきたものだ。システムの輸出価格は3万ドルとされている。

このシステムは両方とも、当時T-80Uをベースに開発されていた試作戦車「チョールヌィ・オリョール（黒鷲）」に装備されることが検討されていたため、同戦車の模型は装着された姿で作られ公開されていた。

これらの装備は、1970年代後半以降、ソ連時代から開発が密かに進められていたものだが、ロシア時代になって国際武

器市場にT-80Uとともに公然と我々の前に姿を現してきた。

T-90

——湾岸地上戦で評価が下がったT-72をベースに、T-80並みの装備を搭載した新世代主力戦車。コストパフォーマンスのよさを武器に海外普及も進みつつある。

▼開発史

「T-72 vs エイブラムス戦」で凋落したソ連戦車の真相

T-72主力戦車は、ソ連・ロシアにおける戦後第三世代主力戦車の代表格として、1970年代末から旧ソ連友好諸国への供与が開始された。1982年には、イスラエル軍のレバノン侵攻（「ガリラヤ平和作戦」）に際し、シリア軍に装備されて善戦したこともあり、東側新型戦車として期待を集めて採用国は約30ヵ国にのぼった。

しかし、輸出普及を開始した10数年後の1991年に起きた湾岸地上戦で、アメリカのM1A1（または装甲強化型のM1A1HA）エイブラムス主力戦車などにまったくのワンサイドゲームで圧倒されてしまう。ちょうど社会主義大国として末期を迎えていたソ連が直面していたドラスティックな崩壊の道筋と重ね合わせて、〝ロシア戦車の斜陽〟を世界に印象づけた。

これは、湾岸地上戦後ほどなくしてソ連邦が解体されてCIS（独立国家共同体）に移行した後の旧ソ連諸国にとって、国防上の問題はもちろん兵器輸出に外貨獲得の多くを依存していた当時とあっては、深刻な問題であった。湾岸地上戦後、「ロシア戦車は、西側の最新テクノロジーに裏打ちされた新型主力戦車の敵ではない」ということが、一時定説とされるようになった。

しかし湾岸地上戦でイラク陸軍が用いたT-72の敗北は、次のような事情が重なってもたらされたものであった。

まず、当時のソ連は兵器輸出政策に失敗していた面があった。これは東欧諸国に対してもそうであったが、ソ連兵器は「自国用」と「輸出用」のダブル・スタンダード策がとられていた。同一兵器で外見や装備火器その他のカタログ・スペックが同じでも、そこから実態的な性能を引き出すための補助機器とか、装備火器や防御システムの質そのものが一段以上、「輸出用」では「自国用」より落としてあるのが普通だった。

T-72においては、開発当初からの重要な要素であった車体前部ならびに砲塔前部周囲に施されていた複合装甲(圧延鋼または防弾鋳鋼とアルミナ系セラミックなどを積層させて組み合わせたもの)が、「輸出用」では通常の圧延鋼、または防弾鋳鋼のみを用いるものとされていた。

また、イラクが湾岸地上戦にT-72を投入していた当時、ソ連では同じ１２５ミリ滑腔砲２Ａ46を装備しながら、通常のＡＰＦＳＤＳ-Ｔ弾やＨＥＡＴ ＦＳ-Ｔ弾のほかに腔内発射式レーザー誘導ミサイル９Ｍ１１９「レフレクス」を発射できるＴ-80ＵＭ主力戦車が装備化されていた。これらは優れたサーマル(熱線)式暗視・照準システムでバックアップされていることにより、アメリカのＭ１Ａ１主力戦車をアウトレンジできる能力を有していたのである。

しかし、１９７６年に採用されて以来、改良が積み重ねられてきたT-80シリーズは、優れた火器管制システム(ＦＣＳ)や誘導兵器を装備しているほか、ガスタービン機関の採用するなど新機軸を大胆に盛り込んだ車体であったため、製造・運用コストが高くつくのが当時のソ連にあっては難点だった。

そこで、T-80シリーズの調達数はごく限られたものとし、ディーゼル機関搭載で、既存の戦車開発ベースで作られたT-72シリーズの大量調達を図る方向でソ連の１２５ミリ滑腔砲装備戦車の整備は進められていたのである。

したがって、輸出型T-72の敗北は当時において最新のソ連戦車の実力が反映されたものとはいえず、１９９１年の湾岸地上戦における「T-72 vs エイブラムス」のワンサイド・ゲームは、必ずしもソ連戦車発達の終焉を示すものではなかったのだ。

しかし、結果としてT-72の戦場での敗北は、崩壊しかかっていたソ連の国情とも重ね合わされて「東側軍事技術の敗北」を特に強く印象づけることになった。

信頼性ある車体に最新の攻撃力を付与したオブイェークト-１８８

しかし、湾岸地上戦で西側最新主力戦車が絶大な威力を示す以前も、ロシア戦車開発陣は決して手をこまねいていたわけではなかった。T-72シリーズの開発・量産を手がけてきたウラル運輸車輌工場(ＵＶＺ)は、運用者側の要望を受けてT-72にT-80と同等の攻撃能力や防御力の付与を図る取り組みを、すでに１９８０年代半ばから開始していた。

１９７０年代半ば以来、ソ連陸軍戦車隊は１２５ミリ滑腔砲装備戦車について、T-64中戦車とその抜本的な発展型であるT-80主力戦車、廉価版新型というべきT-72主力戦車の三本立てで運用されていたが、このうち整備面の容易さと信頼性の面

オムスク兵器ショーにて展示中のT-90主力戦車。T-72BをベースにT-80UM並みのFCSや武装システム（腔内発射式誘導ミサイルや砲塔上のリモコン操作式12・7ミリ重機関銃など）を導入したもので、高い信頼性と優れたコストパフォーマンスを誇るロシア自慢の〝輸出戦車商品〟だ。（c） ITAR-TASS Photo Agency

でT-72が部隊では圧倒的な人気を誇っていた。これは、攻撃力・防御力の面で新機軸を盛り込んでいるものの、車体や走行装置、動力関係の機構や構造、配置は戦後長く使われてきたT-54／55シリーズのものにほぼ準拠していたためである。

反面、前二者は搭載機関や足回りなどもまったくの新機軸とし、搭載機器も複雑かつ敏感なものを採用していたため、その分故障が多く（機構複雑化によって必然的にもたらされるものだ）、整備にも手間がかかった。

このような実態から、「より信頼性の高い戦車に、機構の複雑な戦車と同等の攻撃力を付与して大量装備すべき」との意見が運用者から挙がるのは当然のことだった。UVZ設計局はこうした要望を受け、T-72Bをベースに腔内発射式レーザー誘導ミサイル機構や統合火器管制システム1A40-1、運動エネルギー弾・化学エネルギー弾双方に効果を発揮する新型リアクティブ追加装甲コンタクト-5などを導入したT-72BMを1987年に開発した。これは量産に移され、軍への供与が行なわれた。

T-72シリーズをベースとした改良作業は、T-80シリーズの改良作業の進展ともリンクして継続され、1989年1月にはUVZ設計局主任技師ウラジーミル・ポトキンの統括下、新たな開発記号オブイェークト-188が与えられて開発が進められた。

オムスク兵器ショーでデモンストレーションするT-90主力戦車。T-80UMと同様のＦＣＳを備えており、走行中も１２５ミリ滑腔砲を高い精度で発射することができる。このT-90はシングルピン式のＲＭＳｈ履帯である。 (c) ITAR-TASS Photo Agency

デモンストレーションする主力戦車。このT-90は、T-80と共用のダブルピン式組み立て履帯となっている。 (c) ITAR-TASS Photo Agency

オブイェークト-188は、125ミリ滑腔砲／ガンランチャー・システム（腔内発射ミサイル・システム）に対応する最新型統合火器管制システム1A45Tイルトゥイシ装備を目玉にするものだった。同システムは、サーマル暗視装置（夜間または悪天候条件下の視察可能距離3000～4000メートル）や本格的なウィンド・センサーDBE-BS、主砲各部の温度センサーなどをもリンクさせた西側最新戦車のFCSに劣らぬ性能を持つものだ。

あわせて、新型のAPFSDS-T弾（タングステン弾芯）も採用され、125ミリ滑腔砲の装甲貫徹力を従来よりも20％増加させた。

その他、新たに採用されたアクティブ防御システムとして、TShU-1「シトーラ」が挙げられる。シトーラとは、カーテンを示すロシア語であるが、文字どおり、展開した煙幕と赤外線照射を組み合わせて一種の〝遮断壁〟を戦車前方周囲に形成し、熱源誘導式兵器（赤外線ホーミング式ミサイルなど）を幻惑することを目的としたシステムで、ソ連ならではのユニークなものである。

TShU-1は、主砲左右に1基ずつ配置され、敵側が発する照準・観測用レーザー波を探知装置で感知すると、902Bトゥーチャ発煙弾筒から発射される煙幕擲弾でスモークを発生させ、そこに赤外線照射をして偽熱源を空間に発生させるのである。これで、敵側の誘導システム（自動誘導ミサイルなど）を幻惑したり、サーマル映像装置を撹乱したりすることができる。

新生ロシア初の量産型主力戦車に

完成されたオブイェークト-188の試作車複数（台数は不明）は、89年1月からUVZ専用試験場での運用試験を経て、モスクワ近郊のケメロヴォ地区およびジャムブルスキー地区試験場で国家受領試験が実施された。その後、1年以上の期間をかけて各車合計で1万4000キロ以上のさまざまな条件下における走行試験が実施され、その他に射撃、戦術行動試験も繰り返された。

試験の結果は、非常に満足のいくものだったが、当時すでに末期的な財政難に直面していたソ連軍当局は、本車の制式採用へなかなか踏み切らなかった。それでも1991年3月、「200時間戦争」ともいわれた湾岸地上戦が終わった時点でようやくオブイェークト-188はソ連国防省および戦車装備検討会議の決定で、軍装備として制式採用が決定されたのである（すでにスターリン時代から行なわれていたソ連共産党中央委員会政治局ならびにソ連邦閣僚会議決定による兵器採用というスタイルはとられなくなっていた）。

その後、1991年12月にソ連邦が崩壊し、本戦車の採用は一時、宙に浮いた状態になったが（ソ連軍の分割そのものが問題となっており、採用してもどう装備するか、システム面でも財政面でも裏づけがなかった）、ロシア連邦共和国が独立国家共同体＝ＣＩＳのなかで中軸としての地歩《ちほ》が確立された後の１９９２年10月５日、ロシア連邦共和国布告第７５９-58号にてＴ-90（オブイェークト-１８８）はロシア陸軍制式装備であると決定された。量産車の最初のロットは、同年９月30日にロールアウトしていた。

以上の経過から、Ｔ-90はロシアにおいて「新生ロシア連邦共和国史上、最初の量産型主力戦車」といわれている。

▼基本性能

Ｔ-72に準拠している装備

Ｔ-90（輸出型はＴ-90Ｓと呼称される）主力戦車の基本構造および搭載火器は、１９７０年代半ば以来のＴ-72主力戦車に準拠している。Ｔ-72のもともとの開発コンセプトは「既存の戦車技術をベースにした、運用が容易で信頼性の高い廉価版新型戦車」であり、第二次世界大戦での戦車技術の集大成といえたＴ-54／55中戦車の技術的到達点の延長線上でバージョンアップを図ったものだった。そこで、Ｔ-90もこれを受け継ぐこ

「戦車兵の日」にモスクワ郊外クビンカにある装甲戦車科学技術研究所（NII BT）で第二次大戦中の主力戦車Ｔ-34とともに展示されたＴ-90主力戦車。（c）ITAR-TASS Photo Agency

とになった。
その結果、T-90は次のような運用面、普及面での優位性を持つこととなった。

(1)ソ連時代から長く運用され、世界で最も普及したT-54／55中戦車シリーズ以来の高い信頼性を発揮するとともに、運用面での容易性を発揮することができるものとなった……これは、自国において100ミリ砲（ライフル砲）装備のT-54／55やその拡大発展型である115ミリ滑腔砲装備のT-62で編成された部隊を容易に装備転換できるとともに、世界で最も普及したこれらの戦車（おそらく現存している戦車の7割前後を占める）を採用している諸国の軍への有利な売り込み条件ともなる。

(2)基本構造において同一のT-72は、すでに2万輌以上が量産されてロシアやCIS諸国、さらに世界各国で広く運用されているので、これらを改修キットによる改造によって容易にT-90仕様へとバージョンアップを図ることができる。これは、自国の戦車戦力の向上を容易にし、あわせて海外に「改修市場」を形成して新たな貿易需要を生み出す可能性をもたらすことになる。

この特性を生かし、T-90はロシア陸軍で装備化がごく限定的に進められつつ、輸出市場では採用国や採用数を増やしている。過去、T-72をまとまった数で採用したインドでは、T-90バージョンへの改修やノックダウン生産によるT-90Sの部分国産化も図られている（詳細は後述）。

搭載火器とバックアップ機材

前述のように、T-90はT-72最新型を土台に、搭載機器のバージョンアップして新規装備化を進め、火力や防御力を強化した主力戦車である。火力面の装備では、次のような特質を持っている。

(1) 125ミリ滑腔砲2A46M-4

砲塔底部に回転式弾薬トレイ（弾頭・発射装薬分離式、即用弾として22発分充填）を備えた自動装填装置とともに装備されていることはT-72シリーズ以来変わらない。ただ、自動装填装置の機械的信頼性は高められ、最大8発／分の発射速度を発揮できる。

使用弾種は、翼安定式高性能炸薬弾（HEATFS-T、ZVOF36）、翼安定式対軽装甲車輌・対人炸薬弾（MPHEFS-T、ZO-26）、翼安定式装弾筒付き徹甲弾（APDSFS-T、ZVBM17またはZBM42）、翼安定式成形炸薬弾（HEATFS-T、ZVBK-16またはZVBK-25）、それに腔内発

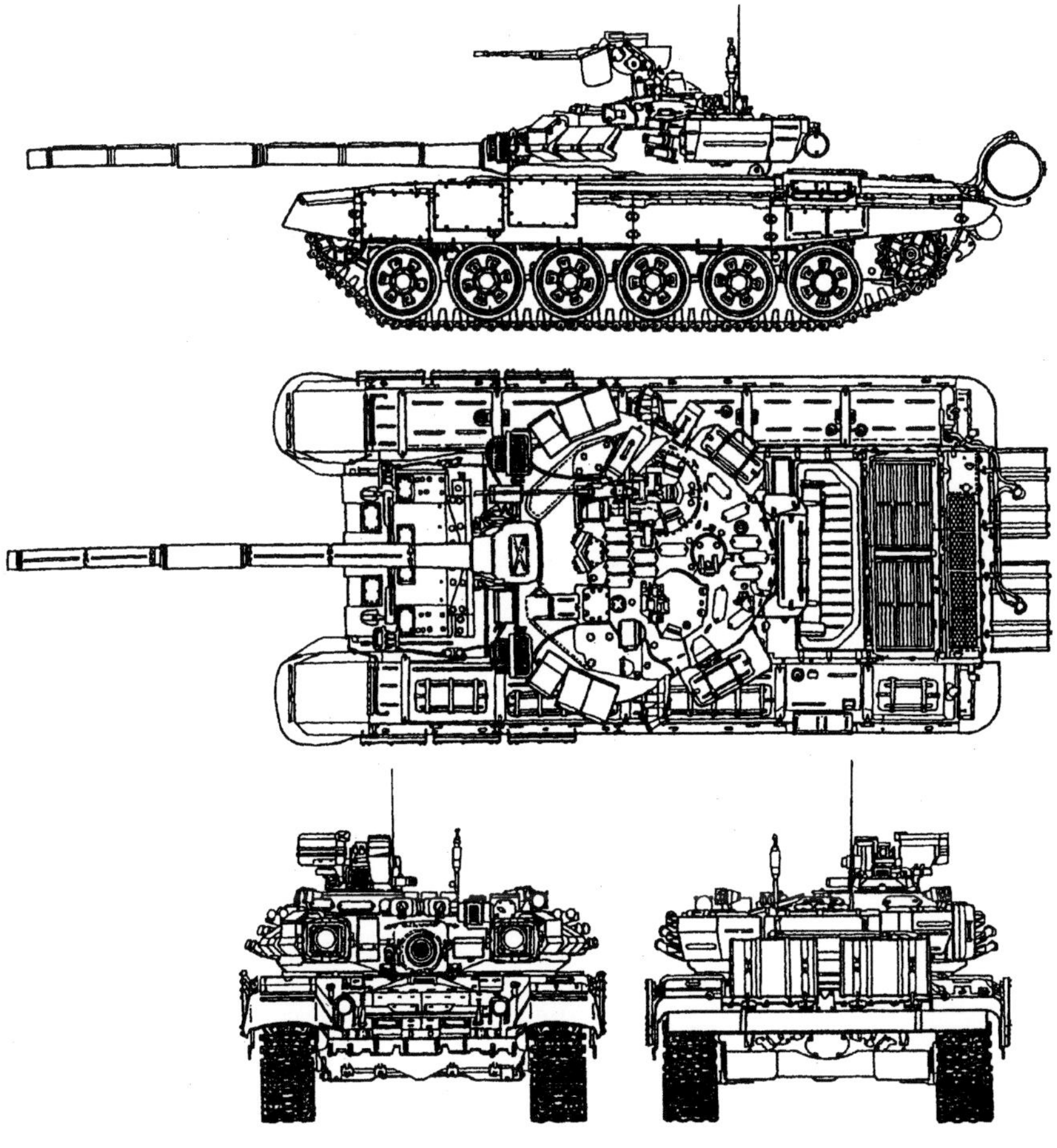

T-90の四面図。ゴテゴテと各種装備を取り付けたT-90は、いったい本来の装甲板がどのようなアレンジになっているか、どの方向から見てもわからないほどだ。実際、行動する姿は鎧に身を固めた中世の騎士を彷彿とさせる。

射式レーザー誘導ミサイル（弾薬名称ZUBK20、ミサイル名9M119Mレフレクス）である。これらの弾薬（一部）の性能諸元は、次のとおりである（装甲貫徹力は、いずれも射程2000メートルにおけるもの）。

ZVBM17（APDSFS-T）＝弾薬（発射装薬含む）重量：20・4キログラム、弾頭重量：7・1キログラム、弾芯材質：タングステン、砲口初速：秒速1715メートル、装甲貫徹力（RHA換算・弾着角60度）：250ミリ、運用可能気温：マイナス40～プラス50℃

ZVBK-16（HEATFS-T）＝弾薬（発射装薬含む）重量：29キログラム、弾頭重量：19キログラム、砲口初速：秒速905メートル、装甲貫徹力（RHA換算・弾着角60度）：260ミリ、運用可能気温：マイナス40～プラス50℃

ZVOF36（HEFS-T）＝弾薬（発射装薬含む）重量：33キログラム、弾頭重量：23キログラム、砲口初速：秒速850メートル、運用可能気温：マイナス40～プラス50℃

ZUBK20（レーザー誘導ミサイル、9M119M）＝弾薬（装填治具含む）重量：24・3キログラム、弾頭重量：17・2キログラム、砲口初速：秒速400メートル、装甲貫徹力（RHA換算・弾着角60度、通常のリアクティブ追加装甲破壊後）：350ミリ、運用可能気温：マイナス40～プラス50℃

T-90および輸出型T-90Sは以上の弾薬を、自動装填装置充填分も含めて計42発搭載できる。なお、ZUBK20は、弾薬が1発で30万米ドル（2000年頃価格）もするので、搭載しても各車1発程度だ。なにしろ、T-90は戦車そのものの価格が140～150万米ドル程度（2000～2003年頃）であり、誘導ミサイル5発分で1輌を買えてしまうのである。

それでも、ZUBK20は、射程が100～5000メートルの範囲で極めて高威力を発揮する兵器であり、高価なM1A2主力戦車など西側の主要戦車をほぼすべて、破壊できる威力を持っている。その面でコストパフォーマンスのよい対戦車弾といえる。

（2）搭載火器管制機器（FCS）

前述したように、T-90は統合火器管制システム1A45Tイルトゥイシを搭載している。125ミリ滑腔砲2A46M-4ならびに同軸の副武装の7・62ミリPKT機銃を照準・管制するものだが、システムは次の機器から構成される。

自動統合管制システム1A42

ロシアの車輌搭載機器の記号は、同じようなものが屋上屋《おくじょうおく》を重ねていくようで理解しにくい。1A45Tの構成機器の一つが1A42なのだが、これも各種データを集めるための下部機器によってネットワークを構成しているものだ。

ともかく羅列して挙げていくと、

①昼間照準・データ補正システム（TsVDPK）1A43
②二軸式目標追随火器スタビライジング・システム2E42-4ジャスミン
③弾道計算機システム1V528-1
④自動弾種選定システム1V216（照準観測した目標を自動判定して迅速に弾種を選定し、自動装填装置に指令する）
⑤FCS用電源供給安定システムPT-800
⑥夜間照準システムTO1-KO-1（主砲1500メートル、同軸機銃800メートルまでの暗夜照準が可能）
⑦レーザー測距・誘導照射システム1G46（測定範囲400〜5000メートル）
⑧風向センサーDVE-BS

である。

パッシブ・赤外線暗視システムTPN4-49

アクティブ防御システムに組み込まれている赤外線照射装置TShU-1とリンクした暗視観測システム。潜望鏡型配置で、T-55以来の砲手用暗視システムを発展させたものである。目標識別距離は、赤外線照射で1500メートル、パッシブ（微光増幅方式）で1200メートルといい、T-55やT-62のようなかつての普及型戦車に搭載された機器の倍以上の性能となっている。

サーマル（熱線）映像装置TO1-PO2Tアガヴァ-2

湾岸地上戦でイラク陸軍のT-72主力戦車は、西側最新主力戦車が装備していたサーマル映像装置を持たないため、油井火災で発生した油煙がもたらした悪視界状況や夜間での戦闘で"盲目状態"に置かれて一方的に敗北することになった。当時、ソ連では本国用のT-80U主力戦車にはサーマル映像装置アガヴァを装備するようになっていたが、前述の輸出型に対するダブル・スタンダード政策により輸出用T-72M（イラク軍が主用したタイプ）には装備されていなかったのである。

T-90は、T-80Uと同系列のサーマル映像装置TO1-PO2Tアガヴァ-2を装備する。同システムは、暗夜・悪天候下においても2500〜3000メートルの範囲で視界良好な、白昼の如き視察を可能にするものだ。装置の正常作動気温は、マイナス50〜プラス60℃で、熱帯地域の湿度98%・気温35℃でも支障なく作動することが実証されている。砲手席と戦車長席の両方で映像を見ることが可能。レーザー測距・誘導照射システム1G46と組み合わされることで、T-90に高い夜間・悪天候時戦闘能力の発揮を保障する。

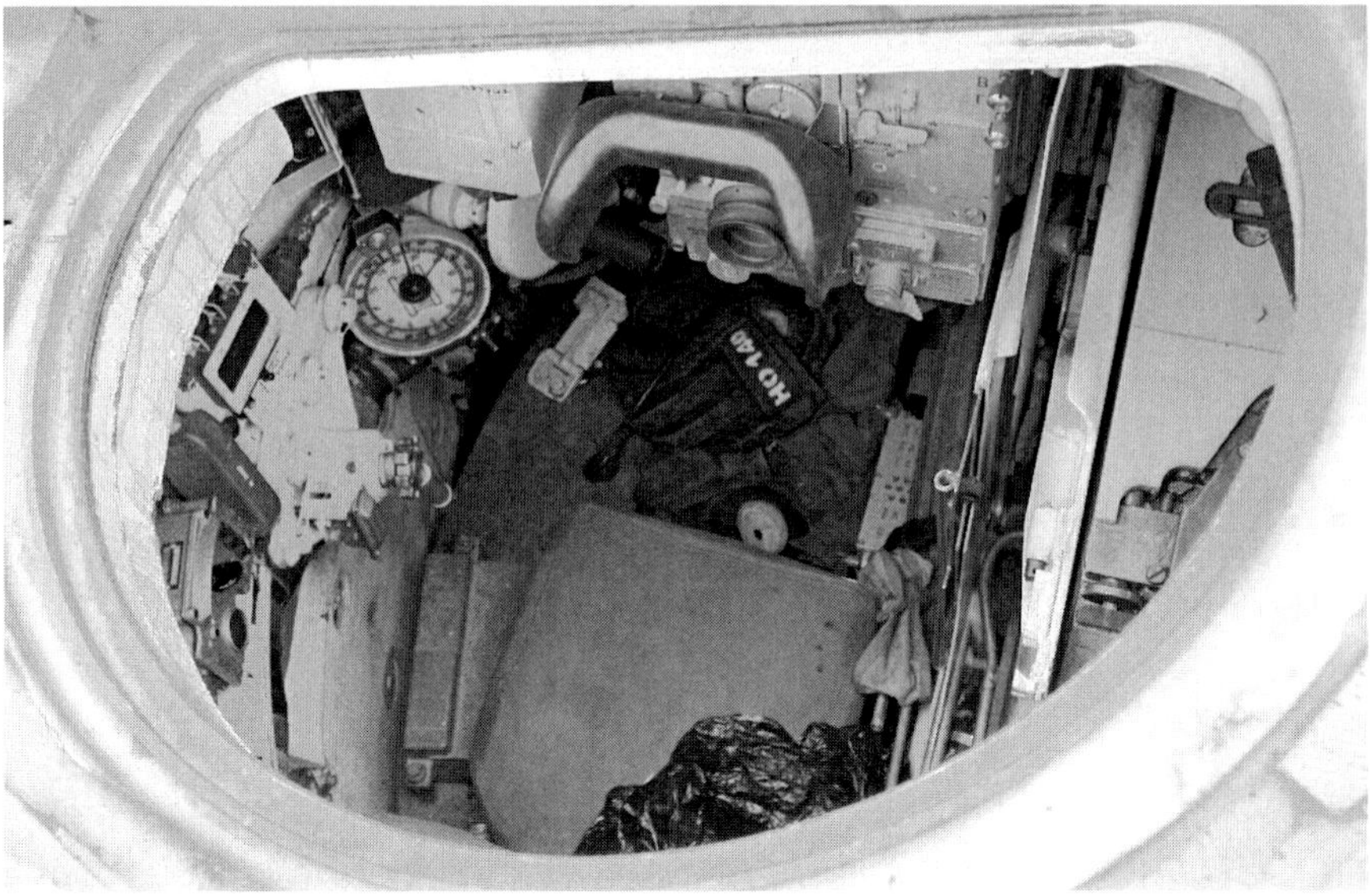

上から見た砲手席の様子。基本設計はT-72の砲塔と同じで、右隣が車長席となる。（写真：Vitaly V. Kuzmin）

車長用主視察装置ＰＮＫ‐４Ｓ

Ｔ‐54Ｂ中戦車以来、戦車長用の車外視察装置として双眼式の昼間・暗視兼用スタイルの機器が装備されてきたが、本装置はその発展型である。簡易な距離測定用にレックル内にはミル目盛りが打たれていて、目標との概略的な測距が可能だ（これは、Ｔ‐54／55やＴ‐62では火器管制の基本データであったが）。

キューポラ前面には、小型の専用サーチライトが設けられており（照射角を車内から調整可）、これにフィルターを取り付けて赤外線照射ができる。

暗視は、パッシブ、アクティブの両方が可能で、視察可能距離は前者で700メートル、後者で1000メートルだ。ＰＮＫ‐４Ｓが取り付けられた車長用キューポラの旋回は電動式で、1ＥＴｓ29コントロールシステムを用いる。

（3）副武装

Ｔ‐90の副武装は、Ｔ‐72シリーズ同様に主砲と同軸（右側）の7・62ミリＰＫＴ車載機銃と車長用キューポラに取り付けられた対空・地上掃射兼用の12・7ミリＮＳＶＴ重機関銃（「ウチョース」や6Ｐ17とも呼ばれる）が各1挺ずつである。

7・62ミリＰＫＴ機銃は、著名なＭ・カラシニコフが設計

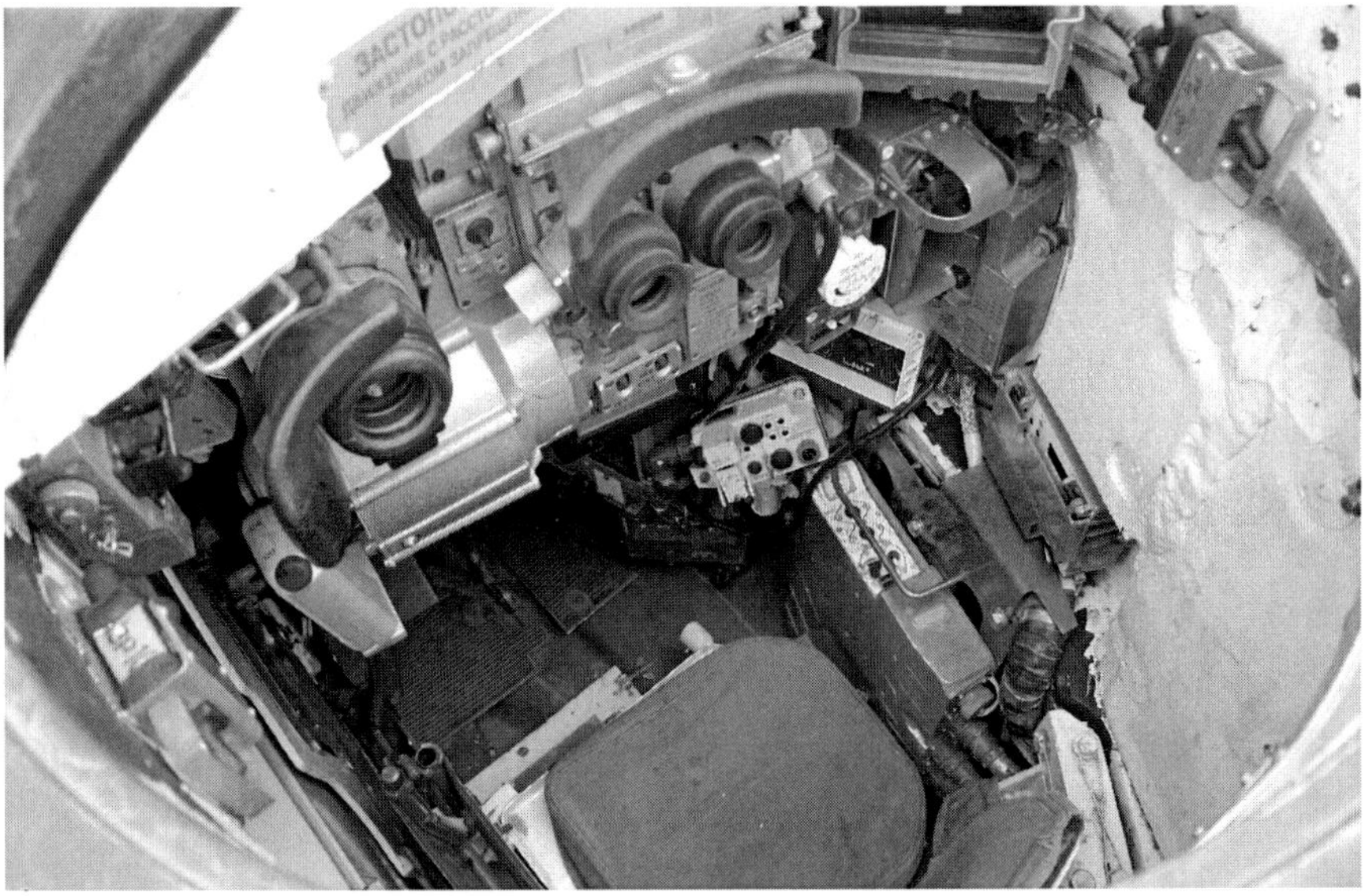

上から見た車長席の様子。（写真：Vitaly V. Kuzmin）

した歩兵用の分隊支援火器7・62ミリPK機銃の戦車搭載型である。ベルト給弾式で250発の7・62ミリ×54R弾（リム付きの54ミリ長薬莢の付いた小銃弾）をセットした金属製給弾ベルトを8本、搭載している。

12・7ミリNSVT重機関銃は、キューポラ前部のリモコン・マウントに装備され、発射や射角操作は車長がキューポラ内から行なう。対空用にも対応できるモノキュラー（単眼）式照準装置PZU-7が車長用視察装置PNK-4Sの左横に配置され、キューポラとNZVT重機関銃のコントロール装置（レバー式）がその下にある。このコントロールレバーの先端に発射ボタンが付いている。

弾薬は12・7ミリ×108弾で、曳光弾BZT、軽量鋼芯弾LPS、焼夷徹甲弾B-32などが混用される。50発1組の金属製給弾ベルトにセットされ、アンモボックスに収納された状態で機銃機関部に装着される。アンモボックスの交換は、車外操作で行なわなくてはならない。アンモボックスは、通常2個搭載されるが、他の車外装備品とともに実情に応じて増やすこともある。

他に乗員の個人用自衛兵器として、5・45ミリAKR短機銃1〜2挺（30発入り弾倉30本搭載）、F-1またはPGO手榴弾20個を搭載する（乗員は、他に各自拳銃＝ロシア軍の場合、9ミリマカロフPM拳銃を携行する）。

（４）防御システム

T-90は、T-72の基本構造と防御力を引き継ぎつつ、新型のリアクティブ追加装甲システム＝コンタクト-5および赤外線撹乱システム＝ＴＳｈＵ-1シトーラ-1を装備したことが特徴である。

T-90のベーシックな装甲はT-72の後期生産型と同じで、砲塔前半部周囲と車体前面（上部）にアルミナ系セラミック板などを積層させた複合装甲である。これに運動エネルギー弾にも有効なコンタクト-5を追加した場合、強力な防御力を発揮できる。これは、T-90の砲塔前半部の装甲防御力で、圧延防弾鋼板（ＲＨＡ）換算値であるが、車体前面部もこれとほぼ同様と考えてよい。

〈コンタクト-5なしでの砲塔装甲の耐弾力〉

対ＡＰＦＳＤＳ弾＝５３０ミリ、対ＨＥＡＴ弾＝５２０ミリ

〈コンタクト-5が付与する耐弾力〉

対ＡＰＦＳＤＳ弾＝２５０～２８０ミリ、対ＨＥＡＴ弾＝５００～７００ミリ

〈合算された耐弾力〉

対ＡＰＦＳＤＳ弾＝７８０～８１０ミリ、対ＨＥＡＴ弾＝１０２０～１２２０ミリ

コンタクト-5は、１９８５年よりT-80U主力戦車などに用いられるようになった爆発反応装甲の発展型で、命中弾のインパクトで内部に横方向のエネルギーが生み出され、ＨＥＡＴの浸徹ジェット流を拡散させたり、ＡＰＦＳＤＳの貫徹体を寸断したりして防御効果を発揮するものだ。このシステムにより、T-90（T-72ＢＭも装着していた）は、それまでのT-72シリーズよりも画期的に生残性を高めるものとなったのである。

もう一つの特徴的な防御システム、ＴＳｈＵ-1は敵側の標定レーザー波をセンサーで把握すると、煙幕展開用の擲弾発射システム９０１Ｂより煙幕弾を発射し、そこへ赤外線を照射して、戦車前方50～80メートルに熱源をもつ雲を形成させて誘導ミサイルや戦車砲の照準システムを撹乱するものだ。また、電波誘導式ミサイルに対しても妨害波を出す機能をもっている。

ＴＳｈＵ-1シトーラは、西側の対戦車誘導ミサイル・システムであるＴＯＷ、ダラゴン、ＨＯＴ、ミランなどに有効性を発揮するとロシアは主張している。

▼運用国

広がりを見せつつあるT-90の採用状況

T-90主力戦車は、前述のように１９９２年以来ロシア陸軍で採用されて運用が開始され、以後、海外への売り込みが図られてきた。

インドは、２００１年２月に３０１輌のT-90Sを導入する契約にサインし、以後、１２４輌がニジニ・タギルのUVZで量産されて引き渡された。その他は部品供給によるノックダウン生産、さらに部品も現地生産によるライセンス生産へと移行して生産が進められた。現時点でインド陸軍が保有するT-90Sは１６５０輌にのぼる。さらにその後、４６４輌のT-90MSを導入しているため、２０００輌以上のT-90を保有していることとなり、ロシアを超えた最大のユーザーとなっている。

またインドは、自国用のほか、モロッコ向けに３３０輌のT-90Sを量産して引き渡す契約を締結した（なお、インド製T-90Sは、TShU-1シトーラ-1を装備していない）。

ロシア陸軍はT-80シリーズなど既存の戦車が多いこともあって新規導入の必要性が切迫していないともされるが、５５０

インド陸軍が運用するT-90S「ビーシュマ」（古代インドの叙事詩「マハーバーラタ」の登場人物）。これらには「シトーラ1」アクティブ防御システムは装備されていない。

輌のＴ-90Ａを運用している。
アルジェリアも２００６年３月にＴ-90Ｓを１８０輌導入したのを皮切りに、５７２輌の契約を締結している。この他、改修キット供給によるＴ-72輸出型からの転換も含まれるが、アゼルバイジャン（１００輌）、イラク（75輌）、シリア、トルクメニスタン（10輌）、ウガンダ（44輌）、ベトナム（64輌）で採用されている。

Ｔ-90Ｓが輸出商談で成功を収めているのは、圧倒的にコストパフォーマンスがよいためである。燃費がよく信頼性の高いＶ-84ディーゼル・エンジン（最大出力８４０ｈｐ）や、単純な機構の操縦システム、単純な構造でありながら、最新の火力と防御力が盛り込まれていて、それで１５０万米ドル前後という価格は、他に例がない。紛争地に拡散する装備とは思われないが、比較的経済力のない国の戦車兵力を大きく改善する役割を今後もＴ-90シリーズが果たしていく可能性は高い。

Ｔ-90は、歴史的に見れば第二次世界大戦の傑作戦車Ｔ-34の末裔だ。開発し量産しているＵＶＺも、独ソ戦中盤以降、Ｔ-34シリーズの大量生産で重要な役割を果たした戦車工場である。

Ｔ-90は、古くはＴ-34からＴ-72に至るまでのロシア戦車の欠点（内部の狭隘さや、限られた車内配置、たとえば弾薬搭載スペースに起因する被弾時の危険性など）をかかえてはいる。し

オムスク市で定例開催される兵器ショーで一般公開中のＴ-90主力戦車。ＴＳｈＵ-１シトーラ防御システムを装着し、Ｔ-80シリーズと共用のダブルピン式組み立て履帯を取り付けている。左隣には、Ｔ-90と同じ１２５ミリ滑腔砲を装備した対戦車自走砲スプルトである。低開発国向けの輸出兵器と見られていたが、最近のパレードではロシア軍に装備されたものが登場している。装甲車並みの防御力しかないこの種の兵器は、西側では考えにくい装備である。 (c) ITAR-TASS Photo Agency

かし、優れたコストパフォーマンスと高い信頼性はT-90を自国の主力戦車とする国家を増やしていることから、ソ連崩壊後のロシア戦車界を再生するルネサンス的な戦車となっているともいえる。

▼バリエーション

新型の滑空砲と砲塔を搭載した改良型T-90A

2000年代に入るとロシア経済の回復や「強いロシア」をスローガンに掲げるプーチン政権の登場により、ロシアは軍備の再建に本格的に乗り出すようになった。そして1996年にいったん停止されたT-90戦車の調達が、2004年から再開される運びとなった。

このときに生産が始められたのは以前のT-90戦車ではなく、T-90Sをベースにさらなる改良を加えたT-90A（オブイエークト188A）と呼ばれるタイプである。

T-90Aは、T-90Sに採用されたものより防御力を強化したフルスペックの「ウラジーミル」砲塔を搭載し、戦闘重量が48トンに増加した。

それにも関わらず、エンジンについてはT-90Sと同じV-92S2ディーゼル・エンジンを搭載しているため、路上最大速度は時速60キロとやや低下している。ただし出力／重量比は20・8hp／トンと、T-90の18・1hp／トンに比べれば向上している。

主砲は新開発の55口径125ミリ滑腔砲2A46M5が搭載されており、3BM42 APFSDS（装弾筒付き翼安定徹甲弾）を使用した場合、砲口初速は秒速1700メートル、射距離2000メートルで600ミリ厚のRHA（傾斜角60度）を貫徹可能とされている。

また副武装には、NSVT重機関銃よりも反動が小さくて命中精度の高い12・7ミリ重機関銃「コルド（Kord）」（6P49とも呼ばれる）を装備している。

さらにT-90Aは複合装甲の防御力についても強化が図られており、「コンタクト-5」ERAとの相乗効果によって、KE弾に対して砲塔前半部で800〜830ミリ、車体前面上部で830ミリ厚のRHAに相当する防御力を備えているといわれる。

このようにT-90Aは初期のT-90に比べて大幅に性能を向上させているが、旧式なT-72戦車の基本設計を受け継いでいるため、これ以上の性能向上はあまり期待できず、ロシア軍首脳部の評価も芳しくない。

ロシア陸軍のポストニコフ総司令官は2011年3月にT-

T-90の改良版として「ウラジーミル」砲塔を搭載したロシア連邦軍のT-90A。(写真：Mike1979 Russia)

90Aを指して「時代遅れの戦車」「T-72戦車の17番目の改良型にすぎない」「中国軍の最新MBTにすら後《おく》れをとっている」と酷評している。

このためT-90Aは最大で約60輌/年という遅いペースでしか調達されず、2011年までに約380輌が生産された時点で調達が打ち切られてしまった。この当時は、ロシア軍はT-90シリーズの後継となる新型主力戦車としてT-14「アルマータ」の開発を進めていることもあり、T-90シリーズの調達はこれ以上行なわず、2015年以降にT-14戦車へ調達を切り替えていく方針とされていたようである。

幻の試作戦車「T-95」と「チョールヌィ・オリョール」

ソ連邦崩壊後の1990年代から、ロシアではT-90やT-80シリーズの次世代を担う主力戦車の試作がほのめかされてきた。いずれもT-80Uのコンポーネンツをベースにした T-95(オブイェークト-95)とチョールヌィ・オリョール(オブイェークト-640)だ。

チョールヌィ・オリョールとは、「黒い鷲」の意味である。同戦車の試作車(公開デモ用?)は、1997年に遠景で機動する姿が公開され、以後は少しずつデータや外見が明らかになってきていたが、財政難を理由に2001年に計画は中止された。一方、T-95については、わずかな仕様と側面図が公表さ

右斜め後ろから見たT-90A。

れた以外、その実際の姿については何も公表されていなかったが、こちらも2010年に予算の問題で開発計画は中止された。

"無人型砲塔"が特徴の試作戦車T-95(オブイェークト-95)

ソ連邦崩壊後の1990年代から、ロシアではT-90やT-80シリーズの次世代を担う主力戦車の試作がほのめかされてきた。いずれもT-80Uのコンポーネンツをベースにした T-95(オブイェークト-95)とチョールヌィ・オリョール(オブイェークト-640)だ。

T-95主力戦車の開発については、1997年にエリツィン政権時代の国防大臣であるイヴァン・セルゲーイェフ元帥が明らかにしたものだ。その内容的な特徴は、次のようなものだった。

(1)砲塔は乗員を配置せずに可能な限り小型化し、主砲や副武装、弾薬と自動争点装置、FCS機器のみを搭載する。

(2)乗員区画は車体前部に集中させ、防護隔壁と前部装甲に囲まれたカプセル状の座席・操作エリアに車長、オペレーター(武装等操作手)、操縦手を搭乗させる。それにより、防御力の集約化と被弾時の二次的被害(弾薬その他への延焼や爆発）による乗員被害をなくす。

(3)主砲は135ミリクラス以上の滑腔砲を装備し、新型の複合装甲システムやアクティブ防御システム「アレナ」を標準装備する。

実際にリリースされた側面図（これが正式のもので、正確な形状を表したものかどうかは不明）を見ると、サーマルジャケットを砲身に装着した長大な戦車砲が、押しつぶしたように背の低い砲塔から突き出している。砲塔中央部には、「アレナ」システムの誘導ミサイル探知追跡レーダーのマストが立ち、側面部は散弾コンテナが収められたゲージが取り巻くように取り付けられるように描かれていた。

車体は、転輪が片側6個のT-80UMと同様のもののように描かれており、T-95が明確にT-80シリーズをベースにそのコンポーネンツの多くを流用していることを示唆しているように思われる。機関室サイズも同じことから、エンジンはT-80UMと同じ1250hpのGTD-1250を搭載するものとみられる。総重量は、50トンだといわれている。

T-95の最大の特徴である戦闘室から乗員を排除し、独立した防御区画に収容する車内配置は、すでにT-55中戦車のコンポーネンツを用いて開発された都市戦闘用の歩兵支援戦闘車輌BTR-Tで採用されている。BTR-Tは、イスラエルがやはりT-54／55をベースに開発した重防御歩兵輸送車と同じ

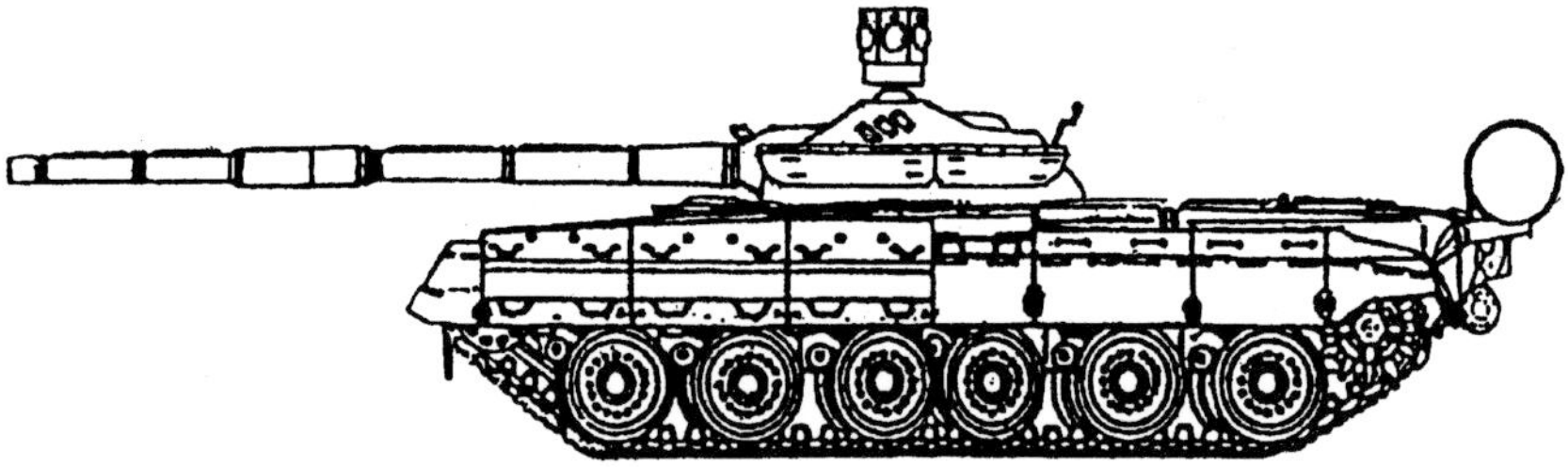

幻の試作戦車T-95。最近の情報では、主力戦車ベースの市街戦用歩兵戦闘車ＢＴR-Tと同じく、砲塔部には乗員を配置せず、その小型化が図られているのだといわれている。車体前部操縦席を挟んで、車長、砲手が並ぶ乗員配置で乗員区画な車内でも防御隔壁で密封され、乗員の生残性を高めていた。

く、RPG-7や高威力爆発物による被害から搭乗者を守るために車内での防護措置や配置を重視したものだが、BTR-Tの方が徹底している。

旧ソ連で開発された一連の125ミリ滑腔砲装備戦車が、その自動装填装置に充填されたむき出しの発射装薬や弾薬、あらゆる隙間に配置された燃料タンクに被弾した際に延焼や誘爆を生じ、乗員にとって致命的な被害をもたらす欠点を共通して持っていることから、T-95ではBTR-Tと同様のコンセプトの車内構造と配置を採用したのである。

ロシア国防省は、T-95がニジニ・タギルとエカテリンブルグの戦車製造プラントにおいて引き続き開発中であると時々ほのめかしてきたが、2010年4月にロシア国防省国防次官ウラジーミル・ポポフキン上級大将が、開発計画を断念することを発表した。

画期的なモジュラー装甲を採用するチョールヌィ・オリョール

オムスクのウラル運輸車輌工場設計部門で開発が継続され、1997年の兵器ショーで初めて機動デモンストレーションが公開されたチョールヌィ・オリョールは、1997年にさらに進化した姿で同様のデモを行なったほか、縮小模型が一般公開された。

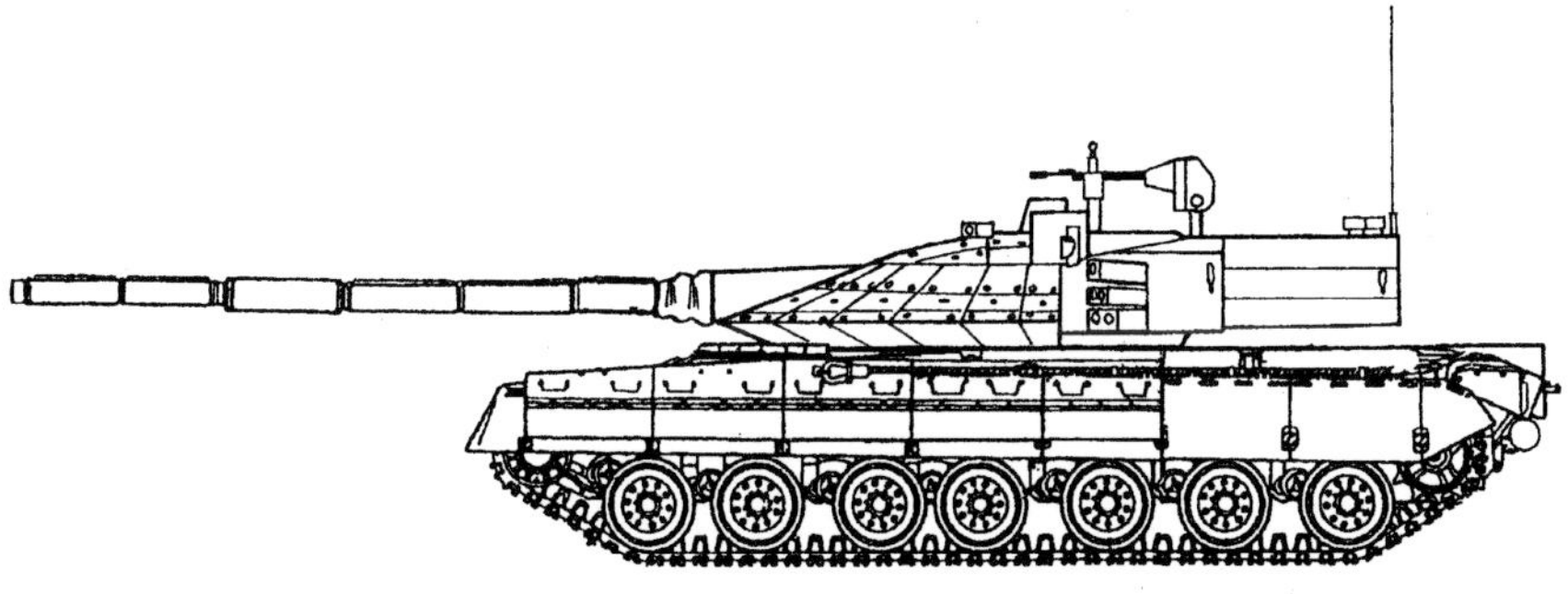

1997年から現れたT-80U主力戦車の発展型、チョールヌィ・オリョール（黒鷲）試作戦車。新型モジュラー装甲カクトゥスを砲塔前半部に装着し、135ミリまたは140ミリ滑腔砲を装備する予定といわれていた。

この際にもたらされた情報による同戦車の仕様は、次のようなものだった。

(1)砲塔には135～140ミリクラスの滑腔砲を副武装とともに装備し、その自動装填装置は砲塔後部の大型バッスル（車内空間がつながっている、砲塔の後ろについている張り出し）内に乗員とは隔離した状態で弾薬とともに搭載する。

(2)防御システムは、新型のモジュラー装甲「カクトゥス」を砲塔周囲に採用し、アクティブ防御システム「ドローズド」も標準装備する。

(3)車体はT-80UMの発展型だが、より大馬力である1400hpのガスタービン・エンジン（GTD-1400）を搭載し、拡大した機関室に対応して車体は延長され転輪は片側7個に増やされる。

以上の内容から、チョールヌィ・オリョールはT-80UMをベースに、車内配置や武装システムを西側最新鋭主力戦車と同様のものに発展させ、主砲口径や防御システムを大型化させたものといえる。

詳細を見ると、砲塔武装は滑腔砲（試作車には125ミリ砲を装備しているといわれる）のほか、同軸の7・62ミリ機銃と砲塔上面のリモコン操作式12・7ミリ重機関銃「コルド（Kord）」（従来のT-90などのように車長キューポラ装着式ではなく、独立したマウントへの装備化を示唆するデザインが縮小模型で示されている）で、「ドローズド」防御システムは、従来前方80度の範囲で飛来する誘導ミサイルに対応したものを120度の範囲まで拡大するという。

砲塔に採用されているモジュラー装甲「カクトゥス」は、それぞれが独立したブロックとなっている爆発反応式と複合装甲をハイブリッドしたものを重層して装着するものである。運動エネルギー弾（APFSDS）や化学エネルギー弾（HEAT）の双方に対して画期的な防御力を発揮するとともに、被弾後の復旧や時代の進展にともなう新技術を盛り込んだ装甲システムへの交換が容易なものとなっている。

乗員は、T-90やT-80UMと同様で3名とされるほか、基本重量は48トンとされていた。拡大された車体が48トンで収まったのかは（オリジナルのT-80UMは46トン）、確証がない。しかし、ロシアは主力戦車の重量を50トン以内に収めることを開発コンセプトとしており、そのために軽量な新装甲システムを開発していた。

チョールヌィ・オリョールは将来を見越して長期にわたる開発作業が継続されていたが、ガスタービン・エンジンの燃費効率の悪さや財政難のために、2001年に開発が凍結され、開発元も翌2002年に倒産してしまった。

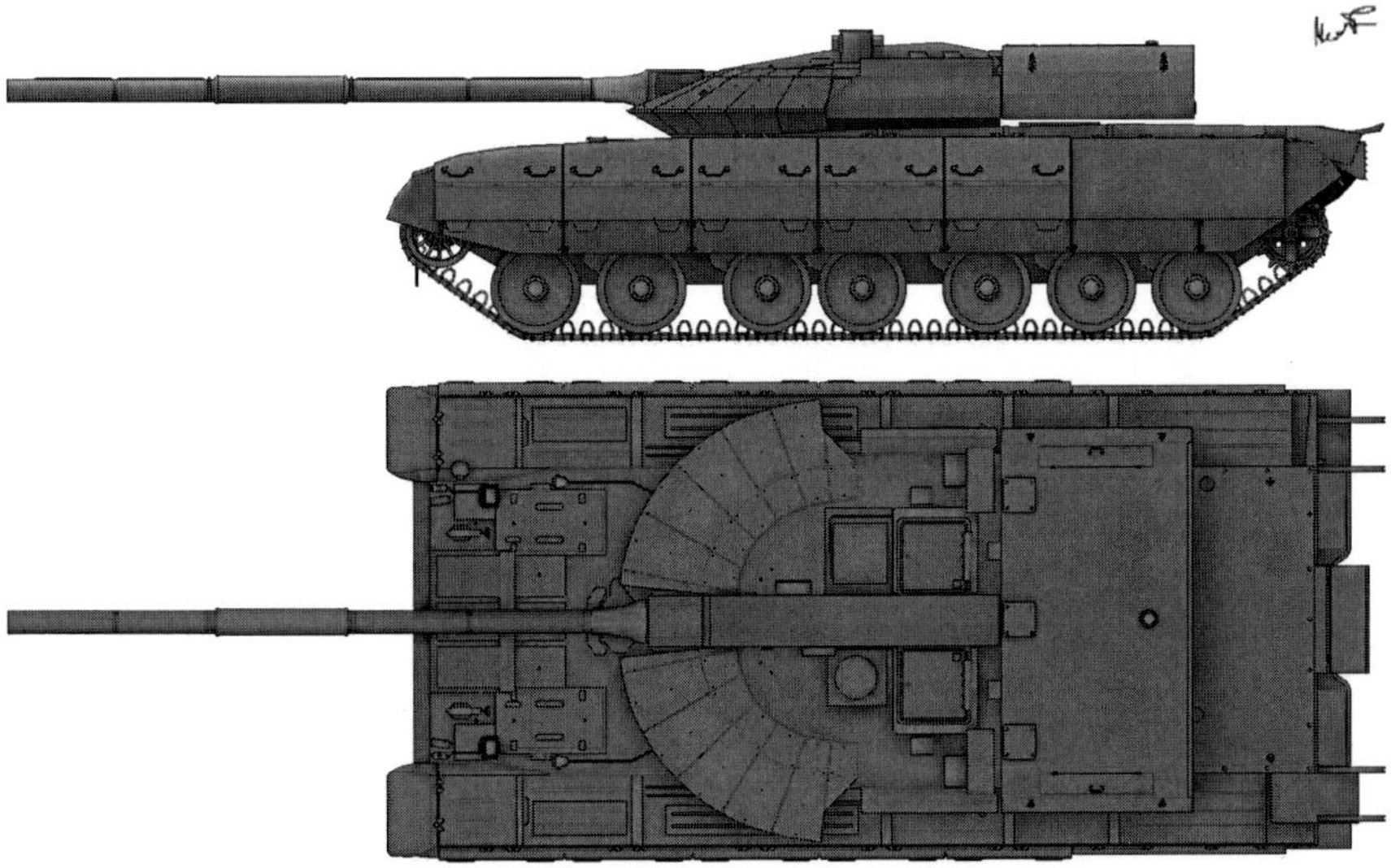

試作戦車チョールヌィ・オリョール（オブイェークト-６４０）の想像図（非公式のもの）。押しつぶしたように背の低い砲塔から長大な戦車砲が突き出しているのが特徴的。（イラスト：Alexpl）

T-90MS

――軍備再建に乗り出したロシアが、T-90を抜本的にバージョンアップさせた「戦車王国」の集大成ともいえる新型主力戦車。

▼開発史

T-14アルマータと並ぶロシアの21世紀型主力戦車

T-90MS主力戦車は、2011年9月にニジニ・タギルで開催された陸上装備展示会「ニジニ・タギル・エキスポ2011」で初めて公表された。T-90シリーズの最新型というより抜本的なバージョンアップ型で、その後も各地で開催される武器展示会でデモを繰り返し、売り込みが図られている。本国ロシアでは試験的な調達と運用が開始されており、インドは236輌の導入計画を発表した。

T-90MSは、ロシアが「21世紀型主力戦車」として求める要素を既存のT-90に可能な限り盛り込んだものだ。その新要素の多くは、2015年にリリースされたまったく別系統の共通プラットフォーム型戦闘車輌システム「T-14アルマータ」と同様の内容を含んでいる。開発者は、T-14とともに「ハイ・ローミックス」方式でロシア連邦軍の戦車兵力の根幹を担っていく車種として企図したことは間違いない。

また、40年以上にわたりソ連以外の世界各国で普及したT-72シリーズの基本構造をベースにした最新主力戦車ということで、ロシア国外での新規導入とともに、既存運用車の改修サービス輸出の市場も見込める。これもロシア戦車産業、なかんずく本車を開発したウラル運輸車輌工場（＝UVZ、ヴァゴンカ）にとってビジネスチャンスを広げる重要なポイントだ。

T-90MSが発展させられたポイントは、次のようなものだ。まずは火力面で、APFSDS弾の有効射程が延伸された新型の125ミリ滑腔砲2A46M-5を導入し、あわせて新型の目標自動追随システムが追加された射撃統制システム「カリーナ」と組み合わせた。また、車長用の独立視察照準装置とリモートコントロール式対空・対地機銃マウントを導入している。

防御面では、複合装甲に加えて以前から導入されていた爆発

ＡＲＭＹ-２０１６で展示されたT-90ＭＳ。（写真：Vitaly V. Kuzmin）

ＺＡＰＡＤ２０１７演習のときのT-90ＭＳ。こちらは新型で、砲塔からネット・アーマーが垂れ下げられている。（写真：Kremlin.ru）

反応装甲をモジュール式内蔵型の新型「レリクート」システムに変更。砲塔構造を改め、後部バッスル内に予備弾薬を内部区画から分離して搭載し、戦闘室底部の回転式自動装填トレイも可能な限り閉鎖式にして、被弾時の内部引火による延焼や爆発による被害の防止に努めた。また内壁や隔壁部に装着する破片・火炎飛散防止ライナーの設置をしたことで、乗員の生残性を高めている。

機動性能面では、従来同様のV型ながら高出力化されたV-92S2F多燃料式ディーゼル・エンジン（1130hp）を完全自動化されたトランスミッション・システムとともに搭載した。あわせて、新装甲システムなどの導入でやや増えた重量を支えながら、良好な機動性と耐久性を保障するためにサスペンションなどの強度を増す改善措置がとられている。

これらの発展内容を詳しく見てみよう。

▼基本性能

一新された砲塔形状と火器管制システム

砲塔形状

T-90MSでまず目を引くのは、戦後ソ連戦車の伝統的な砲塔形状だった、半球形をベースに長大な主砲と合わせた特徴的な〝逆フライパン〟形が完全に改まり、後部に大型バッスルのある箱型形状の砲塔になったことだろう。

そもそも今世紀に入って以降、ソ連戦車では伝統的だった防弾鋳鋼製の砲塔の製造供給が安定せず（主にウクライナ共和国内で製造されていた）、新規生産されるT-90Aも圧延防弾鋼板の溶接組立砲塔が用いられるようになっていた。こうした事情に加えてT-90MSの砲塔は、前面と側面にモジュール装甲ブロックを装着することもあって、イメージが従来型とはまったく別物になった。

上面から見た砲塔形状は五角形で予備弾薬搭載コンテナ（18発分の弾薬を収納）のある後部バッスルはかなり大きい。ここは砲塔内の戦闘室区画とは開閉式隔壁が設けられて遮断されており、万一、命中弾でコンテナ内の弾薬に引火・誘爆しても、上面の搭載時に開けられるハッチがブローオフして爆発エネルギーを上部に逃がし、車内に被害が及ばない構造になっている。これは、M1エイブラムス戦車など第三世代以降の西側主力戦車から採用されてきた安全機構である。

この部分の左右両側の前半は中空装甲が施され、それより後ろはバッスルを取り巻くように、ケージ（格子）型の対HEAT弾頭用の補助装甲が設置されている。代表的な歩兵用の肩撃ち式対戦車擲弾RPGなどの弾頭に対して、当たり具合によっては信管の作動を妨げたり、爆発させてもスタンドオフ効果による貫徹力減殺を図れるもので、有効だ。

砲塔前面と側面には新型の爆発反応装甲を組み込んだモジュール装甲が導入されているが、これについては後述する。

砲塔内の配置および主・副武装の搭載位置は、T-72～T-90A以来のものを踏襲している。前方中央に125ミリ滑腔砲2A46M-5（砲身長51口径）を配置し、右側に連装銃として7・62ミリ6P7K車載機銃を装備する。

主砲尾の右側に車長席、左側に砲手席が配置され、底部には125ミリ弾頭と分離式装薬（半燃焼式）が二段重ねでぐるりと22発分充填される円形の回転式弾薬トレイが置かれる（つまり、125ミリ弾薬の総搭載数は40発だ）。

この弾薬トレイは、被弾時の延焼・誘爆を遅らせるためにカプセル状に鋼板カバーで全面が覆われている（T-72シリーズ

側面から見たT-90MS。砲塔形状が大きく変更され、後部バッスルが大きいことがわかる。（写真：Aleksey Kitaev）

の輸出型は弾薬の露出が多く、これが湾岸地上戦時に被弾するとたちまち誘爆して砲塔を上空高く吹き飛ばすような破壊状況をもたらした。これを教訓としてとられた措置だ)。

武装面で外見上の大きな変更点としては、車長キューポラ後方に独立式視察照準システムと組み合わせて搭載されたリモコン式の7・62ミリ6P7K機銃がある。全周旋回式のマウントに、車長用の熱線ビジョン式暗視システムと機銃・主砲照準器を組み込んだ独立視察装置がセットになっている。その後ろ側にはリモコンギミックおよび400発入り弾倉2個(弾薬計800発)とともに、装甲カバー内に機銃を内蔵している。

対空および対地掃射用で、上下の射角はマイナス10度~プラス45度である。走行時もロックした目標を指向できるスタビライジング機構を持ち、砲塔の最高部に位置することから主砲連装機銃よりも高所に向けることができ、また撃ち下ろす形で低い位置に隠れた目標にも、より有効な射撃を加えられる。有効射程は1500メートル。

火器管制システム

125ミリ主砲の威力と精度は、改良された弾薬および新型の「カリーナ」射撃統制システムで向上させられている。

写真中央に見えるのが、独立式視察照準システムを備えたリモコン式の7・62ミリ6P7K機銃。主砲の左側(向かって右側)のカメラのようなものは4方向へ向けたレーザーセンサーのうちの一つ。(写真：Alexey Vasilenko)

改良弾薬はAPFSDS弾で、有効射程はT-72シリーズやT-90既存型の125ミリ滑腔砲用の標準弾は2200メートルであったが、2700メートルに延伸された。また、フィン安定式のHEAT弾の有効射程は3000メートルで、どちらの対戦車弾種も有効射程内においてNATO標準の第四世代戦車を撃破する能力を有するとされる。

両弾種以外に、最大射程5000メートルの主砲発射式誘導ミサイル9M119M「レフレクスM」(NATOコード:AT-11「スナイパーB」)を発射できる。レーザー誘導式で強力なHEAT弾頭は、防弾鋼板に対して900ミリの貫徹力を発揮でき、低空に滞空・飛行するヘリコプターに対しても用いることができる(標準的に各車1発以上を搭載)。飛翔速度は平均秒速350メートルで、最大射程の5000メートルへ17・69秒で到達する。

なお、主砲からはフィン安定式高性能炸薬弾(HEFS弾)も発射できる。間接的な照準(オブザベーション・ポストからの提供データを受ける)を用いれば、最大射程12キロで射撃することもできるので、砲兵的な役割も発揮できる。

主砲の発射速度は毎分8発で、自動装填装置の回転トレイに充填された22発の弾薬を撃ち尽くした場合、砲塔後部の開閉式隔壁を開けて後部コンテナの予備弾薬を取り出して回転トレイに充填するか、手動で発射の都度、弾頭と分離装薬を砲尾に装填する。

主砲および連装銃の上下角はマイナス6度~プラス14度で、連装機銃用弾薬は2000発が連続的に発射可能なリンク結合状態で、弾倉に充填される。

威力を増した主砲に向上した射撃精度を与える「カリーナ」射撃統制システムは、デジタル弾道計算機とセンサー(風向風力、主砲補正)、車長および砲手用の外部視察・照準器(熱線映像暗視装置付き)、レーザー測遠・誘導装置、補助照準器などからなっている。風向・風力センサーは砲塔後部中央に立てられ、支柱の中間には360度の視界を得る小型カメラが付属している。

主砲先端部および基部に配置された主砲補正センサーは、日照や発射弾数によって微妙に影響を受ける主砲の歪みを計測し、弾道計算機にデータを反映させるもので、西側第四世代戦車では標準的に装備されているものと同様だ。これをロシア戦車で採り入れたのは、今のところ本車とT-14戦車だけである。

また、照準スタビライジング・システムには、ロックした目標を自動追随する機構も含まれている。これはロシア戦車では初めてのもので、西側戦車でもフランスのルクレールと日本の90式戦車、10式戦車くらいにしか装備されていない。

T-90シリーズは最初から、ソ連時代に高級バージョン主力戦車として開発されたT-80Uの高度な射撃統制システム「アガヴァ」を搭載していたが、新しい「カリーナ」システムはセンサー類が追加され、弾道計算機などの作動速度および容量の増加で、さらに高い精度での射撃統制を実現した。開発者の説明では、現在の主力戦車T-90Aに比べてAPFSDS弾を用いた最大射程で、弾着範囲が15%縮小されたとのことだ。

レーザー測遠器を用いた目標観測は7500メートルまで可能。また、熱線映像システムによる、暗視および悪天候時の視認は3500メートルまで可能で、西側の同種装置と同等である。

その他の新装備

これらとあわせて重要な装備は、従来型の無線通信システムに代わる人工衛星電波と中継機能利用の位置情報ナビゲーション・ネットワーク通信システム「グロナス」だ。これは、C4I化による戦闘情報共有で、T-90MSにおいては同一小隊内およびそれ以上の上級司令所や地上支援の航空機(攻撃機や攻撃機ヘリコプター)との情報共有とコミュニケーションの迅速化を狙っている。

車長席のモニターパネルには、行動区域の情報を反映した戦闘地図が映し出されるようになっている。これは、その他の照準映像モニター(砲手、車長席の双方に配置され、切り替えで広い範囲の外部視察映像も映せる)とともにタッチ操作ができるものとなっている。

以上のように、車外からの情報は、ほとんどデジタル機器を通した映像などになって乗員にもたらされるシステムであるが、それでも光学的な外部視察視察プリズムが車長用キューポラの周囲に8基配置されている。やはり、乗員が自分の目で直接的に見る情報がないことの不安は運用上も払拭できないのであろう。

さて、砲塔に各種装備が集中しているのはT-72以来、変わるところがないのだが、砲塔要員の操作機器は発表写真を見る限り、かなり人間工学的な改善が図られてコンパクト化されている。新たに設けられた後部バッスルに、予備弾薬とともに一部の機器が移動されたおかげでもあろう。

さらに一言すると、エアコンディショナーが装備されたことは、乗員の疲労度を改善し、悪天候条件下でも戦闘力を維持する上で大きな改善になると思われる。概して、機械装置や弾薬、主砲の巨大な砲尾に挟まれるように組み込まれて搭乗するような乗員の居住性は、今までのT-72シリーズに属する戦車と比較するなら抜本的に改善したといえる。

その他、砲塔装備としては上面部に4方向へ向けたレーザーセンサーと砲塔の前部左右に6基ずつの発煙弾筒が配置されるが、これについては後述する。

新モジュール装甲採用で西側120ミリ滑腔砲への抗堪をめざす

T-90MSで導入された防御力面での新機軸は、爆発反応装甲を組み込んだモジュール装甲システム「レリクート」だ。これは、ロシア（ソ連）で開発された三世代目の爆発反応装甲反応装甲で、1980年代後半から広く実用化されてきたAPFSDS弾にも有効とされる「コンタクト-5」に代わるものとして、鉄鋼科学研究所（NII STALI）が開発し、2006年に採用されたものだ。

具体的な開発目標としては、M1A1エイブラムス主力戦車の120ミリ滑腔砲（ラインメタル系）に採用された劣化ウラン（DU）製ペネトレーターから成るAPFSDS弾(M829A2/A3)に対する正面方向での抗堪であった。

「レリクート」システムは、開発時にロシア連邦軍で運用中であったT-72B、T-80U、T-90Aの爆発反応装甲ブロック（古いタイプのボックス型「コンタクト」や、厚めの鋼板と組み合わせた「コンタクト-5」）を更新する目的で導入されることになったものだ。

原理的には、1990年代から構想され試作に終わったT-80Uベースの「チョールヌィ・オリョール」に導入が考えられていた爆発反応装甲と複合装甲を組み合わせたモジュール装甲ブロック「カクトゥス」の延長線にあるものだろうと筆者は推測する。開発者の説明では、「レリクート」は従来の「コンタクト-5」に比べて、APFSDS弾に対して1・4倍、タンデム型（二重弾頭型）を含むHEAT弾に対しては1・9〜2倍にエネルギー減殺効果が向上したとされ、開発目標はクリアしたという。

T-90MSは「レリクート」モジュール装甲ブロックを車体前上部、砲塔の前〜側面（バッスル部を除く）にびっしり施し、薄めの板型に成型されたものをサイドスカート型に車体側面の3分の2にわたり装着している。これにより、正面から概ね左右45度前方から飛来する対装甲弾に対し、高い防御力を発揮できる。

モジュール装甲の下の砲塔と車体前部の基本装甲は、T-72以来の複合装甲が採用されており、開発者の説明を信じれば、「レリクート」システムと合わせて西側標準的の戦車砲である120ミリ滑腔砲の射撃統制に抗堪できるということだ。

その他、本車の機関室側面部にあたるサイドスカートの後部およそ3分の1の部分には、砲塔後部バッスルと同じようなケージ型補助装甲が取り付けられ、側面からの肩撃ち式対戦車擲弾からの防御が図られている。

砲塔内壁および車体内壁の一部には、外からの命中弾によるる部分貫徹によるペネトレーターその他の破片や、溶解粉塵、衝撃による剥離破片を受け止める特殊防弾ライナーが施されている。乗員や機器への被害、引火を抑止するには重要な措置である。予備弾薬配置の変更や自動装填装置の回転弾薬トレイのシールド化とあわせて、こうした措置が被弾時の乗員生残性を相当程度に高めている。

アクティブ防御システムとしては、砲塔上面に4方向へ向けて配置された照準・誘導レーザー感知センサーと組み合わせた煙幕自動展開システムが装備されている。T-90Aには、煙幕弾で投射された煙幕に赤外線を照射して熱源撹乱も図る「シトーラ」システムが装備されていたが、レーザー照射を妨げればよいと割り切られたのか、T-90MSには照射器が見当たらず、同システムは採用されていない。装甲システムや新型砲塔装備でかさむ重量を少しでも減らす意図もあるだろう。

車内与圧システムと汚染除去フィルターによる対NBC防御力装着も装備されているのは、ロシア戦車としては言うまでもないことだ。

防御上の特質は以上だが、特に「レリクート」モジュール装甲は「コンタクト-5」よりも重量を要したと見られ、総重量で「コンタクト-5」装備のT-90Aが46・5トンに対しT-90MSは48トンと1・5トン増しになっている。重量増大の原因のすべてではないだろうが、大部分が防御力向上をめざした「レリクート」採用や車内配置や装備の変更などによるものであることは間違いない。

エンジン出力の向上や自動変速化がなされた足回り

そもそも1973年に完成されたT-72主力戦車の最初の型の重量は、41トンであった。60年代半ばから量産に入った当時としては画期的な歩兵戦闘車BMP-1と共同行動ができる速度性能（平坦地で最高速度 時速60キロ以上）が要求されたため、大戦中からソ連戦車の定番エンジンとして用いられてきたV型ディーゼルを780hpにパワーアップしたV-46エンジンを搭載した。

しかし、同じ車台を使ってきたとはいえ、新型の射撃統制機器や爆発反応装甲の追加で総重量は1980年代末に完成したT-72BVで44・5トン、90年代に登場したT-90で46・5トンに達した。これにともない、搭載エンジンもそれぞれパワーアップされたV-84（840hp）、V-92S2（1000hp）へと変更された。

さらなる大改修で重量が48トンに達したT-90MSは、出力を1130hpまで引き上げたV-92S2Fエンジン（4ストロークV型12気筒多燃料ディーゼル）を搭載した上、それまで用いていた機械式トランスミッションによる変速機構を前進7速／後進1速の全自動変速機構に変更した。すでに大戦中の重戦車並み重量になったのだから、当然というべきなのだが、ロシア戦車の開発史において、実用戦車では初めての採用となった。

足回りは、片側で6つのアルミ製転輪と3つのリターンローラー、誘導輪（前）と起動輪（後）から成る、デザイン的にはT-72以来のものを踏襲したものだ。本車は重量増大にともなって転輪を支えるサスペンションのトーションバー（鋼製棒バネ）の強度を増す措置がとられ、転輪アームの動きを緩衝する油気圧式ダンパーが全転輪に配置された（T-72シリーズでは、最前部と最後部の転輪にのみ配置）。履帯は、T-64中戦車やT-80シリーズで採用されてから徐々にT-90にも採り入れられたダブルピン組み立て式を用いている。

以上のパワープラントと走行機構をもつT-90MSの平坦地での最高速度は、時速72キロ、行動距離550キロ、登坂角度60度、超堤高0・8メートル。超壕長は2・85メートル、通常渡渉水深1・2メートルである。

戦後型ソ連戦車の標準装備である潜水渡渉装置（換気用シュノーケルと排気管逆流防止弁）も用意されており、乗員の手により20分間で取り付けて、最大5メートルの水深の河川障害の水中を進むことができる。

「戦車王国」の歴史的成果を結実した主力戦車

筆者にとって、T-90MS主力戦車に連なるT-72シリーズには感慨深いものがある。1977年に初めて西側に公開され、同年11月7日の「ロシア社会主義革命70周年記念軍事パレード」で堂々たる集団行進をした最大の長大な125ミリ主砲を振りかざした小ぶりに見えるスマートな姿が「究極の戦車」を思わせた。

しかしT-72の章で述べたように、1991年1月に始まった湾岸地上戦では、多国籍軍による圧倒的な航空優勢下、特に米軍のM1A1エイブラムス主力戦車にワンサイドゲームを演じられて大敗したイラク共和国親衛隊のT-72（輸出型）が決定的にマイナスイメージをロシア戦車の上に投げかけるものとなった。

湾岸地上戦から何年も経った後、筆者は米軍による戦闘記録をあわせて紐解きながら、ソ連崩壊でオープンになった資料を駆使して「エイブラムスvsT-72」の戦闘の実相と戦車としての両者の特質を分析する記事を「PANZER」誌（アルゴノート）などに書いた。その際、筆者はT-72について「発展の袋小路に入った戦車」と評価した。T-34以来、「より大きな火力」「小型化と併用した重装甲化による防御力と機動力の両立」という要素が人間工学的配慮を度外視して追求された末に行き止まりにぶつかった戦車ということだ。

しかし、ロシアの戦車開発陣はT-72シリーズをその後も見限ることはなかった。その理由の一つには、すでに2万輌以上がライセンス権譲渡による国外生産も含めて作られ、各国に普及していることで、補修・維持とともに改修によるバージョンアップを提供する市場を形成していたことがある。社会主義経済システムの壊滅後に混乱し疲弊したロシア国内経済の立て直しに、ソ連時代の遺産である武器技術を使って外貨稼ぎをすることは、死活的問題であった。また、前述したように今日のUVZにとっては、魅力的なビジネスチャンスをものにする好条件でもある。

だが、それ以上に普及型戦車として開発されたことによる使いやすさと、既存の技術を積み上げた信頼性の高いパワープラントや走行装置などが優れた開発プラットフォームとして評価されていたことも間違いないだろう。それは、T-72シリーズをベースとして、後にもたらされた革新的な新技術を盛り込んだT-90A、さらにT-90MSが生まれたことで証明された。「戦車王国」の歴史的成果を、一つの車台をベースに結実させたのがT-90MSに示されたロシア戦車開発における今日の到達点である。

UVZの開発陣がT-72シリーズの可能性を新たに引き出し、21世紀型主力戦車を完成させた慧眼は、賞賛されるべきだ。筆者は、T-72シリーズへの自分の評価を喜んで訂正したい。

出現以来、半世紀近くにわたって改修され、最新鋭として通用する戦車を生み出したT-72シリーズとその頂点にあるT-90MS主力戦車に対し、我が国は戦車開発において、61式戦車以来、小さなパーツからコンポーネンツ全体までをすべて一から設計し直し、まったくの別物を作ってきた。装備開発・調達のあり方としては、実に対照的である。

10式戦車は、確かに世界のいかなる戦車にも引けはとらないし、陸上自衛隊が求められる任務に適応できると思うが、我が国のこれまでの戦車開発が今までのスタイルでよかったのだろうか、という点をT-90MSに結実したT-72シリーズの発達の歩みに照らして考えてみるのも無駄ではないだろう。

残念ながら、装備更新の長期計画が財政難で予算上、下方修正を余儀なくされているロシア連邦軍ではT-14などのより革新的な装備の調達を優先化し、T-90MSの本格的調達は保留されている。しかし、既存のT-72およびT-90運用国（インドをはじめ30ヵ国ある）からオファーが具体化し、量産化される可能性は高いだろう。

T-14

——無人砲塔や軽量装甲素材を採用するなど、T-72から続いてきたソ連・ロシア戦車の全体デザインを根本的に刷新した新世代戦車。

▼開発史

「改修・新規」の二本立てで戦車兵力の強化を検討

ロシアの新世代戦車T-14が公表されたのは、対独戦勝70周年の2015年だ。以後3年以上、注目を集めてきたこの戦車は「アルマータ」(Armata)とも呼ばれてきたが、これは本来は汎用共通車台ユニットの名称だ。語源はギリシャ語の「武器群」である。

「アルマータ」汎用共通車台シリーズは戦車型のT-14のほか、重歩兵戦闘車(T-15)、自走榴弾砲(2S35コアリツィア-SV)が実働車輌として完成されている。「アルマータ」汎用共通車台ユニットは、時代が要請する重装甲・高火力・高機動性能を各ジャンルの車輌で実現するために、軽量装甲素材(従来の防弾鋼板より約15%少ない質量で、遜色ない防御力を持つとされる防弾鋼＝44S-sv-Sh)とパワープラント(A-85-3Aディーゼル・エンジンと12速オートマチック変速機構)を含めて共通コンポーネンツを用いて組み立てられる。

しかし、何といっても注目の的は戦車型T-14だ。現用のロシア主力戦車T-90は、ベースとなった基本型T-72が登場して40年余。全体デザインから根本的に刷新した新世代戦車がロシアで登場するのは、半世紀ぶりとなる。

一方でロシア機甲兵器の開発部門(軍と企業がジョイントした研究開発システム)は、T-90MSのような従来型のバージョンアップも登場させ、改修および新規調達の二本立てによる機甲戦力の更新整備を検討していた。

もっとも、2008年軍政改革以来のプーチン政権主導による巨額予算(邦貨換算で10年間50兆円規模)を想定した大規模な軍装備現代化・更新計画も原油価格の低迷やルーブル安、クリミア半島のロシア連邦編入から始まった西側諸国の経済制裁の影響によって財政状況は厳しいため、予定どおりの執行に

２０１７年の軍事パレードで赤の広場を進む、「アルマータ」汎用共通車台シリーズのうちの戦車型Ｔ-14。砲塔を無人化して、車体側全部に乗員３名（車長、操縦手、砲手）が乗り込む。（写真：kremlin.ru）

「アルマータ」汎用共通車台シリーズの歩兵戦闘車型Ｔ-15。（写真：Соколрус）

困難を来している。

実際、老朽核兵器の新型への置き換えなどより戦略的に緊急性を要する課題に重点を置きつつ、陸上兵器更新の大部分が当面見送られた。そのため、T-14はおろかT-90MSの本格調達開始の目処は立っていない。

現状のロシアの戦車兵力は、T-90シリーズと旧型T-72の改修バージョンを中心に2700輌体制だ。

運用評価を経て改善作業しながら量産開始

T-14は、2016年まで先行量産（試作）車20輌前後を用いた運用評価試験を実施。2017年からは、試験に基づく改良や設計変更を盛り込みつつ量産に入っている。

当初の発表では2020年までに2300輌を調達するとされていた。しかし、前述したような財政状況の不振下では、調達ペースを大幅に落とさざるを得ないだろう。「2016年にロシア国防省筋が明らかにしたところによると、調達計画は2025年まで期間を延伸された」と報じられている（「Diplomat」誌、2018年3月30日号）。この報道では「2020年までに第5親衛タマンスカヤ自動車化狙撃旅団に100輌のT-14が配備される見通し」とも伝えている。

なお、この旅団はソ連軍時代に第2親衛タマンスカヤ戦車師団から改編された第2親衛タマンスカヤ自動車化狙撃師団が前身で、2009年に軍政改革の具体化で旅団に再編されたものである。ロシア地上軍は現在、師団を廃止し、旅団を基本単位にしている。

しかしいずれにしろ、T-90シリーズと二本立てでいったい何輌の戦車兵力にしていくのかはまだ定かではない。

問題となるのは、まず調達コストである。T-14の先行量産車は1輌あたりの価格が650万ドル（7・43億円）で、従来のロシア主力戦車よりもかなり高価だ。その一方で、メーカーであるウラルワゴン社（旧ウラル運輸車輌工場）は、「量産が本格化すれば、調達価格は1輌あたり370万ドル（4・84億円）まで下がる」とアナウンスしている。

ちなみにT-90シリーズの最新型であるT-90MS主力戦車の新規生産引き渡し価格は、1輌あたり450万ドル（5・14億円）である（これは新規生産車輌の輸出価格と見るべき数字。実際には、ロシア連邦軍は既存のT-90Aを改修してT-90MSへバージョンアップすることで同型の調達を図るので、さらに割安となる）。

調達価格の問題を置いたとしても、ロシア連邦軍の人員と部隊構成の現状（100万人定数のところ77万人といわれる）を鑑みるなら、T-14の整備計画が2300輌としてもこれを現状の2700輌へ単純に足した数になるとは考えにくい。T-72改修型やT-90の一部は予備役（保存パーク送り）にされ、

T-90MSとT-14を合計して3000輌程度の実働体制にすることが、人員的にも維持コスト面でもロシア連邦軍の現状に見合ったものと思われるので、そこがめざされていくだろう。前者と後者の割合は2：1が妥当なところと思われる。

ちなみに現在、ソ連時代に全土に数多く設置されていた軍部隊駐屯地や整備場を利用した保存パークにモスボールされている予備役戦車は、ロシア連邦共和国でT-72やT-80などを中心に1万7500輌に及ぶ。これらは簡単な再整備を施せば、有事の際にすぐに戦力化できる状態に置かれている。

実際、2014年以来の東部ウクライナ（ドンバス）紛争では、ウクライナ現地でモスボール保管されたり、ロシアで予備役に置かれたりした戦車は再整備され、分離独立派ノヴォロシア連邦（ドネツク、ルガンスク両人民共和国で構成）の防衛軍として投入された。

以下、判明している範囲でT-14の機構と性能のポイントを概観する。

▼基本性能

従来戦車を抜本的に見直した内部配置

T-14は従来型戦車の内部配置を抜本的に見直すことで、乗員の生残性と火力発揮・防御力の面で画期的な発達をかちとることを第一の開発コンセプトにしている。

まず3名の乗員すべてを車体側前部の装甲カプセル化したコンパートメントに納め、砲塔を無人化することで、人間を配置する工学的配慮を完全に度外視してパズルを組み込むように各種センサーやFCS機器（射撃統制システム）、火器・戦車砲、装填システムを搭載できるようになった。その結果、従来型戦車よりも多くの機器を狭いスペースに搭載し、節約した容積部分にあたる質量を防御力の強化に振り向けることが可能になった。

砲塔構造は、本体と外側を覆う分厚いモジュラー装甲部分に分かれる。本体は前後に長いがギリギリまで小さくまとめたキューブ（立方体）形状で、その上に爆発反応装甲と複合装甲からなるモジュラー装甲ブロックを組み合わせた外被を取り付ける形だ。モジュラー装甲ブロックを取り外すと、砲塔本体は実にコンパクトだが、これは乗員を配置しないことによる効果であり、容積、質量（装甲材質の）を機能と防御面で、この上なく有効活用している。

ＦＣＳや視察装置、センサー

砲塔に配置されるＦＣＳおよび視察装置やセンサー、アクティブ防御システム関連機器は次のとおりとなっている。

(1)目標測定およびミサイル誘導用レーザー照射システム付きサイト……砲手用サイト（主砲左側）の外被開口部に配置される。レーザー照射距離は７５００メートルで、暗視照準システムはサーマル（熱線映像）式で有効距離３５０メートル。バックアップ用としてパッシブ暗視照準システムも装備（有効距離１０００～２０００メートル）し、光学照準器は倍率４倍と12倍の切り替えが可能。

(2)車用独立式３６０度旋回式精密解像ビジョンタワー（ＣＡＴＶ）……サーマルおよびパッシブ暗視システムも付属（性能は砲手用に同じ）する。戦車大（幅３×高さ２・７メートル）の目標識別距離は１万２０００メートル。脇にリモートコントロール式の対地／対空機銃マウント（装甲カバー内に機銃収納）を持ち、ビジョンタワーはこれの照準器も兼ねる。

搭載機銃は、通常12・7ミリ重機関銃６Ｐ49「コルド（Ｋｏｒｄ）」で、弾薬は３００発。７・６２ミリ機銃６Ｐ７Ｋ、もしくは弾薬１０００発と組み合わせて搭載することも可能となっている（２０１５年５月９日のモスクワ独ソ戦勝利記念日のパレードでは、後者を搭載）。

(3)対戦場レーダー（フェイズド・アレイ、26・5～40ＧＨｚ）……砲塔側面の前後左右４ヵ所に長方形アンテナを配置し、３６０度をカバーする。主にアクティブ防御システム「アフガニート」と連動して使用されるが、誘導ミサイルの攻撃目標とするヘリコプターの探知にも用いる。空中目標40、地上目標（高さ30センチまで）25を個別に識別し、追跡できる。探知距離は１００キロ。

(4)アクティブ防御システム「アフガニート」……３６０度カバーのレーザーセンサーと対砲弾・ミサイル用擲弾からなる。砲塔左右基部に擲弾用チューブ（ハードキル・ランチャー）がそれぞれ５本ずつ配置される。これが自車に向かって飛翔する対装甲弾の前で炸裂して散弾を投射し、破壊ないしエネルギーを減殺する。対応できる目標の飛翔速度は秒速１７００メートル（マッハ５、現用の１２０ミリ滑腔砲ＡＰＦＳＤＳ弾の砲口初速と同等）とされるが、このシステムは将来秒速３０００メートル（マッハ８）で飛翔する目標への対処をめざして性能向上が図られるという。

また砲塔上面の左右に小口径12連装の煙幕弾発射筒（旋回

T-14正面の主要部位。①操縦手用の前方監視型赤外線（ＦＬＩＲ）装置、②車長用の光学視察装置（ペリスコープ）と（そのすぐに後ろに）乗降ハッチ、③砲手用の光学視察装置、④乗降ハッチ、⑤操縦手用の光学視察装置、⑥主砲照準器（目標測定およびミサイル誘導用レーザー照射システム付きサイト）、⑦車用独立式３６０度旋回式精密解像ビジョンタワー（赤外線・サーマル暗視）、⑧環境センサー（風向・気温センサー）、⑨対戦場レーダー（レーザー測遠・ミサイル管制システム）。（写真：Alexey Vasilenko）

T-14右側面の主要部位。①爆発反応装甲ブロック、②対誘導ミサイル用アクチブ防御システム(擲弾筒)、③レーザー測遠・ミサイル管制システム、④アクティブ防御装置の赤外線／電子光学センサー、⑤砲身補正センサー、⑥煙幕弾発射筒（スモークディスチャージャー)、⑦対戦場レーダー（レーザー測遠・ミサイル管制システム)、⑧グロナスＧＰＳアンテナ、⑨データ通信アンテナ、⑩無線通信アンテナ。(写真：Alexey Vasilenko)

式）を計2基、左側上面に上向きで2基（固定）が装備され、センサーに自動連動させて煙幕弾や電子撹乱物質の拡散弾を発射できる。低速飛翔（音速程度）の誘導ミサイルに対しては、センサーおよびレーダーと連動して、砲塔上のリモートコントロール機銃で弾幕を張って撃ち落とすことも可能だという。

(5)風向・気温センサーと統合管制システム……起倒式の風向・気温センサーが砲塔上面左側に配置され、砲塔内にはデータ処理と火器操作にそれを反映させるコンピューター統合管制システムを搭載する。

以上のような機器類にバックアップされた形で、砲塔部には主武装としての125ミリ滑腔砲2A82-1Mが7・62ミリ連装機銃6P7K（従来の車載機銃PKMTと同じ）とともに搭載される。

主砲

T-14が主武装として搭載する125ミリ戦車砲2A82-1Mは、ソ連時代の1960年代後半〜1970年代にかけて登場したT-64、T-72、T-80やロシア連邦共和国移行後に主力戦車となったT-90と口径こそ同じだが、これら従来型戦車が搭載した2A46シリーズが砲身長48口径であるのに対し、同55口径とより砲身が長い。

それに外見上の違いで見ると、砲身中間部にあった排煙器（エバキュエイター）が存在していない。なぜなら砲塔内に乗員が配置されないので、発射煙逆流の対策をとる必要がないためだ（それでも弾薬充填時や整備時に有毒ガス残留は困るので、最終的に換気はされるシステムがあるものと思われる）。

弾薬と装填装置

しかし、何よりの決定的な違いは、弾薬だ。それまで分離装薬式だった125ミリ弾薬は、2A82-1Mでは一体型（弾頭と装薬武が結合されている）となった。弾薬搭載数は45発だが、32発が砲塔リンク下の自動装填装置ラックに弾頭部を上にして円形に並べられて充填され、残りは予備弾薬として砲塔後部に搭載される。

T-14の自動装填装置は、T-72〜T-90で使われてきたカセトカ（分離装薬と弾頭を重ねて砲塔底部に円形配置）やT-64およびT-80シリーズで採用されたコルジナ（弾頭は縦置き、分離装薬は横置きで砲塔底部に円形配置）と方式がまったく異なる。

後者のコルジナ（「籠」の意味）は、もともとT-64の初期型に搭載された115ミリ滑腔砲で用いる一体型弾薬用の自動装填システムなので、形態的にはT-14のシステムに似ている。

しかし、弾頭を上にして砲塔底部周囲に縦置きで並べ、底部中心あたりを軸にした回転運動式のハンドがブリーチ部に弾薬を持っていくコルジナの動作は大きく、乗員の巻き込み事故を起こしていた。

分離装薬式になったT-64後期型やT-80でも、縦置きされた弾頭部などの装填動作は同じだ。分離装薬も弾頭部が運ばれると同時に水平収納状態から縦置きに立ち上がり、戻ったハンドで弾頭同様に拾い上げてブリーチ部のトレイに載せられ、ランマーで弾頭とともに押し込まれる。

T-14のシステムは、逆さに配置された弾薬の底部あたりを軸に弾頭部を下からアームで持ち上げ、一体型弾薬そのものに回転運動をさせてブリーチ部に合わせてランマーが押し込む方式で、機械的動作はコルジナ方式に比べると単純で小さな動きとなる。そもそも砲塔部に乗員が配置されていないので、コルジナ方式でも安全面は問題ないが、単純かつ小さな動きは作動時間の短縮につながり、発射速度の向上につながった。もちろん、長い弾薬の装填動作が一方向に収斂されれば、砲塔容積を余計にとる必要もなく、コンパクト化とその分の防御力向上にも寄与する。

主砲発射速度は結果として従来型のT-90その他が毎分8発／分であるのに対し、T-14は12発／分に向上した。なお、薬莢は半燃焼式で、発射のたびに底部のみが排莢されて、砲塔左側にある小ハッチから車外に投げ出される。

向上したのは発射速度だけではない。同じ口径ながら、T-14が搭載する125ミリ滑腔砲2A82-1Mは、対装甲弾のAPFSDS（呼称＝バキューム-1）は砲口初速で秒速1980メートル、2000メートル飛翔後も秒速1900メートルの存速（空気抵抗で減速した後も残っている速度）を持つ。同弾のペネトレイター（貫徹体）は長さ90センチに及ぶ劣化ウラン（DU）製で、射程2000メートルにおける貫徹力はRHA換算で1000ミリ／90度である。

ちなみに西側現用の120ミリ戦車砲のなかで今のところ最強の威力であるラインメタル製120ミリ滑腔砲L55で、最新のDM53／63APFSDS弾を用いた場合、砲口初速 秒速1750メートルで、射程2000メートルでのRHA換算貫徹力は810ミリ／90度である。

相対する西側主力戦車の防御力との関係で見ると、最も強力な部類に入るM1A2エイブラムス主力戦車の車体、砲塔の前面部なら対KE弾（運動エネルギー弾）でRHA換算600ミリ、対CE弾（化学エネルギー弾＝HEATなど）では同1300ミリとなる。T-14の対装甲弾防御力については後述するが、120ミリ滑腔砲搭載の主要な西側戦車に対しては、少なくともバキューム-1で完全にアウトレンジできることになる。

対装甲弾薬としては、その他にタンデム弾頭で爆発反応装甲に対応するフィン安定式HEAT弾や、レーザー誘導式で対へ

２０１８年のパレードリハーサルの際の、後ろから見たＴ-14。①燃料タンク、②増加燃料タンクの取り付け基部、③後方監視カメラ、④車内通話器、⑤対戦場レーダー（レーザー測遠・ミサイル管制システム）。②の基部には２００リットルの燃料タンクを２個装着することができる。（写真：Dmitriy Fomin）

リコプター用にも用いる3UBK21スプリンターが用意されている。装甲貫徹力は、いずれの射程でもバキューム-1と同等の数値と思われる。

誘導ミサイルと榴弾

戦車砲の腔内から発射する誘導ミサイルは、西側主力戦車に対するアウトレンジの決め手としてソ連時代からロシアのお家芸だ。スプリンター・ミサイルは射程がレーザー誘導範囲ほぼいっぱいの７０００メートルというから、従来型の有効射程４０００〜５０００メートルを大きく凌ぎ、アウトレンジ能力はいっそう向上している。

対空用途では射程が短SAM並みで、弾頭威力は大きいから地上攻撃ヘリコプターにとっての脅威度は大きい。

破片榴弾（HE-FRAG）テルニクも、炸裂モードを選択できるユニークなものだ。チェチェン内戦やシリアの市街戦でロシア戦車を運用した教訓をふまえて、状況に応じて即座に瞬発、遅発、空中発火などの信管作動を選択する。

野外に展開するゲリラ戦士の制圧にはVT信管のようにその直上部の空中で炸裂させることが有効だし、建物内で立て籠もった敵を狙うには遅発で弾体を屋内に貫通させてから炸裂させることが望ましい。

自動装填のプロセスのなかで信管に機械的調整を行なえる

ようにすれば、状況に応じたモードが選べるわけで、これだけでも戦術的なポテンシャルは大きくなる。またテルニクはデータ共有による間接射撃に用いることが可能で、その場合の最大射程は12キロとされる。

なお、T-14の主砲はより口径の大きな152ミリ滑腔砲2A83の搭載も検討されているともロシア連邦軍筋からアナウンスされている。しかし、ロシアにおける軍事技術専門家たちの意見では、弾薬が大きくなることで搭載弾数が減ったり、発射速度などが下がったりなどメリットが少なく、そもそも現状で威力もオーバーキルであると、否定的なものが多い。そのため、現実に換装されることはなさそうである。

防御コンセプトを大転換したモジュール装甲と乗員配置

T-14の外見で印象的なのは、従来のロシア戦車よりも一回り以上大きく感じることだ。実際、T-90シリーズと比較すると車体長は1メートル以上大きく、転輪数は一つ多い片側7個である（T-90は車体長6・86メートル、砲身先までの全長は9・53メートル。T-14は砲身先を含む全長10・8メートルで正確な車体長は不明だが、8メートル以上はある）。車体幅はほぼ同じだが、これだけ容積が増えれば、車体を構成する防弾鋼板その他の装甲材質の質量が増え、重量増加につながるはずだ。

しかし、公表されているT-14の総重量は48〜50トンで、T-90AやT-90MSの46〜48トンとそれほど変わらない。にわかに信じがたい感もあるが、これは従来の防弾鋼と同等の抗堪性を15%も少ない質量で持たせられる新防弾鋼44S-sv-Shを用いているからだと説明されている（つまり、薄くして、期待する防御力を実現している）。

また、戦車の外面防御の重要部分であり強固な装甲が施される砲塔が、乗員スペースを排除したことで極端に小さくまとめられたことも、重量低減には大きく寄与している。

44S-sv-Shは、NII STALI（鋼材科学研究所）で開発されたもので、「アルマータ」汎用共通車台シリーズの戦闘車輌や、新型の装輪歩兵戦闘車K-17「ブーメラング」や「クルガーニェツ-25」中型装軌共通車台シリーズ（歩兵戦闘車［IFV］などを試作中）にも用いられている。防御力に割り当てる質量を節減し、その分を武装や各種搭載機器の充実にあてたり、容積確保に活用したりする上で有効に使用されている。

T-14の防御力構成上のコンセプトは、第一に乗員の生残性を最優先すること、第二に重点防御と全周防御を両立させることである。

第一の点は、3名の乗員を車体前部装甲と一体で設けられた装甲キャビンに並列に収め、その前方および側面、上面の車体外側を重点的に複合装甲や爆発反応装甲ブロックで覆うこと

斜め上から見たT-14のプロトタイプ。無人砲塔化された砲塔上部にハッチが存在しないことがわかる。（写真：Boevaya mashina）

で具体化されている。

装甲キャビン内は他の車内区画から完全に遮断されており、被弾による内部破片の飛散や弾薬や燃料の延焼から乗員を保護する。車体底部の損傷を狙う対戦車地雷から乗員を守る上でも有効だ。

3名の乗員は、左が操縦手、右が車長、中央が砲手となる。操縦手と車長は頭上に乗降ハッチが配置され、そこから顔を出して外部の直接視覚も得られる。基本的に外部視察はカメラとモニターで得るが、補助的に光学視察装置もそれぞれのハッチの周辺（車長用は前、操縦手用は後ろ）にハの字型に各3基配置され、砲手席の頭上にも前方に向けて1基だけ設置されている。

その他、装甲キャビン内には、操縦装置および武装コントローラー、照準や視察、外部コミュニケーション（通信・情報共有）用モニターが配置される。

車体および砲塔前面のＲＨＡ換算装甲防御力は、９００〜１０００ミリである。この部分は、複合装甲と爆発反応装甲を組み合わせたハイブリッド・モジュラー装甲で本装甲板を覆っている。また、乗員キャビンと砲塔の上面には、トップアタック対応の爆発反応装甲ブロックが敷き詰められている。

車体側面部の前から3分の2の範囲には、モジュラー装甲がサイドスカート状に取り付けられていて、概ね左右60度までの角度から飛来する対装甲弾に対して強力な防御力を発揮する。

車体後部の機関室側面は、ＨＥＡＴ弾頭の対戦車擲弾に対応するケージ（格子）型補助装甲が取り付けられて、さらに外装式予備燃料タンクが左右に配置されてこの部分の防御に寄与することが期待されている。

X型ディーゼル・エンジンから成るパワープラント

「アルマータ」汎用共通車台のパワープラントは、１５００ｈｐ／２０００ｒｐｍを発揮する液冷12気筒X型ターボチャージド・ディーゼル・エンジンＡ-85-３Ａ（またはChTZ12H360）と12速オートマチック変速機構を組み合わせたものだ。

Ａ-85-３Ａは、チェリャビンスク・トラクター工場企業体（ＣｈＴＺ）設計局の開発によるもので、コンパクトで軽量ながら大馬力を発揮させることを狙っている。３気筒ずつのＸ型シリンダー配置形状で、燃料噴射ポンプなどの付属品を外すと完全な立方体に近い形となる。

直線構成で小さくアレンジされたエンジンのおかげで、機関室内配置を極めて無駄のない形に設計することが可能となった。本体重量は１・５トン、馬力／重量比は全備重量48トンと見た場合には31・２５ｈｐ／トンとなり、列国戦車のなかでは最高レベルとなる。路上最高速度は、時速80～90キロとされる。燃料タンクは機関室内のエンジン左右および機関室外側の左右に予備タンクが配置され、路面機動ならば航続距離５００キロである。

足回り構成品は、オーソドックスなアレンジで履帯および転輪（直径70センチ、アルミ鋳造製）はＴ-80シリーズのものを転用している。次期戦車の構成品に可能な限り先代の戦車と共用品を用いるのは、第二次世界大戦中のソ連から引き継がれているスタイルで、量産施設の転換を極小化してコストダウンと予備パーツの有効活用を図ることを容易にする。

サスペンションは伝統的なトーションバー式を踏襲しているが、第１・第２・第７転輪はアクティブサスペンションとして制振機能が付与されていることが、発表資料や走行テスト映像から確認できる。これは油気圧でアシストする機構となる。

開発コスト回収のため海外輸出には積極的

コンセプト、構造、発表性能から見るならまったく革新的といって過言ではないＴ-14を、ロシア連邦政府は海外に売る気満々だ。これは開発コスト回収を容易にしつつ、自国用の量産の促進を生産コスト低減で図るというソ連崩壊以後に一般的になったロシアの兵器開発と調達の基本スタイルを踏襲している。

第一期プーチン政権（２０００～２００８年）のときに着手

右側面から見たT-14。写真は2016年のパレードに参加した際のものだが、サイドスカートが外されている。(写真:Vitaly V. Kuzmin)

された軍事産業改革・立て直しの際も、新規装備の開発コストは可能な限り輸出市場の開拓やそれ以前の共同開発で回収、あるいは自国負担分の低減を図ることを基本方針として強調してきた。T-14の積極的な海外売り込みは、その方針に沿うものだ。

売りたいのだから、可能な限り性能・機能面の特色やカタログ・データを連邦軍やロシア兵器輸出公団、生産企業が公表している。2015年5月9日の独ソ戦勝利70周年記念の軍事パレードに鳴り物入りで登場したのも、式典に招待した友好国首脳に見せつけたいがためであった(1輌がパレード途上で故障停止し、戦車回収車が15分もかけて現場から引き揚げるお粗末もあり、ロシア市民の中に「まだ完成されていないハリボテなのでは?」との口コミが流れた)。

大統領補佐官ウラジーミル・コージン氏は、「中国とインドがT-14に大変興味を示してくれた」と軍事パレード後にコメントし、政府系紙「イズヴェスチャ」が「中国、インド、南アジアなどの我が国にとって長年の〝取引先〟が導入を検討するかもしれない」(2015年6月4日)と報じた。「南アジア」とは、インドネシア、マレーシアあたりを指すものだろう。

さらに、デニス・マンチュロフ通商工業大臣は訪問先のカイロで「我が国はT-14について、エジプトへの売り渡し交渉に応じる準備がある」とリア・ノーヴォスチ通信社に述べた(2015年5月26日配信)。

軍事パレードに参加した際のT-14。（写真：mil.ru）

しかし、兵器・装備品の世界はどの国でも案外、保守的な空気が流れている。あまりに斬新なコンセプトな上、実戦での運用実績もないT-14がどれくらいロシア以外の国で関心を引くものだろうか。我が国を含め、西側の防衛界でのT-14に向けられる視線は、冷めている。

「宇宙船のような乗り心地」と言わせるT-14の革新性

それでもなお、筆者は、T-14が「21世紀型戦車」といってよい革新的な指標を打ち立てつつあるものと評価する。とりわけ斬新なのは、乗員キャビン内での全リモコン式操作である。

光学的視察装置などはすべてセンサーやカメラ、それから得られるデータを表示するモニターに置き換えられてしまっている。かなり大っぴらに内部を撮影した映像も公表されているが、これを見た友人である陸上自衛隊の元ベテラン戦車兵氏は「衝撃や振動のつきものな戦車の装置関係で、タッチパネルを含めた大モニターがあんなにあって、それに頼る操縦や操作なんて絶対不具合が出そう」との感想を聞かせてくれた。モニターを指でなぞって視察方向を変えたり、ズームアップさせて標的を照準させたりする戦車兵の動作を見ていると、シミュレーターで模擬訓練を受けているのとまるで変わらない。ゲーム感覚に思えて、現実感が少し遠のくのは事実だ。

3人の乗員には、両手で操作するコントローラーが配置されており、それぞれがモニターを見ながら操作する。

ただ、メーカーが作ったプロモーション映像では、従来型戦車よりもはるかに広い範囲を難なく見回すことができ、閉鎖空間にいる気にならなくなるのも事実だ。また、車長と操縦手は頭上のハッチ（スライド式）を開けて、容易に直接外部を見ることができる。戦車長の下車偵察だってその気になればすぐできる（もっとも、戦車では一番高い位置である砲塔頂部から頭を出すような直接視界は得られないのであるが）。

そうしたプロモーション映像の一つのなかで、ウラルワゴン社でT-14開発チームに加わっていた設計技師の1人、デニス・ミャケンキー氏はこう述べている。

「私は過去、T-72やT-90にずっと乗ってきた経験がある。しかし、T-14に乗ると、まったく戦車に乗っているんだという感覚が失われる。それはまるで、あらゆる方向を確認できるセンサーでバックアップされた宇宙船に乗っているような思いにとらわれる経験だ……」

大げさかもしれないが、T-14は昔のSF小説に出てくるような宇宙時代の戦闘マシーンに近づいているのは確かかもしれない。実際、ここまで自動化が進めば外部からのリモコン操縦や自律的人工知能（AI）を搭載しての無人兵器化が可能なレベルであるし、そうした方向が検討されているのは間違いない。実際、「アルマータ」ファミリー車輛である152ミリ自走榴弾砲2S35「コアリツィアSV」は、外部操作式のコントローラーによって弾薬車を接続した継続発射を無人状態で行なう試験の模様が公開されている。

ロシア兵器産業界と軍側の開発者は、極めてアヴァンギャルド精神に富んでいる。財政難や西側の経済制裁の状況が、T-14の調達にどう影響するかも今後のポイントである。暗視システムの一部に西側の構成品（基礎パーツレベル）が用いられているとの情報もあり、経済制裁はその調達に支障が出る場合もあり得るから、より具体的な状況に注視していく必要がある。

ソ連・ロシア戦車の性能諸元

T-34-85中戦車

重量　32トン
車体長　6・10メートル
全幅　3・00メートル
全高　2・74メートル
エンジン（出力）　V-2-34V（500hp）
路上最大速度　時速55キロ
路上航続距離　300キロ
装甲厚　16〜90ミリ
乗員　5名
武装（弾薬）　85ミリ戦車砲D-5T×1（56発）、7・62ミリDT機関銃×2（1953発）

T-44中戦車

重量　31・8トン
車体長　6・07メートル
全幅　3・10メートル
全高　2・40メートル
接地圧　0・83kg／c㎡
エンジン（出力）　V-44ディーゼル（520hp）
路上最大速度　時速51キロ
路上航続距離　300キロ
最大装甲厚　（砲塔）90ミリ、（車体）120ミリ
乗員　4名
武装（弾薬）　85ミリ戦車砲ZIS-S-53×1（58発）、7・62ミリDTM機関銃×2（2750発）
無線機　9RS

T-54-1中戦車

重量　36トン
車体長　6・27メートル
全幅　3・27メートル
全高　2・40メートル
接地圧　0・93kg／c㎡

エンジン（出力）　V-54ディーゼル（520hp）
路上最大速度　時速50キロ
路上航続距離　330キロ
最大装甲厚　（砲塔）200ミリ、（車体）120ミリ
乗員　4名
武装（弾薬）　100ミリ戦車砲D-10T×1（34発）、12・7ミリDShKM重機関銃×1（200発）、7・62ミリDTM機関銃×3（4500発）
無線機　10-RT-26

T-54-3中戦車

重量　35・5~36トン
車体長　6・04メートル
全幅　3・27メートル
全高　2・40メートル
接地圧　0・81kg／c㎡
エンジン（出力）　V-54ディーゼル（520hp）
路上最大速度　時速50キロ
路上航続距離　360~400キロ
最大装甲厚　（砲塔）200ミリ、（車体）100ミリ
乗員　4名
武装（弾薬）　100ミリ戦車砲D-10T×1（34発）、12・7ミリDShKM重機関銃×1（200発）、7・62ミリDTM機関銃×3（3500発）
無線機　10-RT-26

T-54A中戦車

重量　36トン
重量　36トン
車体長　6・04メートル
全幅　3・27メートル
全高　2・40メートル
接地圧　0・82kg／c㎡
エンジン（出力）　V-54ディーゼル（520hp）
路上最大速度　時速50キロ
路上航続距離　440キロ
最大装甲厚　（砲塔）200ミリ、（車体）100ミリ
乗員　4名
武装（弾薬）　100ミリ戦車砲D-10TG×1（34発）、12・7ミリDShKM重機関銃×1（200発）、7・62ミリSGMT機関銃×2（3500発）
無線機　R-113
暗視装置　操縦手用TVN-1

T-54B中戦車

重量　36・5トン
車体長　6・04メートル
全幅　3・27メートル
全高　2・40メートル
接地圧　0・82kg／c㎡
エンジン（出力）　V-54Bディーゼル（520hp）
路上最大速度　時速48〜50キロ
路上航続距離　360〜400キロ
最大装甲厚　（砲塔）200ミリ、（車体）100ミリ
乗員　4名
武装（弾薬）　100ミリ戦車砲D-10T2S×1（34発）、12・7ミリDShKM重機関銃×1（200発）、7・62ミリSGMT機関銃×2（3500発）
無線機　R-113
暗視装置　（火器用）ルナ2＋TPN-1、（車長用）OU-3＋TKN-1、（操縦手用）TVN-2

T-55中戦車

重量　36・5トン
車体長　6・04メートル
全幅　3・27メートル
全高　2・35メートル
接地圧　0・82kg／c㎡
エンジン（出力）　V-55ディーゼル（580hp）
路上最大速度　時速48〜50キロ
路上航続距離　480〜500キロ
最大装甲厚　（砲塔）200ミリ／（車体）100ミリ
乗員　4名
武装（弾薬）　100ミリ戦車砲D-10T2S×1（43発）、7・62ミリSGMT機関銃×2（3500発）
無線機　R-113
暗視装置　（火器用）ルナ2＋TPN-1、（車長用）OU-3＋TKN-1、（操縦手用）TVN-2
その他の防御装置　対放射能PAZ／煙幕展開装置TDA

T-55A

重量　36・5トン
車体長　6・45メートル
全幅　3・27メートル
全高　2・40メートル
エンジン（出力）　V-55Vディーゼル（580hp）

路上最大速度　時速48キロ
路上航続距離　500キロ
最大装甲厚　200ミリ
乗員　4名
武装　100ミリライフル砲D-10T2S×1（43発）、7・62ミリSGMT機関銃×2（3500発）

T-55AM

重量　41・5トン
車体長　8・618メートル
全幅　3・526メートル
全高　2・35メートル
接地圧　0・93kg／c㎡
エンジン（出力）　V-55Uディーゼル（620hp）
路上最大速度　時速50キロ
路上航続距離　290キロ
最大装甲厚　（砲塔）30＋230＋200ミリ、（車体）300＋120＋100ミリ
乗員　4名
武装（弾薬）　100ミリ戦車砲D-10TS×1（42発）、レーザー誘導ミサイルシステム9K116「バスチオン」、7・62ミリPKT機関銃×1（3000発）、12・7ミリDShKM重機関銃×1（300発）
無線機　R-173
射銃装置　レーザーレンジファインダーKTD-2直接照準器TShSM-3PV、ミサイル誘導装置1K13
暗視装置　（火器用）ルナ2＋TPN-1、（車長用）OU-3＋TKN-1、（操縦手用）TVN-2

T-55AMB

T-55Aに爆発反応装甲を導入したタイプ。
レーザーレンジファインダーや腔内発射式誘導ミサイルも導入されている。

T-55AD

誘導ミサイル対抗型のアクティブ防御システム「ドローズド」を追加したT-55Aの近代化改修型。

レーザーレンジファインダーや腔内発射式誘導ミサイルも導入されている。

T-55MB

1980年代半ばから登場した近代化改修型であるT-55M

B。簡易複合装甲、レーザーレンジ・ファインダー、腔内発射式誘導ミサイルや弾道計算機・各種センサー付属のFCSを導入した性能向上型である。

T-62中戦車

重量　37〜37・5トン
車体長　6・63メートル
全幅　3・33メートル
全高　2・395メートル（車長キューポラ上端）
接地圧　0・77kg／c㎡
エンジン（出力）　V-55Vディーゼル（580hp）
路上最大速度　時速50キロ
路上航続距離　450キロ
最大装甲厚　（砲塔）242ミリ、（車体）102ミリ
乗員　4名
武装（弾薬）　115ミリ滑腔砲U-5TS×1（40発）、7・62ミリPKT機関銃×1（2500発）、12・7ミリDShKM重機関銃×1（300発-1972年以降量産型）
無線機　R-113またはR-123／R-123M
暗視装置　（火器用）ルナ2+TPN-1、（車長用）OU-3+TKN-1、（操縦手用）TVN-2

T-62AM中戦車

重量　42トン
車体長　6・63メートル
全幅　3・566メートル
全高　3・039メートル（対空機銃含む）
接地圧　0・85kg／c㎡
エンジン（出力）　V-55Uディーゼル（620hp）
路上最大速度　時速50キロ
路上航続距離　450キロ
最大装甲厚　（砲塔）60ミリ+230ミリ+242ミリ、（車体）300ミリ+120ミリ+102ミリ
乗員　4名
武装（弾薬）　115ミリ滑腔砲U-5TS×1（42発）、レーザー誘導ミサイルシステム9K116-1「シェスクナ」／7・62ミリPKT機関銃×1（3000発）、12・7ミリDShKM重機関銃×1（300発）
無線機　R-173
射統装置　レーザーレンジファインダーKTD-2、直接照準器TShSM-41U、弾道計算機BV-62、ミサイル誘導装置1K13-1
暗視装置　（火器用）ルナ2+TPN-1、（車長用）OU-3+

TKN-1、（操縦手用）TVN-2

T-62A

1972年から量産されたT-62A。西側で普及した地上攻撃ヘリコプターに対抗するため、装填手側ハッチに12・7ミリDShKM重機関銃を装備する旋回式キューポラを追加したものだ。

T-62M

1980年代半ばから登場した近代化改修型T-62M。車体前面と砲塔周囲に簡易複合装甲を追加し、FCSをレーザーレンジファインダー・弾道計算機付きのものにバージョンアップした上、腔内発射式誘導ミサイルを導入したもの。

T-64中戦車

重量　36トン
車体長　6・428メートル
全幅　3・415メートル
全高　2・145メートル（対空機銃含む）
接地圧　0・815kg／c㎡
エンジン（出力）　5TDFディーゼル（700hp）
路上最大速度　時速65キロ
路上航続距離　550〜650キロ
装甲厚（複合）〈砲塔前周部〉90ミリ（鋼）＋150ミリ（アルミ鋼）＋90ミリ（鋼）、〈車体前上部〉80ミリ（鋼）＋105ミリ（グラス）＋20ミリ（鋼）
乗員　3名
武装（弾薬）　115ミリ滑腔砲D-68×1（40発）、7・62ミリPKT機関銃×1（2000発）
無線機　R-123
射統装置　基線長式測距照準器TPD-43B、（夜間）赤外線アクティブ式TPN-1-432およびL-2AGサーチライト／（主砲スタビライザー）二軸式2E18
暗視装置　（操縦手用）赤外線アクティブ式TVN-2BM
その他の防御装置　（煙幕展開装置）燃料噴射式TDA

T-64A中戦車

重量　38トン
車体長　6・54メートル
全幅　3・415メートル
全高　2・17メートル（対空機銃含む）
接地圧　0・83kg／c㎡

エンジン（出力）　5TDFディーゼル（700hp）
路上最大速度　時速60・5キロ
路上航続距離　500〜600キロ
装甲厚（複合）〈砲塔前周部〉150ミリ（鋼）＋150ミリ（アルミ鋼）＋40ミリ（鋼）、〈車体前上部〉80ミリ（鋼）＋105ミリ（グラス）＋20ミリ（鋼）
乗員　3名
武装（弾薬）　125ミリ滑腔砲D-81T×1（37発）、7・62ミリPKT機関銃×1（2000発）、12・7ミリNSVT重機関銃×1（1974年以降、300発）
無線機　R-123M
射統装置　基線長式測距照準器TPD-2-49、（夜間）赤外線アクティブ式TPD-2-1またはTPN-1-49-23およびL-2AGMサーチライト、（主砲スタビライザー）二軸式2E23
暗視装置　（操縦手用）赤外線アクティブ式TVN-2BM
その他の防御装置　（煙幕展開装置）燃料噴射式TDA

T-64B中戦車

重量　39トン
車体長　6・54メートル
全幅　3・415メートル
全高　2・17メートル（対空機銃含む）
接地圧　0・86kg／c㎡
エンジン（出力）　5TDFディーゼル（700hp）
路上最大速度　時速60・5キロ
路上航続距離　600キロ
装甲厚（複合）〈砲塔前周部〉150ミリ（鋼）＋150ミリ（アルミ鋼）＋40ミリ（鋼）、〈車体前上部〉80ミリ（鋼）＋105ミリ（グラス）＋20ミリ（鋼）
乗員　3名
武装（弾薬）　125ミリ滑腔砲D-81T×1（36発、腔内発射式誘導ミサイル9M112-1使用）、7・62ミリPKT機関銃×1（1250発）、12・7ミリNSVT重機関銃×1（300発）
無線機　R-123M
射統装置　総合射統装置1A33／弾道計算機1V517、レーザー測距照準器1G42、（夜間）赤外線アクティブ式TPD-2-1またはTPN-1-49-23およびL-2AGMサーチライト、（主砲スタビライザー）二軸式2E42
暗視装置　（操縦手用）赤外線アクティブ式TVN-2BM
その他の防御装置　（煙幕展開装置）スモークディスチャージャー902B「トゥーチャ」、燃料噴射式TDA

T-64B1V中戦車

重量　42・4トン
車体長　6・54メートル
全幅　3・581メートル
全高　2・19メートル
接地圧　0・93kg／c㎡
エンジン（出力）　5TDFディーゼル（700hp）
路上最大速度　時速60・5キロ
路上航続距離　500キロ
装甲厚（複合）〈砲塔前周部〉150ミリ（鋼）＋150ミリ（アルミ鋼）＋40ミリ（鋼）、〈車体前上部〉80ミリ（鋼）＋105ミリ（グラス）＋20ミリ（鋼）
乗員　3名
武装（弾薬）　125ミリ滑腔砲D-81TM×1（36発、腔内発射式誘導ミサイル9M112-1使用）／7・62ミリPKT機関銃×1（1250発）／12・7ミリNSVT重機関銃×1（300発）
無線機　R-123M
射統装置　総合射統装置1A33、弾道計算機1V517／レーザー測距照準器1G42／（夜間）赤外線アクティブ式TPD-2-1またはTPN-1-49-23およびL-2AGMサーチライト／（主砲スタビライザー）二軸式2E42
暗視装置（操縦手用）赤外線アクティブ式TVN-2BM
その他の防御装置（煙幕展開装置）スモークディスチャージャー902B「トゥーチャ」／燃料噴射式TDA
その他の防御装置（煙幕展開装置）スモークディスチャージャー902B「トゥーチャ」／燃料噴射式TDA

T-72中戦車

1970年代末に登場したT-72Aは、サイドスカートを持つ車体などデザイン的に最も完成されたスタイルを持つ。レーザーレンジファインダーを導入し強力な125ミリ滑腔砲を装備する新鋭戦車ながら、エンジンや基本構造は旧来のT-54／55シリーズで積み重ねてきた実績のあるシステムをベースにした信頼性に富む実用戦車だった。

T-72ウラル中戦車

重量　41トン
車体長　6・86メートル／（砲身含む）9・53メートル
全幅　3・46メートル
全高　2・19メートル
接地圧　0・83kg／c㎡

エンジン（出力）　V-46（780hp）
路上最大速度　時速60キロ
路上航続距離　500キロ
武装（弾薬）　125ミリ滑腔砲D-81TM×1（39発）／7・62ミリSGMT同軸機銃×1（2000発）／12・7ミリNSVT重機関銃×1（300発）
無線機　R-123M
昼間用照準装置（測距兼用）TPD-2-49
暗視照準装置　赤外線アクティブ式／ルナAGサーチライト＋潜望鏡式TPN-1-49-23／（主砲スタビライザー）二軸式2E28M

T-72ウラル1中戦車

1975年から79年に作られたT-72ウラル1主力戦車。途中からレーザーレンジファインダーが導入されたもので、車体前面や砲塔前半部の装甲厚も増している。

T-72AV中戦車

1980年代前半より導入された爆発反応装甲ブロックEDZを取り付けたT-72AV主力戦車。この頃は、アメリカが開発した中性子爆弾に対抗するための鉛含有クラッド装甲を砲塔上面や操縦席上面などに導入していた。

T-72B中戦車

1985年より作られたT-72B主力戦車。砲塔前面部装甲を大幅に増強し、125ミリ滑腔砲からは誘導ミサイルを発射できるようになった。このミサイル発射機構を省略したT-72B1も量産されたほか、EDZを取り入れたT-72BVも登場した。

T-72BV中戦車

EDZをびっしり取り付けたT-72BV。後に新型の爆発反応装甲システム「コンタクト-5」が導入されたが、鎧甲冑をきたような姿は、小さなEDZを用いたことで醸し出されるイメージだ。

T-80主力戦車

重量　43・7トン
車体長　6・98メートル
全幅　3・58メートル
全高　2・22メートル

接地圧　0・865kg／c㎡
エンジン（出力）　5TDFディーゼル（700hp）
路上最大速度　時速70キロ
路上航続距離　335〜370キロ
装甲　鋼／セラミック層の複合装甲と「コンタクト」爆発反応装甲ブロック
乗員　3名
武装（弾薬）　125ミリ滑腔砲2A46M-1×1（38発、うち4発程度が誘導ミサイル9M112）、7・62ミリPKT機銃×1（1250発）、12・7ミリNSVT重機関銃×1（300発）
無線機　R-123M
射統装置　総合射統装置1A33／レーザー測距照準器1G42／（夜間）暗視照準装置TPN-3-49／（主砲スタビライザー）二軸式2E26M
その他の防御装置　（煙幕展開装置）スモークディスチャージャー902B「トゥーチャ」×8／燃料噴射式TDA

T-80BV主力戦車

重量　43・7トン
全長　9・651メートル
車体長　6・982メートル
全幅　3・582メートル
全高　2・219メートル
エンジン（出力）　GTD-1000TFガスタービン（1100hp）
最大速度　時速70キロ
航続距離　335〜370キロ
乗員　3名
武装（弾薬）　51口径125ミリ滑腔砲2A46M1×1（38発）、12・7ミリ重機関銃NSVT×1（300発）、7・62ミリ機関銃PKT×1（1250発）、9K112コーブラ対戦車誘導ミサイル・システム

T-80U（M）主力戦車

重量　46トン
全長（砲身含む）9・56メートル、（車体長）7・01メートル
全幅　3・60メートル
全高　2・20メートル
接地圧　0・93kg／c㎡
エンジン（出力）　ガスタービンGTD-1250（1250hp）
搭載燃料　1840リットル

出力／重量比　27・2hp／t、路上最高速度：時速70キロ、路上航続距離：400キロ
装甲　鋼／セラミック層の複合装甲と「コンタクト-5」爆発反応装甲ブロック
乗員　3名
武装（弾薬）　125ミリ滑腔砲2A46M-1×1（弾薬数45発、うち4発程度が誘導ミサイル9M119）、12・7ミリNSVT重機関銃×1（同450発）、7・62ミリPKT機銃×1（同1250発）
煙幕発生装置　TDAとスモークディスチャージャー902B「トゥーチャ」×8
射撃統制関連機器　レーザー測距・照準器1G46、総合射統装置1A45、サーマル映像式暗視照準装置「ブーランPA」
火器スタビライザー　二軸式2E42
無線機　R-163-50U

T-80UD主力戦車

重量　46・0トン
全長　9・69メートル
車体長　7・085メートル
全幅　3・755メートル
全高　2・285メートル
エンジン（出力）　6TD 2ストローク水平対向6気筒液冷ターボチャージド・ディーゼル（1000hp）
最大速度　時速60キロ
航続距離　560キロ
乗員　3名
武装　51口径125ミリ滑腔砲2A46M1×1（45発）、12・7ミリ重機関銃NSVT×1（450発）、7・62ミリ機関銃PKT×1（1250発）、9K119レフレークス対戦車誘導ミサイル・システム

T-90S主力戦車

重量　46・5トン
車体長　6・86メートル
全幅　3・46メートル
全高　2・226メートル
エンジン（出力）　V-92S2V型12気筒多燃料液冷ターボチャージディーゼル（1000hp）
路上最大速度　時速65キロ
路上航続距離　500キロ
乗員　3名
武装（弾薬）　125ミリ滑腔砲2A46M-1×1（43発）、誘導ミサイル9K119762ミリPKT機銃×1（2000

発）、12・7ミリNSVT重機関銃×1（300発）
無線機　R-123M
その他の防御装置（煙幕展開装置）スモークディスチャージャー902B「トゥーチャ」

T-90A主力戦車

重量　48トン
車体長　6・86メートル
全幅　3・78メートル
全高　2・226メートル
エンジン（出力）　V-92-S2　4ストロークV型12気筒液冷ターボチャージド・ディーゼル（1000hp）
最大速度　時速60キロ
航続距離　550キロ
乗員　3名
武装（弾薬）　55口径125ミリ滑腔砲2A46M5×1（43発）、12・7ミリ重機関銃Kord×1（300発）、7・62ミリ機関銃PKT×1（2000発）、9K119MレフレクスM対戦車誘導ミサイル・システム

チョールヌィ・オリョール（ブラックイーグル）

重量　48トン
車体長　7・50メートル／（砲身含む10・00メートル）
全幅　3・40メートル
全高　2・10メートル
エンジン（出力）　GTD-1250G（カスタービン・エンジン）（1250hp）
路上最大速度　時速72キロ
路上航続距離　450キロ
乗員　3名
武装（弾薬）　140ミリ滑腔砲×1、7・62ミリPKT機銃、12・7ミリNSVT重機関銃

T-95

幻の試作戦車T-95。最近の情報では、主力戦車ベースの市街戦用歩兵戦闘車BTR-Tと同じく、砲塔部には乗員を配置せず、その小型化が図られているのだといわれている。車体前部操縦席を挟んで、車長、砲手が並ぶ乗員配置で乗員区画な車内でも防御隔壁で密封され、乗員の生残性を高めている。

重量　55・0トン
全長　9・96メートル
車体長　6・40メートル
全幅　3・582メートル
全高　2・30メートル
エンジン（出力）　A-85-3　4ストロークX型12気筒液冷ターボチャージド・ディーゼル（1650hp）
最大速度　時速80キロ
航続距離　500キロ
乗員　3名
武装　152ミリ滑腔砲2A83×1、80・5口径30ミリ機関砲2A42×1、12・7ミリ重機関銃Kord×1

T-90MS主力戦車

重量　48トン
車体長　6・8メートル
全幅　3・5メートル
全高　2・3メートル
エンジン（出力）　V-92-S2F　4ストロークV型12気筒多燃料ディーゼル（1130hp）
最大速度　時速72キロ
航続距離　550キロ
乗員　3名
武装（弾薬）　51口径125ミリ滑腔砲2A46M5×1、12・7ミリ重機関銃×1、7・62ミリ機関銃PKT×1、9K119Mレフレークス M対戦車誘導ミサイル・システム

T-14主力戦車

重量　48〜49トン
車体長　8・7メートル
全幅　3・5メートル
全高　3・3メートル
エンジン（出力）　A-85-3A　4ストロークX型12気筒液冷ターボチャージド・ディーゼル（1500hp）
最大速度　時速80〜90キロ
航続距離　500キロ
乗員　3名
武装（弾薬）　55口径125ミリ滑腔砲2A82-1M×1（45発）、12・7ミリ重機関銃Kord×1（300発）、7・62ミリ機関銃PKTM×1（1000発）

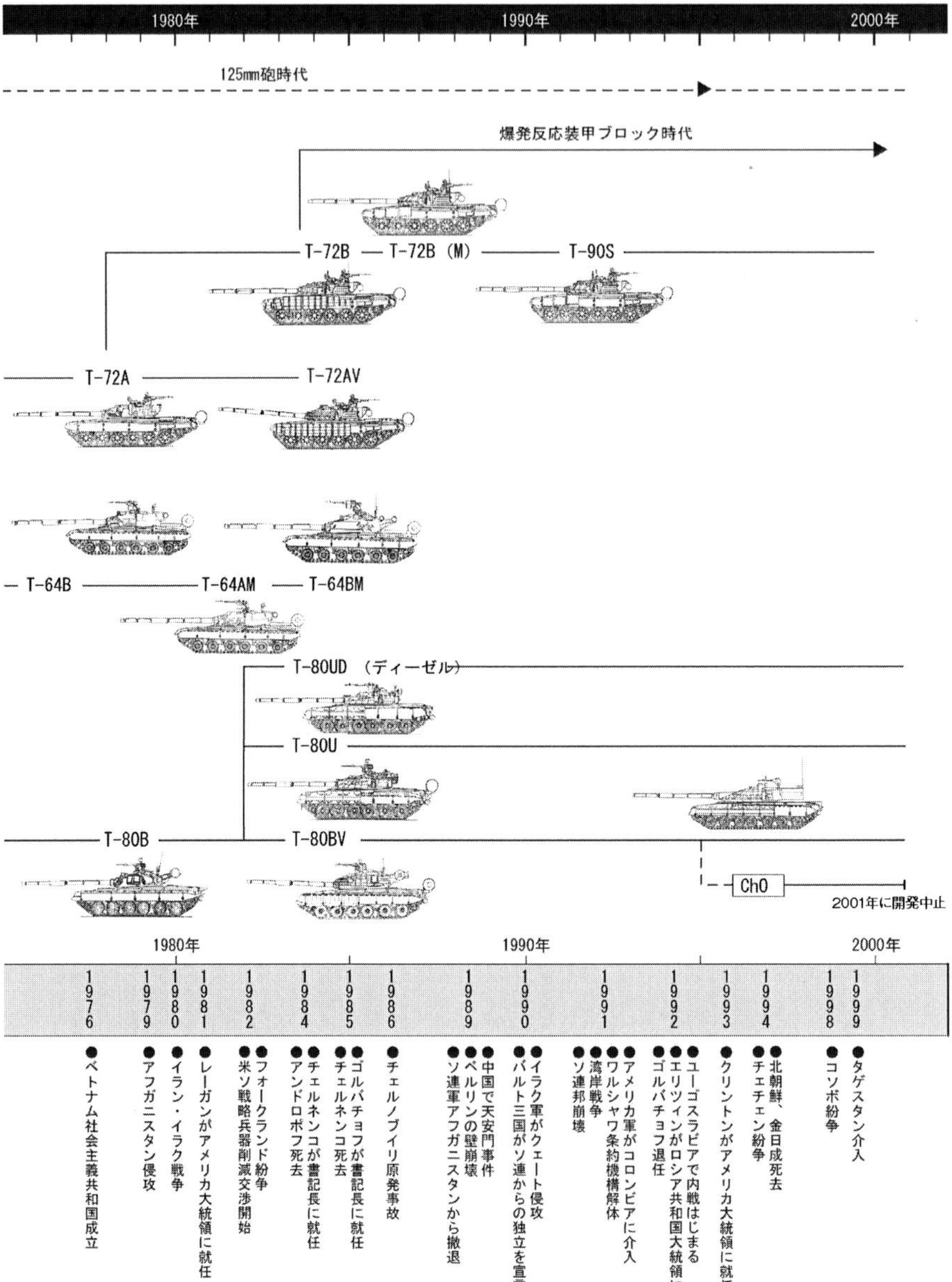

1980年
1990年
2000年
125mm砲時代
爆発反応装甲ブロック時代
T-72B
T-72B（M）
T-90S
T-72A
T-72AV
T-64B
T-64AM
T-64BM
T-80UD（ディーゼル）
T-80U
T-80B
T-80BV
ChO
2001年に開発中止
1976 ●ベトナム社会主義共和国成立
1979 ●アフガニスタン侵攻
1980 ●イラン・イラク戦争
1981 ●レーガンがアメリカ大統領に就任
1982 ●フォークランド紛争 ●米ソ戦略兵器削減交渉開始
1984 ●チェルネンコが書記長に就任 ●アンドロポフ死去
1985 ●ゴルバチョフが書記長に就任 ●チェルネンコ死去
1986 ●チェルノブイリ原発事故
1989 ●中国で天安門事件 ●ベルリンの壁崩壊 ●ソ連軍アフガニスタンから撤退
1990 ●イラク軍がクェート侵攻 ●バルト三国がソ連からの独立を宣言
1991 ●アメリカ軍がコロンビアに介入 ●ワルシャワ条約機構解体 ●湾岸戦争 ●ソ連邦崩壊
1992 ●ユーゴスラビアで内戦はじまる ●エリツィンがロシア共和国大統領に就任 ●ゴルバチョフ退任
1993 ●クリントンがアメリカ大統領に就任
1994 ●北朝鮮、金日成死去 ●チェチェン紛争
1998 ●コソボ紛争
1999 ●タゲスタン介入

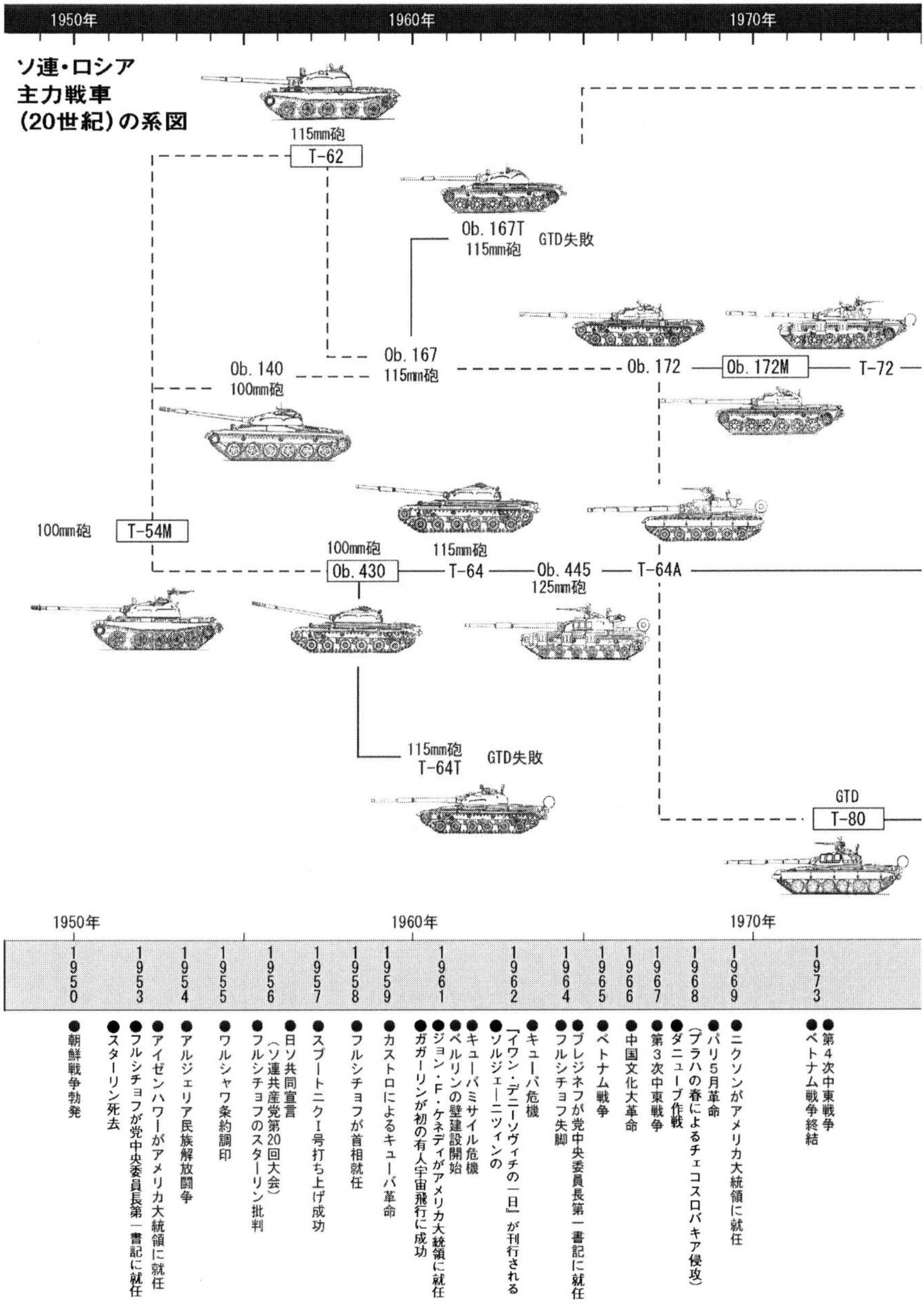
ソ連・ロシア主力戦車(20世紀)の系図
1950年
1960年
1970年
115mm砲
T-62
Ob. 167T
115mm砲
GTD失敗
Ob. 140
100mm砲
Ob. 167
115mm砲
Ob. 172
Ob. 172M
T-72
100mm砲
T-54M
100mm砲
Ob. 430
T-64
115mm砲
Ob. 445
125mm砲
T-64A
115mm砲
T-64T
GTD失敗
GTD
T-80
1950 ●朝鮮戦争勃発
1953 ●スターリン死去 ●フルシチョフが党中央委員長第一書記に就任
1954 ●アイゼンハワーがアメリカ大統領に就任 ●アルジェリア民族解放闘争
1955 ●ワルシャワ条約調印
1956 ●フルシチョフのスターリン批判 (ソ連共産党第20回大会) ●日ソ共同宣言
1957 ●スプートニクI号打ち上げ成功
1958 ●フルシチョフが首相就任
1959 ●カストロによるキューバ革命
1961 ●ガガーリンが初の有人宇宙飛行に成功 ●ジョン・F・ケネディがアメリカ大統領に就任 ●ベルリンの壁建設開始
1962 ●キューバミサイル危機 ●ソルジェーニツィンの「イワン・デニーソヴィチの一日」が刊行される ●キューバ危機
1964 ●フルシチョフ失脚 ●ブレジネフが党中央委員長第一書記に就任
1965 ●ベトナム戦争
1966 ●中国文化大革命
1967 ●第3次中東戦争
1968 ●ダニューブ作戦 (プラハの春によるチェコスロバキア侵攻) ●パリ5月革命
1969 ●ニクソンがアメリカ大統領に就任
1973 ●ベトナム戦争終結 ●第4次中東戦争

著者略歴

古是 三春（ふるぜ・みつはる）

軍事評論家。1960年生まれ。主に旧共産圏諸国の軍事事情や兵器技術の解説記事を執筆している。あわせて北東アジアの安全保障問題について、中国その他での独自取材に基づき論じてきた。

主な著書に『ノモンハンの真実　日ソ戦車戦の実相』（産経新聞出版）、『大祖国戦争のソ連戦車』（カマド出版）、共著に『日本陸軍の戦車』『戦後の日本戦車』（カマド出版）、『ホントに強いぞ自衛隊！――中国人民解放軍との戦争に勝てる50の理由』（徳間書店）、『ソ連・ロシア軍装甲戦闘車両クロニクル』（ホビージャパン）などがある。

※本書は、酣燈社から販売された『ソビエト・ロシア 戦車王国の系譜』を元に、大幅に加筆・アップデートして再編集した内容となります。

決定版
ソ連・ロシア 戦車王国の系譜

2019年1月25日　初版第１刷発行
2022年10月4日　五版第７刷発行

著者　古是 三春

表紙デザイン　WORKS　若菜 啓
表紙写真　Mil.ru（Ｔ-14およびＴ-72）、Нацгвардія України（Т-64）、Vitaly V. Kuzmin（Т-62）、John Harwood（Т-55)

発行者　松本善裕
発行所　株式会社パンダ・パブリッシング
〒111-0053　東京都台東区浅草橋5-8-11 大富ビル2Ｆ
http://panda-publishing.co.jp/
電話／03-6869-1318
メール／info@panda-publishing.co.jp

印刷・製本　株式会社ちょこっと